西方景观设计研究

JINGGUAN SHEJI YANJIU

西方 XIFANG

徐志华／著

中国原子能出版社
China Atomic Energy Press

图书在版编目（CIP）数据

西方景观设计研究 / 徐志华著 . –– 北京：中国原子能出版社, 2021.9
ISBN 978-7-5221-1548-1

Ⅰ.①西… Ⅱ.①徐… Ⅲ.①西方国家 – 景观设计 – 高等学校 – 教材 Ⅳ.① TU983

中国版本图书馆 CIP 数据核字 (2021) 第 176911 号

内容简介

本书是关于西方景观设计研究方面的著作。本书立足于西方景观设计视角，从西方景观设计的发展出发，构建了基于人文视角、风水视角、审美视角的西方景观设计理论研究框架，对西方景观设计研究的趋势进行了较为系统的阐释。

本书改善了我国当前对西方景观设计研究的不系统和深入性不足的情况，并对西方景观设计的趋势进行了重点研究，适合高校景观设计专业的学生作为课外补充阅读进行学习，能够极大地拓宽高校景观设计专业学生的视野和研究深度。

西方景观设计研究

出版发行	中国原子能出版社（北京市海淀区阜成路 43 号　100048）
责任编辑	王齐飞
装帧设计	河北优盛文化传播有限公司
责任校对	宋　巍
责任印制	赵　明
印　　刷	三河市华晨印务有限公司
开　　本	787 mm×1092 mm　1/16
印　　张	15.75
字　　数	310 千字
版　　次	2021 年 9 月第 1 版　　2021 年 9 月第 1 次印刷
书　　号	ISBN 978-7-5221-1548-1
定　　价	89.00 元

前 言

　　现代景观设计作为一门独立的学科，兴起于 19 世纪后期，然而西方的景观实践的源起时间则早得多，可追溯至古埃及时期。从整体上来看，西方景观设计数千年来的实践大体可分为两大阶段，即现代景观设计学科诞生之前和现代景观设计学科诞生之后。在现代景观设计学科诞生之前，西方学者将建筑景观设计与园林景观设计作为一个整体进行研究，因此西方园林景观作为西方建筑景观的一部分而备受关注，自古至今诞生了多种艺术风格。在现代景观设计学科诞生之后，西方景观设计受政治、经济和社会艺术思潮的影响，产生了天翻地覆的变化，使西方景观设计朝着多元化的方向发展。

　　本书从西方景观设计的发展史入手对西方景观设计进行了系统的研究。

　　第一章从景观设计的概念与功能入手，对景观设计的构成与特点、景观设计的类型与价值进行了详细解读。此外，还从西方景观设计学科的角度对西方景观设计的兴起与发展进行了详细阐释，同时对 20 世纪 60 年代以来的景观设计的思潮与风格进行了详细分析。

　　第二章重点对西方历来的景观设计实践进程进行了详细介绍，按照时间线索对西方古典景观设计，文艺复兴时期的西方景观设计，17—18 世纪的西方景观设计，19 世纪的西方景观设计，20 世纪的西方景观设计的背景及其特点进行了重点分析与研究。

　　第三章首先介绍了西方景观设计的主要理念，然后从西方现代景观设计手法的特点和西方现代景观设计受艺术影响的特点入手，对西方现代景观设计的特点进行了详细分析。

　　第四章重点从生态角度对西方景观设计进行了研究，具体则从环境心理学和景观生态学在西方景观设计中的应用、西方景观设计中的生态水景观设计、西方景观设计中的城市生态景观设计、西方景观设计中的自然保护观念进行了详细阐释，同时结合案例进行了详细分析。

　　第五章主要从审美角度对西方景观设计进行了研究，具体则从西方景观设计审美思潮探析、西方景观设计审美范式的生成与建构、西方景观设计叙事研究三个方面入手，对景观设计进行了详细分析与研究。

　　第六章重点从人文视角对西方现代景观设计进行了研究，通过对人文景观概念及影响因素、西方景观设计中的人文元素研究、西方景观设计中的文化遗产保护观念结合相关案例进行了详细研究。

　　第七章重点对西方现代景观设计的新趋势进行了解读，具体则从西方现代景观设计的技术发展的新趋势、西方现代景观设计的自然生态化发展的新趋势、西方现代景观设计的信息化发展的新趋势三个方面阐明了未来西方景观设计的发展趋势。

　　本书理论翔实，语言通俗易懂，深入浅出，在一定程度上改善了我国当前对西方景观设计研究的不系统和深入性不足的情况，并对西方景观设计的趋势进行了重点研究，适合高校景观设计专业的学生作为课外补充阅读进行学习，能够极大拓宽高校景观设计专业学生的视野和研究深度。

目　录

绪　论

一、研究目的及意义与范围

景观设计是一门集艺术、科学、工程技术于一体的综合性的应用学科。景观设计的范畴十分广泛，包括自然景观、人工景观和复合景观。西方景观设计是从以民主和理想为象征的城市公园运动开始的。19世纪中后期，在西方城市中，建设了一系列城市公园，这些城市公园为普通公民所享有，这标志着城市景观走进了普通民众的生活。1858年，被誉为"美国景观设计之父"的弗雷德里克·劳·奥姆斯特德在非正式场合使用了"景观设计师"这一称谓 ①，1963年，纽约中央公园委员会将这一称谓作为一种职业称号使用。1900年，小奥姆斯特德与舒克利夫在哈佛大学首次开设了景观规划设计专业课程。经过一个多世纪的努力，现代景观设计已发展为一门综合性学科。

本书中西方景观设计的研究主要针对19世纪中期至今的西方景观设计。由于西方现代景观设计的发展有其深刻的文化根源，因此不可避免地涉及从古埃及时期至19世纪中期以前的各个时期的西方景观设计。

本书从综合角度考察西方景观设计理论的研究成果，从史学视角、人文视角、生态视角、审美视角，以及未来趋势等多重维度对西方景观设计进行了系统而全面的深刻分析，并结合不同历史时期西方景观设计师的代表作品对西方景观设计的特点进行了详细阐释。

第一，西方景观设计概述。分别从西方古典景观设计、文艺复兴时期的欧洲景观设计、17—18世纪的西方景观设计、19世纪的西方景观设计、20世纪的西方景观设计五个阶段对西方景观设计的发展史进行了阐述，梳理了西方现代景观设计的源起与发展脉络，论证了西方景观设计的现实意义和应用价值。

第二，从生态视角来看西方景观设计。分别从环境心理学和景观生态学在西方景观设计中的应用、西方景观设计中的生态水景观设计、西方景观设计中的城市生态景观设计、西方景观设计中的自然保护观念及案例等方面进行了论述。自然生态是人类赖以生存的基础，自20世纪60年代以来，生态思潮成为西方现代景观设计中的重要思潮之一。通过生态视角的研究，可对西方景观设计中的自然生态思想的发展与演变、

---

① 曾令秋，杨大奇，冀海玲.景观设计与实训[M].沈阳：辽宁美术出版社，2015：13.

如何利用自然生态创设城市景观等进行分析与论述。

第三，从审美视角来看西方景观设计。分别从西方景观设计审美思潮探析、西方景观设计审美范式的生成与建构、西方景观设计审美叙事研究三个维度对西方景观设计中的审美理论、审美原则以及审美实践进行了论述。通过审美视角的研究，建立西方景观设计审美范式，并深入理解西方景观设计叙事。

第四，从人文视角来看西方景观设计。分别从景观人文概念及影响因素、西方景观设计中的人文元素研究及案例、西方景观设计中的文化遗产保护观念及案例等方面进行了论述。"以人为本"是景观设计的基本原则。通过人文视角，可对西方景观设计中如何尊重人、保护人文遗产进行详细分析与研究。

第五，从未来趋势视角来看西方景观设计。分别从西方现代景观设计的技术化发展趋势、西方现代景观设计的生态化发展趋势、西方现代景观设计的信息化发展趋势等方面对西方景观设计中的鲜明趋势进行了研究，从创新视角对西方现代景观设计的发展进行了分析。

二、综述国内外研究的现状及存在的问题

（一）国外研究现状分析

西方学者在现代景观设计诞生之初就开始对景观设计进行理论研究。西方学者对现代西方景观设计的研究主要从两个角度展开。

1. 西方景观史论的研究视角

1975 年，英国景观先驱杰里科与其夫人共同创作并出版了《人类景观》一书，这部著作从人类景观发展史的角度对西方现代景观的发源与发展进行了较为深刻的研究，堪称西方景观史论中具有里程碑意义的专著。1991 年，美国景观设计理论家马克·特雷布收集并整理了西方现代景观设计师和景观设计理论家的论文，并将论文合编为《现代景观——一次批判性的回顾》。这部著作虽然是不同景观设计师的论文合集，但大部分文章仍然基于景观设计史的理论视角，对西方现代景观设计的社会背景、对现代主义景观设计的成就和局限进行了回顾，并对未来西方现代景观设计的趋势进行了较为全面的探讨。20 世纪末期，西方最权威的景观史研究机构、美国哈佛大学旗下的敦巴顿橡树景观研究中心出版了一系列西方景观史研究的专著，其中包括 1997 年研究中心主任麦克科南编著的《园林史辞典》、1998 年出版的西方景观设计专题史研究《约翰·伊夫林的"大不列颠极乐世界"与欧洲造园》、1999 年出版的西方园林史论《园林史观》。这些论著一方面从史学观角度详细地梳理了西方景观发展史；另一方面对西方现代景观设计中代表人物的设计理念与作品进行了专项研究。另外，《园林史辞典》还围绕时间与空间，对西方各个历史时期的景观实践的艺术特征、表现手法和代表人物等进行了详细研究与论述。

2. 西方景观设计哲学或美学角度的著作与论述

1870 年，弗雷德里克·劳·奥姆斯特德出版了《公园与城市扩建》一书，该书对城市扩建的原则和方法进行了论述。这是较早的对现代景观设计进行论述的著作，这部专著在一定程度上为现代景观设计学科的产生和发展奠定了基础。

1938 年，英国的唐纳德出版了《现代景观中的园林》一书。在这本著作中，唐纳德提出了功能的、移情的和美学的设计理论，这本著对在西方景观设计的发展起到了一定的推动作用。除此之外，20 世纪 30 年代，哈佛大学的青年设计师爱克勃、凯利和罗斯在《笔触》和《建筑实录》等专业期刊上发表了一系列文章，这些文章从人的需要和自然环境条件两方面提出了功能主义设计的理论，这些理论性文章在推动现代主义景观理论方面起到了较大作用。

20 世纪四五十年代，现代景观设计在西方逐渐发展为一门较为成熟的独立的学科，受社会上各种思潮的影响，逐渐朝着开放性和多元化的方向发展，并发展出了结构主义、解构主义、景观都市主义等派别，不同派别的学者分别从不同角度对景观设计的研究进行了论述。

20 世纪中叶，结构主义学说兴起。20 世纪 60 年代，结构主义被应用于城市规划、建筑和景观研究中。1967 年，西方学者列斐伏尔出版了《城市的权利》一书，这是一部从结构主义出发对城市规划和景观设计进行研究的著作。1970 年，列斐伏尔又出版了《城市革命》一书，企图从新高度认识和评价资本主义工业由零化生产向现代城市化转型的意义。解构主义设计思潮最初由法国哲学家德里达提出，之后解构主义哲学迅速进入西方文学、社会学、政治学、现代景观设计等领域，并对创作者的思想和实践产生了影响。弗兰克·盖里、彼得·艾森曼、伯纳德·屈米、扎哈·哈迪德、雷姆·库哈斯等现代景观设计师均受到了解构主义思想的影响。

1969 年，麦克哈格出版了《设计结合自然》一书，在这本著作中，麦克哈格提出了建立景观实践的准则，之后该理论逐渐发展为涵盖各学科、强调景观基础设施和城市生态学的基本理论。20 世纪 80 年代早期，西方学者理查德·福尔曼和米切尔·戈登合作创作并出版了《景观生态学》一书，为景观生态学理论的发展奠定基础。20 世纪 90 年代，景观都市主义兴起，这一概念最初是由加拿大学者查尔斯·沃德海姆提出的。沃德海姆于 2006 年出版了《景观都市主义读物》一书，对景观都市主义的定义进行了详细阐述。景观都市主义对麦克哈格的思想和理论进行了批判性的继承和发展，提出了"城市生态学"这一概念。之后，西方一大批学者和设计师如克瑞斯·里德、凯利·香农、皮埃尔·博朗介等分别从不同角度和不同方式对景观都市主义理论体系进行了丰富和完善。

（二）国内研究现状分析

20 世纪八九十年代，随着我国改革开放后经济日益繁荣和社会城市化进程不断加快，我国传统园林景观实践内涵和形式发生了巨大变化。这一时期，西方景观设计理论逐渐传播到我国，在一定程度上推动了我国景观事业的萌芽。这一时期，我国学术界对西方景观设计的理论研究主要是引进西方景观实践的成果。1998 年，我国学者林等在《建筑师》期刊上发表了《欧美现代园林发展概述》一文，这是我国学者对欧美国家的现代景观设计研究的较早的理论性文章，拉开了国内系统研究和探讨西方景观设计研究的序幕。

进入 21 世纪后，西方社会在政治、经济、外交领域发生了巨大的变化，这些变化极大地影响了西方社会的竞争力、开放程度、环境以及贸易等。21 世纪以来，西方社会举办了一系列世界级盛会，如 2000 年汉诺威世博会、2002 年美国盐湖城冬奥会、2006 年德国世界杯、2008 年萨拉戈萨世博会、2012 年伦敦奥运会等。这些国际盛会的举办在一定程度上推动了西方景观设计的发展。与此同时，自 21 世纪以来，西方国家的景观设计师的作品也陆续进入我国。例如，2006 年北京金融街景观、2008 年北京美国大使馆、2014 年南京青年文化体育公园等均为西方现代景观设计师的作品。西方景观设计师的作品进入我国在一定程度上推动了我国学术界对西方景观设计的研究。纵观国内对西方景观设计的研究，其主要具有以下几个特点。

1. 对西方现代景观设计成果的介绍

21 世纪前后，我国一些学者将西方现代景观设计的成果陆续引入国内。例如，1999 年，俞孔坚发表的《美国的景观设计专业》一文，对美国的景观设计专业进行介绍。林箐于 2000 年发表了《美国现代主义风景园林设计大师丹·克雷及其作品》《美国当代风景园林设计大师、理论家——劳伦斯·哈普林》。同年，我国学者刘晓明、肖玲发表了《IFLA 主席 A·S·施密特教授及其作品》一文，对 A·S·施密特教授的景观设计实践与风格进行了介绍。同年，我国学者任京燕发表了《巴西风景园林大师布雷·马科斯的设计及影响》；苏肖更发表了《一个离经叛道者——玛萨·施瓦茨作品解读》。2001 年，刘晓明又发表了《风景过程主义之父——美国风景园林大师乔治·哈格里夫斯》。同年，我国学者刘滨谊发表了《景观园林规划设计领域的首席人物杰弗里·吉利柯》一文。我国学者朱建宁于 2000 年和 2001 年分别发表了《法国风景园林大师米歇尔·高哈汝及其苏塞公园》《法国著名城市景观设计师亚历山大·谢梅道夫及其作品》等。2001 年，我国学者黄国平翻译了《卡尔·斯坦尼兹：景观园林设计思想发展史》一书，对西方景观设计师卡尔·斯坦尼兹所著的《景观设计思想发展史》进行了介绍。我国学者王向荣与林箐于 2002 年出版了《西方现代景观设计的理论与实践》一书，该书中结合 600 幅珍贵的图片，简述了西方景观产生和发展的过程，以及西方现代景观的主要流派和当今的新发展，并且通过对欧美各个国家景观设计师代表和景观实践案例的介绍，较为详细系统地展示了西方现代景观设计产生和发展的脉络。2001 年，北京园林学会举办了学术报告会，并在会上发表了《20 世纪西方景观设计的理论与实践》一文，对 20 世纪西方现代景观设计的成果进行了详细介绍。2003 年，我国的学者侯冬炜发表了《回归自然与场所——早期现代主义与西方景观设计的回顾与思索》一文，对西方景观设计的起源与发展进行了较为系统的介绍。2008 年，我国学者孙亚光发表了《现代西方景观设计理论探索》一文，对西方景观设计理论的发展与演变进行了介绍。2008 年，我国学者朱淳和张力创作出版的《景观艺术史略》系统介绍了人类历史上各个国家的景观设计发展史，其中尤其是对西方景观设计史进行了详细阐释。2012 年，我国学者胡松梅发表了《中西方景观设计中铺装材料的运用比较》一文，对景观设计中辅装材料的运用方法进行了介绍。2014 年，我国学者曾伟和张健健从艺术角度对西方景观设计进行了论述，分别出版了《西方艺术视角下的当代景观设计》《20 世纪西方艺术对景观设计的影响》。2016 年，我国学者闻晓菁、严丽娜、刘靖坤创作并出版了《景观设计史图说》一书，对东西方的景观设计史进行了梳理与介绍。

2. 对西方现代景观设计进行了反思与深入探索

2001 年，我国学者刘滨谊、余畅发表了《美国绿道网络规划的发展与启示》一文，2004 年，我国学者朱建宁、丁珂发表了《法国现代园林景观设计理念及其启示》，他们分别从道路规划和法国景观设计理念的角度进行了反思。2004 年，我国学者唐军出版了《追问百年：西方景观建筑学的价值批判》一书，该书从美与艺术、环境伦理和社会维度三个方面对西方景观建筑进行了深入论述。

2010 年，我国学者陈崇贤、夏宇、孟洋发表了《景观设计中的基本几何形语言——解读勒诺特尔、丹·克雷、彼得·沃克的设计语言》一文，对西方景观设计师勒诺特尔、丹·克雷、彼得·沃克的设计风格和特色进行解读。2004 年、2013 年、2017 年，我国学者王芳华、刘亚南、毛颖骁分别发表了《西方景观设计中的极简主义现象的研究》《西方景观设计中极简主义应用研究述评》《从彼得·沃克出发论西方极简主义景观设计》的文章，详细论述了西方景观设计中的极简主义思潮。2013 年，我国学者张健健发表了《西方当代景观设计中的"垃圾"美学》一文，对西方景观设计中对废弃物的再利用进行了介绍。2006 年，我国学者陈英瑾和赵仲贵出版了《西方现代景观植栽设计》一书，从设计学和园艺学相结合的角度，系统介绍了西方近现代植栽设计的潮流与现状。2013 年，我国学者常兵发表了《当代西方景观审美范式研究》一书，2014 年，我国学者邱天怡发表了《审美体验下的当代西方景观叙事研究》一文，他们均是从审美角度对西方景观设计进行了研究。

（三）国内外研究存在的问题

纵观国内外对西方景观设计的文献，大多集中在对西方景观设计历史、景观设计师，以及西方景观设计思潮方面的介绍，即便有少量深入研究或探析的文章，所关注的角度也较为单一，且绝大多数为论文，很少涉及专著。

三、研究设想和研究方法

（一）具体研究方法

1. 案例研究法

通过书籍、期刊、网络等途径，对西方景观设计师的作品进行整理和归类，其内容包括国家、地区、建成年份、设计师、项目类型、面积、特征等信息，以表格和演示文稿等方式输出。

2. 文献研究法

整理国内外近十年的景观设计相关的学术论文、硕博论文、书籍、简介、设计师访谈，了解西方景观设计的特点、发展历程、不同时期的设计思潮以及代表性景观设计师的创作理念，深入了解其对西方景观设计所产生的深刻影响。浏览对景观设计理论及作品分析的研究成果，参考其写作思路、研究方法及理论依据。

3. 系统复合法

在案例搜集和文献研究的基础上，结合所收集的案例和已发表的西方现代设计理论成果，从多视角开展研究。本书以开放系统的概念，从历史、文化、生态、审美等复合视角，着重对西方景观设计的内在发展动因和现象进行了系统性研究。

（二）研究计划及其可行性

1. 研究计划

整理和归纳西方景观设计的理论著作和实践案例，并对其进行分门别类，进一步搭好框架，到 2020 年底，写出初稿。到 2021 年 8 月通过完善文稿分析，从多维度对西方景观设计进行研究与阐释。

2. 可行性

（1）具有相关研究积累

自 20 世纪末期以来，国内外学者对西方景观设计的研究已趋于成熟，并且得出了许多具有较高价值的理论，前人的研究可以为本书提供重要借鉴和参考。

（2）具有丰富实践经验

笔者具有丰富的景观设计实践经验，一直从事景观设计及相关方面的研究。近年来，笔者将研究重点放在西方景观设计领域，并在该领域积累了大量理论和实践经验。此外，笔者具有严谨的科研态度和扎实的科研能力，可以保证课题的实施和完成。

（三）主要创新点

1. 构建基于人文视角的西方景观设计理论研究框架

"以人为本"是所有景观设计思潮的基本理念，西方景观设计中的核心观点即以人的主体存在、需要满足和发展为中心，以人本身为目的。本书从人文视角搭建了西方景观艺术中人文思想的内涵、特点以及具体实践案例的研究框架。

2. 构建基于生态视角的西方景观设计理论研究框架

此"生态"非彼"生态"，而是结合了环境心理学与自然生态思潮的西方景观设计思路。在这一思路下，从生态视角搭建了西方景观设计的生态内涵、特点以及具体实践案例的研究框架。

3. 构建基于审美视角的西方景观设计理论研究框架

独特的审美体验是景观设计的功能和作用的核心。本书从审美视角出发，搭建了西方景观设计的审美内涵、审美范式，明确了西方景观设计的审美叙事。

四、预期成果和意义

（一）成果形式

专著《西方景观设计研究》。

（二）使用去向及预期社会效益

本书改善了我国当前对西方景观设计研究的不系统和深入性不足的情况，并对西方景观设计的趋势进行了重点研究，适合高校中景观设计专业的学生作为课外补充阅读进行学习，能够极大拓宽高校景观设计专业的学生的视野和研究深度。

第一章　西方景观设计概述

第一节　景观设计的概念与功能

景观设计是一门产生于 19 世纪的新兴学科。本章主要从景观设计的概念与功能入手，对景观设计的概念与功能进行概括性叙述。

一、景观设计的概念探析

（一）景观一词的概念探源

"景观"一词最早出现于距今约 3700 年前的古埃及时期，在古代常常指个人或集团所拥有的一块土地。公元前，"景观"一词出现在《圣经》中时，特指耶路撒冷城的壮丽景色[1]。16 世纪末期，景观一词受绘画艺术的影响，作为绘画术语被使用，多指自然的内陆风光[2]。17 世纪至 18 世纪，"景观"一词成为园林设计师使用的一种设计和建造术语，特指风景画或园林艺术[3]。19 世纪后，随着时间的推移，"景观"一词的含义朝着广泛性的方向发展，特指风景、山水、地形、地貌等土地或土地上的空间和物质所构成的人与自然活动的综合体[4]。

"景观"一词在不同词典中的解释也不尽相同。例如，在《美国百科全书》中，景观是指"在单一视图中呈现在眼前的地形和文化（人为）现象的总和。它通常指户外的一个场景，特别适用于自然的内陆风景，如田野、森林、水体、山脉或一些这类风景的组合。"[5] 除了以上字典中景观的定义外，其他字典中"景观"一词的定义也各不相同。例如，《英语新牛津字典》对于"景观"的定义则是"一切的乡村或土地的可见特征，通常在其美感中得以考虑"。这些定义从不同视角出发，对"景观"这一概念

---

① 李微 . 景观含义多视角探析 [J]. 艺术教育，2019（2）：57.
② [英] 罗斯·霍迪诺特 . 风景之眼 [M]. 张悦，译 . 北京：中国摄影出版社，2018：7.
③ 肖国栋 . 园林建筑与景观设计 [M]. 长春：吉林美术出版社，2019：229.
④ 蒋卫平 . 景观设计基础 [M]. 武汉：华中科技大学出版社，2018：2.
⑤ [美] 威廉·P·坎宁安 . 美国环境百科全书 [M]. 张坤民，译 . 长沙：湖南科学技术出版社，2003：85.

进行了阐释。

除此之外,"景观"这一概念在不同学科之中的定义也不甚相同。例如,其地理概念包含四重含义:第一重含义是指某一区域中包括自然、经济、文化等诸方面的综合特征;第二重含义是指气候、地形、土壤、植被等一般自然综合体;第三重含义是指相当于综合自然区划等级系统中最小的一级自然区的区域单位;第四重含义是指任何区域单位。从地理概念看,"景观"一词是将景观作为一个系统对象对其客观因素的相互作用关系进行的综合认知①。

2000年,《欧洲景观公约》出台,该公约对景观和景观设计的定义和影响产生了极其重要的影响。其中,对于"景观"的定义是指"区域,可被人感知,其特征是自然和/或人的因素作用与相互作用的结果"②。这一概念的景观适用范围包括自然、乡村、城市和城郊的陆地、海洋等区域,其不仅指自然形成的景观,还包括在自然基础上人为形成的景观。这一景观定义中包括三个特征,既从空间也从时间上对景观进行定义,强调了景观的动态特点和复调特点;将景观作为一种关系结构和文化参照;此外,在该定义中,还将景观作为一种共享的社会现象,从人与自然的相互关系对其进行了参照。

进入21世纪后,世界各国学者对景观的认知更加广泛和丰富,对景观进行定义的视角更加多样化。例如,法国地理学家保罗·克拉瓦尔从多个角度对"景观"概念进行了区分和解读,其中从超自然角度来看,人们常常将超国家力量的神话或精神意义赋予景观元素,因此景观在社会中常常具有宗教或迷信的深层内涵,如赋予土地以圣地等意义、结构或方向。从审美角度来看,景观能够给人带来心旷神怡的感觉,为观察者带来福祉。从科学角度来看,对景观的系统而有效的理解,即对形态力、物质和能量流的理解可以促进经济收益、可持续的土地利用和灾害预防。从心理角度来看,景观能够在一定程度上赋予个人安全感和身份认同感,承载着信息和意义,需要通过阅读来理解其对个人、当地文化甚至家园身份的价值③。

以上各种对景观的定义能够对景观进行较为全面的解读,综上所述,景观是可被感知、可被阅读的,是物质也是精神的,是功能也是审美的,是理性逻辑也是感性浪漫的,是过程也是结果,是实效也是永恒的④。

(二)"设计"一词的概念探源

"设计"一词源于拉丁文"desigara"一词,原指徽章和记号,其英文字母为

---

① 《辞海》编辑委员会编.辞海(修订稿):地理分册·中国地理[M].上海:上海人民出版社,1977:37.
② 蔡晴.基于地域的文化景观保护研究[M].南京:东南大学出版社,2016:23.
③ CLAVAL,P. The Permanent European Conference for the Study of the Rural Landscape, 23rd Session[J].Landscapes, identities and development, lisbon and obidos, 2008(9):1-9.
④ 李微.景观含义多视角探析[J].艺术教育,2019(2):59.

"Design"①,《牛津词典》中解释该词语的意义为"头脑中的计划、所采取的方案、目的、观念的结论、方法与目的应用、初步草图、轮廓勾画、图案、艺术或文学基础、普通意念、构造、计谋、所涉及的才能、创新"。Design 的词义是随着时代的发展而不断变化的。1768 年出版的《不列颠百科全书》中这一概念的解释为:"所谓 Design,是指艺术作品的线条、形状,在比例、动态和审美方面的协调。在此意义上,Design 和构成同义。可以从平面、立体、色彩、结构、轮廓的构成方面加以思考,当这些因素融为一体时,就产生了比预想更好的效果……"②在工业革命时代来临后,推动工业品的设计观念发生了根本性变化,Design 一词的含义相应发生了变化。19 世纪时期,"Design"一词的含义与之前相比发生了较大变化,即为实现某一目的而设想、筹划和提出方案③,在这一解释中,设计表示一种思维和创造的过程,以及将这种思维和创造的结果以符号的形式表达出来。进入 20 世纪后,Design 的含义更加丰富。1974 年第 15 版《不列颠百科全书》中对 Design 的含义进行了调整:"Design 是进行某种创造时,计划、方案的展开过程,即头脑中的构思。一般指能用图样、模型表现的实体,但最终完成的实体并非 Design,只指计划和方案。Design 的一般意义是为有效的整体而对局部之间的调整。"④

在美国传统英语字典中,Design 包含多重含义。作为动词,Design 的含义是在心中构思或塑造出观念,该意义相当于"发明";此外,Design 是指达到一个目标或目的,该意义相当于中文中的"盘算";Design 作为动词,还指创造或策划出一个特别目的或特殊效果。除了动词之外,Design 作为名词是指一幅图画,一个图形表征,一个特别的计划或方法,一个有理有据的目的,或者一个经过反复斟酌的企图等⑤。

"Design"一词并非直接进入汉语系统,而是经由日语译介后传入中国的。日本明治维新后,为了学习西方的科技和文化知识,大量译介西方著作,其中"Design"在明治时期使用直译法翻译为"意匠""图案"等汉语。其中,"意匠"的"意"有"考虑""设计"的含义,而匠则具有"意图、思考、技术"之意,"意匠"组合起来的含义则为"创意功夫"之意。图案中的"图"为"谋计、描绘"之意,"案"则为"设想"之意,"图案"组合起来的含义是"表示设想"的意思⑥。

近年来,随着社会的发展,Design 一词被译为"设计"广泛应用。其实"设计"一词早已有之,且作为动词使用。而 Design 一词则为多义词,为此,随着我国使用"设计"一词来指代 Design,"设计"一词的含义的语义产生了变化,不断被赋予新的含义,我国学者也纷纷对"设计"一词的概念进行阐释。据我国学者赵娟和郑铭磊统

① 王树良,张玉花.设计概论(白金版)[M].重庆:重庆大学出版社,2012:1.
② 诸葛铠.图案设计原理[M].南京:江苏美术出版社,1991:9.
③ 吕文强.城市形象设计[M].南京:东南大学出版社,2002:82.
④ 诸葛铠.图案设计原理[M].南京:江苏美术出版社,1991:10.
⑤ 陈超萃.风格与创造力——设计认知理论[M].天津:天津大学出版社,2016:22.
⑥ 诸葛铠.图案设计原理[M].南京:江苏美术出版社,1991:11-12.

计，当今世界上关于"设计"一词的定义多达数十种。

所谓"设计"是指"从广义来讲，几乎涵盖了人类有史以来一切文明创造活动，凡是抱着一定的目的，并以其实现为目标而建立的方案。从狭义来讲，意味着对构成艺术作品的各种构成要素组织成为一个可以实施并解决现实问题的创意过程"①。这一概念是 2018 年出版的《辞源》（第 3 版）中"设计"词条的详细解释 。而各学者对"设计"这一概念的阐释，则仁者见仁，智者见智。其中，王受之在其所著的《世界现代设计史》中指出："设计就是把一种计划、规划、设想、问题解决的方法，通过视觉的方式传达出来的活动过程。"②王受之还指出，"设计"一词具体又包括三个方面的内容，即计划和构思的形成、视觉传达方式以及通过视觉传达后的具体运用。

除以上几种设计的定义之外，从以制造人为对象的相关领域看，"设计"一词是指："人类所有为满足一些需要而制造出一些物品，或为适应某些目标而做出一个结构体的创造性努力。这些努力要求专业地考虑美感、机能使用、社会象征和市场销售供求。"③这一设计的定义解释了设计活动的本质。

（三）"景观设计"一词的概念探源

"景观设计"一词所对应的英文为"Landscape Architecture"，其英文字母缩写则为"LA"。"景观设计"是指在某一区域内创造一个由具有形态、形式因素构成的较为独立的、具有一定社会文化内涵及审美价值的景物④。景观设计具有自然属性和社会属性两个特点。其中自然属性是指景观设计作为一个有光、形、色、体的可感因素，具有一定的空间形态，较为独立，并易从区域形态背景中分离出来；社会属性是指景观设计除自然属性之外，还必须具有一定的社会文化内涵，具有观赏功能，能够改善环境以及具有一定的使用功能，并可以通过其内涵，引发人的情感、意趣、联想、移情等心理反应，该社会属性即为景观效应。"景观设计"这一概念具有广义和狭义两种概念，其中广义的"景观设计"是指从大规模和大尺度上对景观进行分析、设计、管理和保护，其核心就是对人类户外生存环境的建设。通过设计与改造，可以使人类与自然的关系不断改善，创造一种文明的生活方式，帮助人类重新发现与自然的统一。狭义的"景观设计"是指通过科学和艺术手段，对景观要素进行合理布局与组合，在某一区域内创造一个具有某一形态或形式、较为独立的、具有一定社会内涵和审美价值的景物⑤。主要设计要素包括户外开放的广场、步行街、居住区环境和城市街头绿地以及城市滨湖和滨河地带等。狭义的"景观设计"通常不仅能够满足人类的工作和生活需求，还能够在一定程度上提高人类的生活品质与精神需求。

① 廖启鹏．景观设计概论 [M]．武汉：武汉大学出版社，2016：1.
② 王受之．世界现代设计史 [M]．2 版．北京：中国青年出版社，2015：2.
③ 陈超萃．风格与创造力——设计认知理论 [M]．天津：天津大学出版社，2016：23.
④ 张晓燕．"景观设计"理念与应用 [M]．北京：中国水利水电出版社，2007：2.
⑤ 吴阳，刘慧超，丁妍．"景观设计"原理 [M]．石家庄：河北美术出版社，2017：3.

"景观设计"这一概念在一定程度上与"景观规划"有着不同,"景观规划"的范畴与"景观设计"相比,相对较为广泛。"景观规划"是对一个区域未来整体性、长期性、基本性问题的全面思考,具有长远性、全局性、战略性、方向性、概括性的特点,是对景观区域从基本特征和属性出发,强调空间的布局和功能的划分,并对规划的区域运用园林艺术和工程技术手段,通过改造地形、种植植物、营造建筑和布置园路等途径创造美的自然环境和生活、游憩境域。而"景观设计"则是将计划、规划以及设想通过艺术的思维和工程的手段表达出来的活动过程,是人们的设想与计划的具体表现。与"景观规划"相比,"景观设计"更倾向于表现景观中具体的内容、步骤和方法,多在具体的景观规划的基础上展开设计,因此从这一意义看,"景观设计"是"景观规划"的延伸与展开 ①。

二、景观设计的功能探析

景观设计不仅具有使用功能,同时具有一定的精神功能,除此之外,景观设计还具有保护功能和综合功能。

(一)景观设计的使用功能

景观设计具有实用性功能,即具有较强的使用功能。景观设计一般通过对户外的环境进行改变,使户外环境为人们的生活提供更多便利条件,从而为人们的生活环境提供各种人性化的服务。具体来说,景观设计的使用功能主要表现在以下几个方面。

1.景观设计具有较强的空间功能

无论是哪一种类型的景观设计,均具有较强的空间功能,而不同的空间所产生的使用功能又不同。其中,交流空间,即为人们提供较强的交流使用功能,即当人们处于该空间时,能够自由进行交流。而交流,尤其社交,是人们生活中的重要因素之一,是当人们处于某个空间中,能够与身边的亲人或朋友等在闲逛或散步的时候进行闲适的社交活动。良好的景观设计可以营造一种便于交流的氛围,能够让人们在不经意间产生共鸣,陶冶情操,并且将自己的情感融入这种场景之中,与身边人进行交流。例如,景观设计中精心准备的休息座椅和凉亭等便于人们在进行休息时交流,或者沿林荫道散步时进行交流等。除面对面进行交流之外,景观设计中一般还会融入多种现代元素,如电话亭、无线网络等,便于人们通过现代化的电话或网络设备与其他人进行远程信息交流,为人们提供多种便利服务等。

2.景观设计的关怀功能

景观设计是为人们的生活而服务的,因此景观设计具有较强的关怀功能。景观设

---

① 吴阳,刘慧超,丁妍.景观设计原理[M].石家庄:河北美术出版社,2017:5.

计的关怀功能具体可细分为物理关怀和心理关怀。所谓物理关怀，是指从景观设计为人们提供的人性化的便利角度来衡量景观设计的价值的。

景观设计的物理层次的关怀功能体现在以下方面：例如，景观设计中的交通管理设施包括交通标志和导向性的中央分隔绿化带，能够为人们指示方向，愉悦心情，达到为人们提供便利服务的目的。又如，景观设计中的护栏、护柱、路墩、残疾人通道、自行车通道等，这些安全设施能够通过对车辆进行拦阻而保护人们的人身安全。除此之外，夜间照明设施则通过为人们提供夜间照明的便利，而反映城市中心的面貌等。以上景观设计中的种种功能均出于对人们物理层次的使用便利功能的需要，其能够最大限度地为人们带去物理关怀，从而为不同文化层次和不同年龄的人提供活动空间，在满足不同人群的需要的同时，形成动静有序、开放和封闭相结合的空间结构，以便满足不同人群的需要。

除物理层次的关怀外，景观设计还具有心理层次的关怀功能。心理层次的关怀功能与物理层次的关怀不同的是，其不仅能够为人们提供起到实际作用的关怀功能，还能够让人们感受到对心理的关怀。例如，在住宅景观设计、公园景观设计等类型的景观设计中，均会通过绿植与流水、花香等事物的搭配为人们提供适应其心理需求和变化的自然景观，在起到触景生情的作用的同时，能够为人们创造一种美的境界，从而使人们在观察到这些景观或置身于景观设计中时，充分感受到高层次的文化精神的享受。

（二）审美功能

景观设计是一门兴起于 19 世纪的学科，同时是一门艺术，具有较强的审美功能。景观设计在满足人们的使用功能的同时，会涉及视觉和情感、自然与人文、动态与静态等审美功能。

景观设计艺术的审美功能在于人们通过对景观的设计和改造，或置身于景观设计艺术之中，能体会到较强的参与感，产生积极、健康的情绪和情感，得到强烈的精神享受。具体来说，景观设计的审美功能包括景观效应和美化功能两个方面。

所谓景观效应，是指审美客体环境与审美主体（人）发生的相互感应和相互转化的关系[①]。景观效应所产生的作用主要与两方面的因素有关，即景观因素与人的因素，但这两者单独出现时并不能产生使人震撼的景观效应，只有两者相互作用时，才能起到较强的作用。一方面是人对环境的作用。人们的生产和生活对周围的环境具有较大的作用，而景观设计中的景观效应主要体现在人们对周围环境的保护和创造两个方面。其中，人对环境的保护是指人们为获取适宜的环境而对周围的自然环境或人文环境进行的保护与发展。而人对环境的创造则是指人们在进行景观设计时，在原有自然景观或人文景观的基础上，对周围的环境进行较大的改变和更新，从而达到以最小的代价

---

① 　杨帆 . 景观的概念与效应 [J]. 中南林业调查规划，2000（2）：42.

获得更大的环境景观效益的结果。值得指出的是，无论是景观效应中的人们对环境是保护还是改造，均需在尊重原有自然和人文环境的基础上进行，以便达到适应现代人的生活需要的效果。景观效应的另一方面则是环境对人的作用。环境对人的作用的本质即达到较好的情景合一的功能，使景观设计与人们的情感相互感应和互相转化，从而达到融情于景，情景交融的目的。良好的景观设计能够为人们提供惬意的、舒适的、积极向上的良好情感，从而达到较好地提升人们兴趣、审美能力、文化水平、地域或民族特征等方面的功能，使得人们在处于特定的景观之中时产生较强的亲切感、认同感、引导感和文化感。

所谓景观设计的美化功能，则是指审美客体与主体所发生的相互感应和相互转换关系，即景观通过意境的表达，给人以美的享受，陶冶人们的情操[1]。景观设计的美化功能既体现在景观设计的整体之中，也体现在景观设计的细节之处。其中，景观设计的整体美化功能是指景观设计对周围景观的影响作用。例如，住宅景观设计是对整个住宅环境进行美化，让居住其中的居民均能够感受到较强的景观审美。又如，公园景观设计中整个公园呈现出来的总体氛围等。除整体美化功能之外，景观设计的美化功能还体现在每一处细节中。例如，在公园景观设计中，某一个广场、某一处草坪、某一座凉亭或某一座假山，甚至某一处植物的线条和色彩的景观设计，都要既融合于公园的整体景观设计之中，同时又具有其独特的审美特点等。

无论是景观效应还是景观设计的美化功能，两者均能体现出较强的景观设计的审美功能。而景观设计的审美功能则是景观设计中极其重要的功能之一。

（三）安全保护功能

景观设计的安全保护功能包含双重含义：第一重含义是指景观设计对自然可再生资源和不可再生资源的保护功能；第二重含义则是指景观设计对人的安全保护功能。

1.景观设计中对资源的保护功能

人类可利用的资源按照使用频率可以划分为可再生资源和不可再生资源两种类型，其中可再生资源包括生物资源、土地资源、水能、气候资源等在内的可以重新利用的资源或者在短时期内可以再生，或是可以循环使用的自然资源。而不可再生资源则包括炭、煤、石油、天然气、金属矿产等在内的自然界的各种矿物、岩石和化石燃料等自然资源，以及历史建筑、文物等人文资源在内的资源。

在景观设计中，可通过进行较大规模公园或旅游景区等空间的景观设计，从而达到对可再生和不可再生资源的保护和充分利用。例如，对重点湿地、自然林地的保护和设计，可以达到减少不可再生资源的生产和使用，提高使用效率的目的。又如，红色文化旅游区或历史人文景观旅游区的景观设计既可通过对景区的美化为当地带来一

---

① 陈六汀，梁梅.景观艺术设计 [M].北京：中国纺织出版社，2004：66.

定的经济收入，又可通过获得的经济收入对景区内部的历史遗址或人文景观进行修葺，从而达到对不可再生的历史和人文景观资源进行保护的目的。再如，在对废旧的矿区、工地等进行景观设计时，不仅可以利用植被、土壤等对环境进行美化，还可以变废为宝，充分利用废旧的矿区、工地为人们设计和开发新的休闲交流场所。具体来说，在景观设计中，对自然资源和环境的保护功能主要体现在通过植物、河流、内湖等设计对城市一定区域内的气候进行改善，起到净化空气、减少噪音污染、改善卫生环境，以及保持水土和美化环境的作用等。

2. 景观设计对人的安全和保护功能

景观设计对人的安全保护功能主要体现在景观设计可以通过交通指示、绿化带、隔离带以及各种劝阻和警示标志牌等对人们进行警示和预警，从而达到减少事故和灾害的作用。具体则包括拦阻、半拦阻，以及劝阻和警示功能等。

首先，景观设计安全保护中的拦阻是指对人和车辆等进行积极的拦阻和控制。例如，在公园景观设计中，通过特殊的大门或小门入口处设计等，禁止人们将包括汽车、电动车、摩托车、单车等除儿童车辆之外的其他车辆带进园中，从而有效防止车辆在公园中对人们造成危害，降低了事故的发生率。又如，在城市道路景观设计和住宅景观设计中，通过绿化隔离带、人行道和停车区域、减速带、围栏、护柱、沟堑等的设计对人和车辆的行为进行规范，从而发挥对人的安全的保护功能。

其次，景观设计保护中的半拦阻具有一定的拦阻性质，然而拦阻的强制性较弱，主要起限制作用的功能。例如，城市道路、住宅等景观设计中可移动的、高度和拦阻强度相对较弱的矮墙、绿篱等拦阻设施。

最后，景观设计中具有诱导性的劝阻和警示牌则对人和车辆的行为起到诱导功能，从而发挥对人的安全的保护的功能。例如，在城市道路、住宅或公园设计中，通过一定的道路标志、拱门等造型设计，达到引导人和车辆进入预期道路路线区域的目的。或者通过不同分区的空间界定和划分等，对人和车辆的行为进行引导和启发，从而发挥较强的安全保护功能。

（四）景观设计的综合功能

景观设计的综合功能是指除以上三种主要功能之外，还存在一些其他功能。一般来说，每个景观设计在不同环境中均不是以单一的功能出现的，常常是集多种功能为一身，从而达到较好的景观设计生态效益和经济效益。景观设计一般由多种不同的景观单元镶嵌而成，这些不同的景观单元多为具有明显视觉特征的地理实体，常常既有一定的生态价值和美学价值，又具有一定的经济价值。

例如，城市道路景观设计不仅具有保护自然生态的功能，还具有美化周围环境、引导车辆安全行驶的功能等。又如，公园景观设计或旅游景区景观设计常常考虑到公园或旅游景区所在地的自然条件，如地形、土壤状况、水体、原有植物、已经存在并要保留的建筑物或历史古迹、文物情况等，在尽可能地尊重景区内原有的自然或人文条件的基础上，对景区或公园进行分区设计。这种分区设计一方面能够充分地发挥公园或旅游景区的使用功能，另一方面还可以开发景观设计的视觉景观形象、环境生态绿化等新功能。公园的功能分区一般可分为安静游览区、文化娱乐区、儿童活动区、园务管理区和服务区。其中，安静游览区一般指公园或旅游景区的亭、廊、轩、榭、阅览室、棋艺室、游船码头、名胜古迹、建筑小品、雕塑、盆景、花卉、棚架、草坪、树木、山石岩洞、河湖溪瀑等以观赏、游览或休息为主的空间。这些空间一般多通过充分利用自然环境而形成峰回路转、波光云影、树木葱茏、鸟语花香等动人的景色，以集使用功能、生态保护功能、安全保护功能以及审美功能等功能为一体。公园或旅游景区的文化娱乐区则包括俱乐部、游戏场、表演场地、露天剧场或舞池、溜冰场、旱冰场、展览室、画廊、动物园地、植物园地等游人相对较多，也相对较为集中的区域空间。这些空间之中的建筑往往较少，而且各个区域多通过绿植、造型或建筑等进行分隔。除此之外，这一区域由于人流量在固定的时间中相对较大，一般会通过较强的标志性或雕塑等进警示，因此这些区域也具有较强的综合功能。儿童活动区一般在公园中占有较大区域，因为儿童群体是公园等地的主要游览群体，常占整个公园人流量的15%～30%，具体则根据公园周边区域的儿童数量、公园用地面积、公园位置以及周围居民居住分布等情况进行确定。公园儿童活动区则包括学龄前儿童及学龄儿童的游戏场、戏水池、少年宫或少年之家、障碍游戏区、儿童体育活动区（场）、竞技运动场、集会及夏令营区、少年阅览室、科技活动园地等区域。这些区域也具有较强的综合性功能。

综上所述，景观设计一般多具有较强的综合性功能，而景观设计的综合性功能越强，则表明景观设计的效益和价值越高。

第二节 景观设计的构成要素、特点与原则

景观设计是一门学科，同时具有较强的综合性艺术，其由多种要素构成，而每种要素均具有独特特点。本节主要对景观设计的构成及特点以及景观设计的原则进行详细阐述。

一、景观设计的要素及其特点

景观设计的基本要素具体可细分为的视觉与空间造型要素，以及景观设计的构成要素两种类型。

（一）景观设计的视觉与空间造型要素及特点

景观设计是一种视觉艺术，同时是一门空间造型艺术，作为一种综合性艺术形

式，在设计中遵循点、线、面、体等的艺术设计形式。其中，点作为视觉最小、最基本的单位，在景观设计中具有较强的空间划分、空间组合和空间点缀作用，能够在景观设计中起到视觉聚焦和画龙点睛的作用。线作为空间形态中的基本要素，一般是由点的延续或移动而构成，在景观设计中巧妙地运动直线或曲线能够形成不同的空间造型。景观设计中的面是由线的运动而形成，景观设计中对方形、圆形、三角形、不规则形等多种类型的面的巧妙运用，能够创建出极具创造性的艺术造型。景观设计中不同的面的作用也不尽相同，例如，三角形的面通常给人以单纯、安定和有力之感，方形面则使人产生较强的大方、安定或呆板的印象，而圆形面则具有独特的柔和、饱满和充实的感觉。景观设计中的体则是由面移动而形成的，具体来说，景观设计中的体包括直线系形体、曲线系形体和中间系形体三种类型，不同的景观形体所产生的功能和效果也不尽相同，能够凸显不同的景观设计之美。

景观设计中的点、线、面、体等空间和视觉的造型基本要素能够形成不同的形态、尺度和空间，结合不同的质感和纹理、色彩、光等，能够形成不同类型的景观设计。

1.景观设计的形态要素

景观设计是一种空间艺术形式，其具有一定的造型和形态创造与使用的特点，因此形态构成要素在景观设计中占有重要地位。景观设计通常以某种特殊形态出现，而景观设计的形态多需落实到设计与艺术创作上来。景观设计艺术中的形态可分为自然形态和抽象形态两种类型。其中，自然形态是指日、月、山川、河流、植物、动物等自然界本身存在的各种形态。这些自然界中现实存在的形态既是人类艺术创作的根源，也是景观设计艺术创作中的根源。景观设计艺术中的抽象形态则是指在自然形态基础之上对具象形态的基础的升华和概括，是在认识自然的过程中对客观的存在由感性到理性发展的视觉创造。与自然形态的点、线、面相比，抽象形态的点、线、面更加能够体现人性和时代的情感，但相比之下，自然形态被人们接受的程度则相对较高。

2.景观设计的尺度与空间要素

尺度是景观设计艺术中一个十分重要的概念，尺度一词在这里并不是一个度量衡的概念，而是一种表达人们对空间比例大小关系的一种综合感觉。景观设计中的尺度是指某一个景观的大小，其既与整个景观设计的要素有关，又与局部景观设计和人的因素相关。从人的视角出发，不同尺度的景观设计所产生的视觉效果不同，给人们带来的心灵的震撼也不相同。例如，西方景观设计中的雕塑作品有的十分硕大，能够走出人们熟悉的视角，使人们从一个全新的视角观察生活。

除尺度这一概念外，景观设计的空间概念对于景观设计师来说也十分重要。空间是景观设计的核心，从构成角度来看，空间形态是由物体所限定的或所包围的、可触、可知、可感的有形空间，其是由实体和空虚两个部分共同组成的。景观设计艺术的空间具有限定性、内外通透性、可感知的内部性和外部性等特点。景观设计艺术中空间的限定性特点是指空间形态必须借助一定的实体，如墙壁、绿植、花丛、流水、假山等隔离带而形成，唯其如此，才能将空虚的景观设计变成视觉形象，也才能从无限空间中隔离出、搭建出或者创新出有限空间，使无形空间化为有形空间。景观设计艺术中的空间的内外通透性是指在景观设计艺术中，其所构成的各个空间之间一般具有较强的流通性和内外通透性。例如，在公园景观设计中，各个不同的分区空间中往往具有一定的流通性。景观设计艺术中空间具有可感知的内部性和外部性特点，是指人们在进入景观设计的空间或观察景观设计的外部空间时，能够对空间的构成和组合产生较为强烈的感知。

具体空间形态的构成需要通过垂直方向的限定。例如，围栏的设计形式是对空间进行限定；或通过水平方向的覆盖、肌理变化、凹凸和架起等进行空间限定。综上所述，垂直或水平方向的空间可以构成并列空间、序列空间、主从空间等，使景观设计的空间变得丰富多样。

3. 景观设计的质感和纹理要素

质感是指人们对于景观设计材料的视觉上或触觉上产生的审美效应，在小的形式单位群集组合的界面效果，界面的纹理反映了界面基本形式单位组织的秩序和式样，不同的质感能够赋予人们不同的界面视觉和特殊的触觉特性。纹理是指视觉感官系统所感知的景观设计材料的透明度、光泽度以及明暗效果等表面肌理特征。

在景观设计中，使用不同质感和纹理的材料所带来的景观设计的艺术效果具有较强的差异性。即便是相同的景观设计，如果运用具有不同质感和纹理的材料，其也会产生不同的景观设计效果。例如，景观设计中的道路设计采用大块的大理石，常常给人以坚硬的心理感受；而使用鹅卵石铺路，则会产生较强的质感以及光滑感。又如，景观设计中同一座桥梁，如果使用木质桥梁，会产生较强的古朴、返璞归真、温馨的感觉；如果使用石头材质的桥梁，则会产生笨拙与坚实的质感；而如果使用钢铁搭建桥梁，则会给人以较强的现代感。不同的质感和纹理产生的效果不同，同时景观设计中不同质感和纹理的建筑、凉亭、桥梁、道路和休息长椅等的维护方法也不尽相同。如果维护不当，那么庭园的装饰效果就会大打折扣。

4. 景观设计的色彩要素

色彩既是景观设计艺术中的关键要素，也是景观设计的重要视觉媒介。色彩能够通过人们的视觉感官给人们带来不同的影响。色彩按照不同的色相可以划分为冷色和暖色以及中间色。其中，暖色是指红色、橙色、黄色、淡紫色等色彩，这些色彩常常能够带给人们温馨、和谐以及温暖的感觉，能够引发人们的心理和情感联想，象征着生命、火焰、愉快等情感。冷色是指绿色、蓝色、深紫色等颜色，这些颜色常常使人们联想到大海、蓝天和冰雪等，与暖色系的温馨不同，冷色常给人一种阴凉、宁静、深远、死亡、典雅、高贵、冷静、暗淡、灰暗、孤僻的感觉。中间色是指黑、白、灰，以及界于冷色与暖色之间的混合色等。除冷色、暖色以及中间色之外，景观设计艺术中的色彩还包括同类色、对比色和黑白色等。

所谓同类色，是指色相差距不大或相对较为接近的色彩，如红色中的大红色、朱红色、土红色、砖红色以及深红色等即同类色。在景观设计中，使用同类色常常会使整个色彩搭配显得较为和谐。对比色是在景观设计中使用两种差别较大的色彩组合成各种图案，对比色常常用于公园、广场或节日景观设计中，以起到强烈的视觉冲击效果，给人们带来欢快、热烈、兴奋等不同的审美感觉。黑白色则是指黑色和白色两种颜色搭配形成的景观设计，这种色彩组合常常用于景观设计中的护栏、围墙等。

除以上色彩组合外，随着现代社会的发展，以及景观设计思潮的更迭，景观设计对色彩的运用也越来越具有创新性，景观设计的运用中呈现出丰富多彩的景象。

5. 景观设计的光的要素

除以上几种形象的空间要素外，光也是景观设计中的色彩之一，光与人们的生活和社会实践之间存在着极其密切的联系。在现代景观设计中，可以通过不同形式、色彩的光的运用，构建出无穷的光影变化。景观设计中的照明设施包括霓虹灯、庭院灯、草坪灯、水池灯、建筑装饰灯、植物照明灯等多种类型。景观设计中的灯光能够与水体、山石、雕塑、桥梁以及岸边小景等结合起来，共同营造独具特色的景观，所以光是景观设计，尤其是现代景观设计中不可或缺的要素。

（二）景观设计的构成要素及特点

景观设计的构成要素则包括地形与地貌、植被、水景、道路、景观小品等。

1. 景观设计中的地形与地貌要素及特点

地形是指地势高低起伏的变化，即地表形态，地理意义上的地形包括山脉、丘陵、河流、湖泊、海滨、沼泽等。地貌的概念和地形紧密相关，既有其相似部分，也有一定的区别。地貌是指地球表面的各种面貌，其与地形相比更加侧重于地表面的特征，从地理意义上来看，地貌包括喀斯特地貌、丹霞地貌、风蚀地貌等。景观设计中的地貌和地形的概念的相似性更强，其地貌一般统称地形地貌。

在景观设计中，地形地貌的设计主要是指利用地表高低起伏的形态进行人工的重新布局，其中包括对地形骨架、山水、河湖、泉瀑的设置，以及各部分之间的相对位置、高低和大小的尺度、外观形态、坡度的控制等。具体来说，景观设计中的地形可划分为平坦地形、凸地形、凹地形等类型。地形与地貌是外部空间中的重要因素之一，也是景观设计中所依赖的基础，地形与地貌能够直接影响景观设计的美学特征，以及空间设计、排水等土地功能结构。不同的地形和地貌均有其理想用途，在景观设计中，应根据不同地形的特点进行景观设计。地形与地貌可粗略划分为平坦地形、凸地形和凹地形等三种类型。

首先，平坦地形。平坦地形是景观设计中较为理想的地形，也是所有地形中最为简洁和稳定的地形。平坦地形是景观设计中最为常见的地形，平坦地形并非指绝对意义上的平地，而是指地形的起伏坡度较缓，坡度在5%以下的地形，这种地形变化一般来说不易引发人类视觉上的刺激，因为这种地形一般具有简洁、稳定、平和的特征。从视觉呈现上来看，人的视线可以一览无余，有利于达到构图的统一和协调之感。一般来说，平坦地形在景观设计中常常应用于构建城市广场、较大面积的草坪以及建筑用地等。然而，平坦地形虽然有利于各种景观建筑的设计，却缺乏动态的线长之感。例如，凡尔赛宫苑即是在平坦地形上建设的，其景观设计中设有大面积的草坪、绿地以及建筑群落等。

其次，凸地形。与平坦地形相比，凸地形更加富有一定的动感变化，易成为景观设计的视觉中心。凸地形和地貌根据其坡度大小在景观设计中可划分为缓坡地、中坡地、急坡地和悬崖、陡坎等。不同坡度的凸地形在景观设计中的具体用途和设计特点也不尽相同。其中，缓坡地一般多用于种植或活动场地、道路以及较少受到地形约束的建筑面等。缓坡地在景观设计中的应用相对较为广泛。中坡地的坡度相对于缓坡地来说更大，在中坡地上营造一定的建筑景观时，所受到的限制相对较大，一般需要设计台阶和平台，以便于增加使用的便利性和舒适性，从视觉感观上也更见其舒适性和平立面变化。中坡地的景观设计如善加利用，可以营造出丰富的景观层次，突出景观的主体性，塑造出更加庄严和神圣的景观氛围。急坡地的坡度一般在50%以上，这种坡地通常多用于进行植被种植，如果在这一坡度的地形和地貌上进行道路设计，一般多做环形盘旋路面设计。悬崖、陡坎的坡度较之急坡地更大，甚至坡度在100%，这种地形和地貌常常作为绿化用地等，因为较难在这类地形上进行建筑景观设计。凸地形一般具有较为开阔的视野，视线也具有较强的外向性。

最后，凹地形。凹地形又可称为碗状洼地地形，这种地形与凸地形恰好相反，其景观设计中的主要地形不在水平地面之上，而在水平地面之下。凹地形的景观设计中的制约因素不仅与凹地形的空间有关，还与凹地形的坡度有着直接关系。一般来说，凹地形具有较强的内向空间性，因此常具有较强封闭感和私密感。凹地形在景观设计中多用来建设天然湿地或运动场地等。例如，古代西方的凹地形多用来构建运动场地等。

除以上几种主要地形和地貌之外，景观设计中的地形还包括山脊和谷地地形。其中，山脊地形是指具有较为鲜明的方向性和流线的、连续的、线形凸的起地形和地貌；而谷地地形则恰好相反，是指一系列连续或线性凹地地形和地貌，这两种地形在景观设计中也较为常见。

不同的地形和地貌由于其坡度、空间和朝向等不同，在进行景观设计时，其所发挥的具体的功能和意义也不尽相同。在景观设计中，对于不同的地形和地貌，应以充分利用和保护原有地形和地貌为主，改造和修整为辅，以便使人们在景观设计中充分感受到自然山水的乐趣。除此之外，在景观设计中，面对不同地形和地貌，在景物的安排以及空间的处理、意境的表达等方面应因地制宜，同时适当采用人为工程，以便形成高低错落、虚实结合、变化多端的景观类型。在此基础上，在对不同地形和地貌进行设计时，还应充分强调地形和地貌的功能性，以便更加减少经济投入。

2. 景观植物设计的特点及意义

景观植物设计是景观设计中的重要构成因素之一。景观植物设计的本质是应用不同的植物创造绿色景观，营造出充满生机和活力的自然之境。景观植物中常见的植物包括乔木、灌木、花卉、草坪和地被植物、藤本植物和水生植物等。不同类型的植物，其高低、大小以及生长特点不同，在景观设计中所起的作用也不尽相同。例如，景观设计中的草坪一般多铺设在平坦地形或具有一定坡度的地形上，其具有防止水土流失和保护环境、改善局部小气候等作用，同时十分适合作为游人的露天活动和休息的理想场所。又如，水生植物一般多生长在水中或水边潮湿的环境中，其对于水体具有一定的净化作用，除此之外，还可使水景景观变得更加富于变化和趣味，能够营造较强的水景美感。

景观植物设计具有较强的使用功能和意义，包括生态功能、美化功能、建筑功能和意境功能等。景观植物的生态功能是指不同景观植物的配置能够起到改善局部生态环境的重要作用。植物本身具有较强的改善生态环境的功能，尤其是在人口密度较大、工业发展水平较高、环境污染较为严重的城市地区，景观植物设计能够有效改善局部环境压力，起到遮阴、防风以及调节温度等作用。景观植物设计的美化功能主要是建立在植物本身独特的姿态、色彩和风韵之美的基础之上的功能。不同植物的枝叶、花朵、果实的形态、颜色等均不相同，不同植物的质地和色彩在视觉感受上也具有较大的差别。在景观设计中，常常使用不同的植物与建筑相搭配，以体现出不同的空间美化功能。例如，在较为开阔、地形较为平坦、体积较大的建筑物附近，应选择体型较大、枝干较粗、树冠更加开展的植物，以便与较大体积的建筑物相互呼应，形成高低错落有致的美感。又如，在现代城市公园或广场、旅游景区中的雕塑物附近，则宜选用较为低矮、色彩艳丽的花卉以及绿篱等作为主要植被，以达到较强的视觉烘托作用。景观设计中的植物与建筑等的功能相似，均具有较强的界定空间、遮景以及营造具有私密性的空间的作用。除以上三种主要作用之外，景观植物设计还具有较强的营造意境的功能。不同植物的外形不同，在历史上，所产生的具体的寓意也不相同。例如，在西方文化中，绿柳树代表了虚假的爱；相思树则象征着秘密之爱；老鼠簕在古希腊文化中则象征着艺术之爱，以及不能消除的爱，常常被用于各种装饰纹饰；此外，红玫瑰在西方文化中象征着真挚的情感和忠贞不渝的爱情等。因此，在景观设计中，使用不同植物所营造的具体的意境也不相同。

总体而言，景观设计中的植物设计需要注意植物的特性和种植的科学性，适地适树种植，在乡土植物设计的基础之上，适当引种外来植物；并且根据植物的生长习性，在不同地形和地貌上种植适合的园林绿化植物。此外，还应关注植物的培植方法，根据不同植物形状和高矮、习性等进行单植、对植、丛植、群植以及行植、带植等。在草坪的设计中，还应注重适当运用纯一草坪、混合草坪以及缀花草坪等，以便发挥草坪的游憩、观赏、运动、吸尘、护坡等实际功能。

3. 水体设计的特点和功能

水体设计是景观设计中的重要构成要素。水体包括自然界中的河流、溪流、激浪、瀑布、淡水湖、海洋、沼泽、泉水等。景观设计中的水体按照水面流动可分为湖泊、水池以及水塘等平静的水体，溪流、水坡、水道以及水涧等流动的水体，瀑布、水帘、水梯、水墙等跌落的水体，以及喷泉等喷涌型的水体等。不同类型的水体反映了水体的不同的特性。水体具可塑性强的特点，水体自身为液体状态，其形态通常受外界容器的限定性较强，水体景观设计中最终呈现的状态主要取决于水体容器的大小、形态、高低以及材质的结构和变化等。水体还具有较强的折射性色彩，其流经不同色彩的台阶和水墙以及水幕时，不同水层由于折射变化，常呈现出不同的色彩。水体还具有较强的倒景性和波浪形特点。在景观设计中，可充分利用水体自身所表现出来的不同的特征而进行设计，以便呈现出丰富多彩的水体景观，为整体景观设计的效果呈现奠定一定的基础。

水体景观设计应兼顾水景的美观、功能，水景的可参与性和安全性因素，以及水体景观的连通与循环，水体景观的排水，不同季节水体景观的呈现状态以及处理、夜间水体景观的效果，不同水体形态之间的结合等，以便使水体景观呈现出丰富性和多样性。水体景观的造型具体可划分为面状造型、线型连通等样式。在水体景观的设计中，应注意水体景观与不同景观之间的联系。水体景观的设计并不是孤立存在的，而是需与不同元素相结合，其中较为常见的是水体与山石元素的结合而形成的景观、水体与桥梁的结合形成的景观、水体与雕塑小品的结合形成的景观、水体与水生动植物的结合形成的景观、水体与音乐的结合形成的景观等。水体与山石元素的结合是水体景观设计中常见的景观现象；除此之外，水与桥的结合不仅能够在水陆之间起到实际的过渡作用等，还能够起到较强的审美作用，营造出美观的意境；而水体与雕塑小品的结合在西方的城市景观中则十分常见，尤其是水体从雕塑的不同部位流出，常常能够营造出层次错落的美感；水体与水生动植物的结合也是水体景观中常见的方法之一。在水体景观中，无论是静态水景还是动态水景，一般均离不开花木营造意境，而水体景观设计与动植物的结合不仅能够营造出较为富有层次的变化，还能营造出更加具有生机和活力的水景，使水体景观更加生动、活泼，趣味性更强。水体与音乐的结合是近年来水体景观常见的形式之一，能够起到视觉和听觉的双重刺激作用，为人们带来较强的视觉和听觉享受。

4. 建筑小品的特点和功能

景观建筑小品是指在景观设计中包括长椅、遮阳棚或凉亭等具有供人休息功能的景观设计；包括花坛、水缸、各种雕塑等具有装饰性功能的景观设计；包括可供洗手的洗水池、饮用水、公用电话亭以及时钟塔、具有保护作用的栏杆、垃圾箱等具有服务功能的景观设计；包括路线图、导游图板、指示路标以及布告板、各种动植物的说明牌、图片画廊等具有展示性功能的景观设计；以及包括灯柱、灯头、灯具等具有照明功能的景观设计等。这些景观建筑小品在具体的创作中应在兼顾其使用功能的同时，使其具有一定的趣味性、合宜性、特色性、融于自然性、空间装饰性、强烈的对比性以及突出点缀性等特点。

景观设计中的小品设计具有精美、灵巧以及多样化的特点，在具体的小品设计中，应遵循以下几种方法。景观设计的第一种方法是巧于立意，景观小品作为整个景观设计中的点缀，往往具有独特的意境，因此在进行景观小品设计时，应突出景观小品独特的特点。例如，在景观小品的设计中，可充分借鉴传统文学、传统艺术、古代寓言故事、宗教和神话传说、文化符号以及文字等创新要素。景观设计的第二种方法则是将景观小品的设计与周围环境相融合，即与周围的环境特点相符合。例如，在西方景观小品设计中，常设计与整体景观相一致的小品，以便使景观小品的风格不突兀。景观设计的第三种方法则是注重因需设计，即指景观小品的设计在兼顾实用意义的基础上，满足景观设计的实用功能与技术要求。

二、景观设计的原则

景观设计需要遵循以下几个重要的原则。

（一）景观设计的以人为本原则

景观设计的主要目的在于为人服务，因此要坚持以人为本的原则。景观设计的以人为本原则包括两个重要方面，一方面是从人的需要出发，对景观进行改造，以便满足人的最基本的使用功能的需求。当前，以人为本已经成为全世界倡导的景观设计原则。例如，《雅典宪章》明确指出人类建设城市的主要目的在于居住，因此在设计人类的居住环境时，应从居住人的要求出发。此外，《华沙宣言》也明确指出，人类具有各种需求，而追求生理、智力、精神以及社会和经济等方面的需求是每个人的基本权利，因此必须对这些权利进行保护。人类对环境具有一定的依赖性，尤其是人类大部分时间均在居住和工作中度过，而良好的景观设计可以在人们生存的环境中为人们提供种种便利。国外学者扬·盖尔将现代人类的主要活动分为三种类型：第一种是人类的必要活动，即工作、购物和上下班；第二种则是人类在户外条件允许的前提下进行的活动，如散步、观光和户外休息等；第三种是人类在公共场所的交往互动，主要包括聊天、游戏等。因此，景观设计的基本原则是满足人类的这些基本使用功能的要求。例如，为了满足人们散步、观光和户外休息的需求，在进行城市广场设计时，不能只出于生态需要，种植大面积的草坪，还需设计一定的遮阳棚和公共座椅。又如，为了满足人们上下班的需求，在进行城市道路设计时，不能设计太长的栏杆和路障，否则人们就会因过马路而出现翻越栏杆和路障，并且在马路上乱窜的现象，这证明此设计不符合人类的使用需求。

另一方面，景观设计的以人为本原则还需要满足人类的精神需求功能。人类作为审美主体，具有一定的审美需求。因此，在景观设计中，应从人类的审美需要出发，通过情景交融的设计，给人类带来美的享受。例如，在人类的居住环境、城市道路或公园等区域，可通过植物、雕塑与建筑的线条与造型，打造出具有特色的景观供人们欣赏和观光。另外，还可以通过不同植物随季节而变化的色彩，彰显大自然的生机与活力，让人们充分体会不同季节的景观之美。通过自然景观与人造景观之间的有机结合，尽量消除人类活动环境中的不协调之感，使人类的情感在景观中得到升华。

（二）景观设计的整体性与前瞻性原则

所谓景观设计的整体性原则，是指景观设计是一个综合整体，因此其具有一定的整体性原则，其整体性原则具有三重意思。第一重意思是景观设计必须既满足景观的社会功能，也符合自然规律，遵循生态原则，另外，景观艺术属于艺术范畴，因此在满足社会和生态需要的同时，要符合一定的美学原则，这三者无论缺少了其中哪一方，景观设计都会存在缺陷，都不会是一种理想的景观艺术设计。第二重意思是景观设计是一种对人类生态系统整体进行的全面设计，并且具有多目标设计的特点，而不是孤立地针对某一景观元素进行设计，因此景观元素应该具备既为人类需要而服务，同时为动物和植物的需要而服务的特点。另外，景观设计还能够促进社会经济和生态的发展，取得较高的社会价值和收益，这不但符合社会高产值效益的需要，而且符合人类的审美需要。第三重意思则是设计的最终目标是整体化，即景观设计目标应该既兼顾微缩景观的实用性和审美性，又应该兼顾整体设计目标的实用性和整体性功能。例如，城市公园设计就应符合人民生活便利的需要，满足周围居民的休憩、锻炼以及娱乐、交际等多种需求，因此公园中往往既设有环形跑道，又设有林荫道和凉亭、座椅，此外，还设有各种供人们锻炼的设备，以满足人们体育锻炼的目的。另外，城市公园的设置还符合一定的生态目标，能够改善一定区域范围内的小气候和生态污染，能够调节区域范围内的湿度，改善生态环境，提升生态质量。除此之外，公园的景观设计还符合一定的美学原则，能够为人们带来赏心悦目的愉悦享受。

所谓景观设计的前瞻性原则，是指景观设计既要符合自然规律的内在要求，经得起时间的考验，又要符合科学技术的不断进步，力求在美学追求和形式表现上，保证景观规划设计在景观未来发展中不会落后；除此之外，景观设计还要处理好内部道路与周围外部路网的衔接关系，采用太阳能等新技术、新手段，贯彻环保、节能、资源综合利用的概念，给后人留有发展空间。例如，在城市道路景观设计中，首先应该充分符合自然规律以及力学发展规律，充分考虑到道路的使用年限，并根据道路的材质和形状设计一定的造型；其次，在城市道路景观设计中，应充分利用新技术和新手段，从环保和生态的理念出发，应用节能设备、太阳能技术性，以实现生态目标和节能目标，以及充分利用资源的目标；再次，在城市道路发展景观设计中，应充分考虑到未来城市的发展方向以及发展预期，充分为未来城市的发展留有足够的发展空间，以便现在设计的城市道路与未来城市发展后的新道路进行联网，从而节省资源。最后，在城市道路景观设计中，应注重景观的整体审美功能，不仅应在道路两侧设立一定的微型景观和景点，还应确保整条道路的审美具有连续性和整体性。

（三）景观设计的生态性和艺术性原则

景观设计的生态性原则包括两方面的含义：一方面，景观设计应该充分运用生态学原理进行指导；另一方面，景观设计的结果在对环境友好的同时要满足人类需求。在景观设计的发展中，设计师较早就意识到景观设计不仅是为人类需要而服务的，同时应该满足自然发展的需要。景观设计师西蒙·范·迪·瑞恩和斯图亚特·考恩就曾对景观设计的生态性进行定义，认为在景观设计中，任何与生态过程相协调并尽量使其对环境的破坏影响达到最小的设计形式都称为生态设计。景观设计的生态性原则建立在尊重自然和保护自然的基础上，以避免对自然资源进行破坏和剥夺，保持营养和水循环，维持植物生存环境和动物栖息地的质量，尊重和保护自然物种多样性，从而达到改善人居环境及生态系统健康的目的。随着人类城市的发展，人类为了满足自己生活便利的需求，而对自然进行了较大破坏，城市的工厂、汽车尾气以及人们在生活和生产中制造的垃圾等均对区域内的自然环境造成了严重破坏，而人类的肆意发展以及对生态环境的破坏终将反噬到人类身上，对人类的长期发展产生破坏影响。因此，在景观设计中，应当充分尊重和坚持生态化原则，在满足人类发展需要的同时，将对环境的破坏降到最低，尊重动植物的多样化，在这一前提下，达到生态美、科学美、文化美和艺术美的统一，从而为人类创造清洁、优美、文明的景观环境。当前，景观设计的生态性原则还处于探索和发展时期，远远未达到成熟。

所谓景观设计的艺术性原则，是指从艺术性的美学标准角度对景观设计提出的要求。景观具有装饰性与形象性特点，能够美化环境，同时为人们带来赏心悦目和怡情的作用。因此，在景观设计中，不仅要注重景观的使用性、生态性等原则，还应充分注重和发挥景观的艺术性原则。景观能够与城市的街区、广场、商业、文化环境进行有机协调，从而打造一种集便利性与城市特质、艺术品位为一体的公共环境。景观的艺术性原则是从美学角度对景观设计提出的要求，而艺术美作为人类的一种精神食粮，具有积极向上的精神力量，能够为人类带来积极和愉悦的心情。因此，景观设计的艺术性原则是为大众而服务的，在这一原则的基础上，设计的景观应该具有雅俗共赏、喜闻乐见的特点。尤其是在城市公共景观设计中，设计师应该以群众的欣赏水平为基准，在尊重和关注时代、社会、民族环境中形成的共同的美感的需求上，在一定程度上向纵深方向提高与升华，从而设计出符合大审美趣味和时代审美特点的景观。在坚持景观设计的艺术性时，应注意景观设计的艺术性原则受到人类生存状态、科学技术、社会文化和经济水平的制约，无论是哪一种景观设计和流派，其艺术性都具有一定的时代性。

（四）景观设计的地方性原则

景观设计的地方性原则包括三重含义。首先，景观设计的地方性原则是指景观设计应该尊重当地传统文化和乡土知识，吸取当地人的经验。所谓"十里不同风，百里不同俗"，人们受不同的环境和文化的影响，从而形成了各地不同的风俗习惯，这一风俗习惯中包括特定的审美文化和精神文化，因此在景观设计中，就当充分尊重当地的地方文化，从当地百姓的普遍精神文化和习俗出发进行相应的景观设计。如果不从地方性文化和习惯出发，那么在景观设计中，可能会因为某种文化习俗的不同而引发当地人的反对，导致景观设计失败。例如，古希腊人十分喜欢运动，因此当地景观中十分偏向于建设大型运动或竞技场馆。运动场馆景观建设需要符合当地人特有的审美习惯和审美文化。古罗马人与古希腊人不同，其对运动和竞技并没有特别狂热的追求，因此在古罗马人占领古希腊的领土后，随即对古希腊的运动场馆进行了改造，在运动场馆的周围建立了供游人休憩和纳凉的林地、草坪等。由此可见地方性原则对景观设计的影响。

其次，景观设计的地方性原则是指要顺应基址的自然条件。景观设计是在一定空间和地质条件上进行的设计，景观设计需要尊重当地基址的气候、水文、地形地貌、植被以及野生动物等生态要素的特征，以充分保护当地的自然环境和动植物等生态要素，维护其场所的健康运行。例如，古西亚多为平原，其景观设计中的地形也多为平原，当地人的景观设计也多符合平原的特点，一览无余。而古西亚时期的空中花园的建造则不符合其平原特点，因此在当地成为独树一帜的景观。又如，意大利的地形多为山地和丘陵，因此意大利在文艺复兴时期建造的景观多采用台地式的设计，在山坡上建立别墅时，多建有多层台层，其中别墅建筑多建于最上层的台层上，以便保持相对开阔的视野，与此同时，每一台层上建有多层的微型景观，这种景观设计符合地方性原则。再如，古代欧洲在建设剧场和竞技场时常依山地而建，竞技台或表演的舞台设在最下层，而看台则依山地的地势而建，层层向上。再如，在古埃及时的景观设计中，多使用的绿植以及灌溉水渠。这与古埃及当地的炎热气候有关，有利于改善局部气候，创造清凉和煦的居住环境。

最后，景观设计的地方性原则是指应因地制宜、合理利用原有景观。景观设计的因地制宜原则是指对当地的植物和建材加以利用。景观设计的因地制宜是指根据地形、地势以及当地植物建材进行景观设计。例如，景观设计中借助原本就有的山势或河流、湖泊等进行景观设计。又如，利用河流或湖泊等水体建设各种水体景观。再如，利用当地的植物等创造独一无二的植被景观，例如，蔷薇园、芍药园等。

（五）景观设计的美学原则

景观设计的美学原则是指从审美角度对景观设计进行的衡量，景观设计的美学原则包括布局统一、平衡与对称、韵律与节奏三个特点[①]。

其一，景观设计的布局统一原则是指景观设计中的各构景要素应具有一定程度的相似性和一致性。例如，古罗马风格的景观设计中多喜恢弘厚实的风格，建设景观中多应用圆柱形设计，而园林景观中则多应用几何图案的景观设计，并且十分擅长使用喷泉和雕塑等进行微型景观的设计。景观的一致性原则中的一致性程度高低不同，则会对景观的统一感的强弱影响不同。例如，水体景观中的统一感可均为喷泉景观，也可为水池、水塘、水渠，以及动感喷泉、水钢琴、水剧场等，这些水体景观不仅动静非凡，还具有较强一致性。除此之外，景观设计的一致性还指无论景观设计采取曲折淡雅的自然式风格，还是严整对称的整齐式风格，抑或混合式风格，均应保持景观设计的整体协调统一的风格，使得景观设计与周围环境相互协调和一致。

其二，景观设计的平衡与对称是指，虽然其中的对称可分为两侧对称和辐射对称两种类型，但无论是哪一种类型的对称，均具有平衡感。其中，两侧对称是指以某一轴线为中心，达到庄严、肃穆、整齐、稳定的效果；辐射对称是指两组外表轮廓相似，然而内容、实质不同的景物，从远处来看，这两种景物呈现出一致性和整体平衡性，但实际上，从近处来看，这两组对称的景观却存在一定的差异性。无论是两侧对称还是辐射对称，均能够起到良好的虚实结合的效果。例如，西方景观设计中的英国式花园即是一种对称性花园，从整体上来看，十分对称平衡。

其三，景观艺术的韵律和节奏是指景观艺术作品中可比成分连续不断交替出现的情况下所产生的美感。景观艺术设计的韵律与节奏是多样统一原则的引申。在景观设计中，通过等间距、等高的植物或长廊，则可以形成简单的韵律，这种简单的韵律构建了节奏。除此之外，在景观设计中，还可通过高矮错落组成的不规则的重复花镜，根据季节或花期来选择绿植和花卉，从而构成各种绿植和花卉的高矮、色彩及季相均在交叉变化的交响乐般的节奏效果。另外，还可通过建筑、山石、水体、花木之间的距离形成一种独特的透视、光线、色彩、高矮美感，从而营造出独具特色的景观。除以上几种形式外，还可通过喷泉、水渠、水池、水塘、瀑布以及各种发出声音的水剧场、水扬琴等构成丰富的韵律、节奏，从而增添景观的美感。

第三节　景观设计的类型、内容与价值

景观设计按照不同的目的和功能可以划分为不同类型，既具有一定的实用价值，

[①]　吴阳，刘慧超，丁妍.景观设计原理[M].石家庄：河北美术出版社，2017：116.

又具有一定的艺术价值，还具有一定的审美价值。

一、景观设计的类型

现代景观设计的类型包括城市绿地景观、自然乡野景观、风景名胜区景观、纪念性景观、旅游度假区景观、地质公园、湿地景观、遗址公园景观等多个方面。

（一）城市绿地景观

城市绿地系统是从城市规划角度对景观进行的划分，城市绿地系统是城市整体设计和规划的重要组成部分。城市绿地系统是从宏观视角对城市的各种绿地进行的定性、定位、定量安排，以便在城市发展中形成大大小小的保护生态环境，改善城市气候，美化城市环境的空间系统[①]。城市绿地系统按照城市功能具体可以划分为生活绿地、公园游憩绿地、生产绿地、交通绿地、防护绿地、风景林地、自然生态绿地等多种类型。

1. 城市绿地系统

城市绿地系统的布局方式具体可划分为点状、环状、网状、带状、放射状、楔状等类型。其中，点状绿地布局主要是指零碎空间中小面积的绿化空间，这种空间从整体上来看，对城市的整体艺术风貌影响较小，也无法对周围的环境和气候产生较大影响，主要出现在老城区的旧城改造中。环状绿地是指在城市外围出现的与城市交通环线共同布置的绿地，这种绿地多为城市防护带、郊区森林和风景游览绿地等，在改善周围区域以及城市生态环境和气候中发挥着一定的作用。带状绿地大多是与城市河湖水系、城市道路、高压走廊、古城墙、带状山体等相结合，从而形成纵横交错、放射状与环状绿地交织的绿地网。带状绿地可以勾勒出区域环境的较强的艺术风貌。楔状绿地是指由宽变窄的绿地形状，大多布置在城市外围或者郊区沿城市辐射线方向，多与城市的放射交通线、河流水系、起伏山体等要素结合布局。在城市绿地规划中，可根据具体的地形与特色综合运用六种基本的城市绿色系统布局。例如，两种类型，甚至多种类型相结合，共同组成点网状、环网状、放射网状、混合型等多种类型。

城市道路绿地景观具体包括道路绿带、交通岛绿地、广场及停车场绿地、景观型道路绿地等类型。其中，道路绿带具体又可划分为分车绿带、行道树绿带、路侧路带等类型；交通岛绿地具体可划分为交通环岛绿地、中心岛绿地、导向岛绿地、立体式交叉绿岛等类型；广场及停车场绿地则是广场以及停车场之内的绿地；开放式道路绿地则是指绿地中设置休闲步道和座椅，供人们游览。

2. 城市公共空间景观

城市公共空间景观包括城市广场、城市公园、城市道路绿地景观、居住区户外绿

---

① 徐清.景观设计学[M].2版.上海：同济大学出版社，2014：152.

地、体育场地、滨水空间、游园、商业步行街等类型。其中，城市广场是指城市中向全社会公众开放的、以游憩为主，并提供游览、锻炼、交往、集会等多重功能，有一定的游憩设施和服务设施，同时兼有健全生态、美化景观、防灾减灾等综合作用的绿化用地。城市公园是城市中的主要绿地系统，城市公园自 19 世纪兴起至今，已成为城市环境中最重要的公共开放空间系统，能够对城市的生态环境以及城市气候起着重要的改善作用。城市公园按照不同的功能又可分为不同的类型；按照城市空间规划类型来划分，可划分为自然公园、综合性公园、居住区小游园、社区公园、线形公园（滨河绿带、道路公园）、专类公园等类型；按照服务半径来划分，可划分为邻里公园、社区性公园、全市性公园等；按照面积划分城市公园可分为邻里性小型公园、地区性小型公园、都会性大型公园、河滨带状型公园等类型；按照公园的服务对象和功能可划分为城市综合公园、儿童公园、专项公园、森林公园、历史纪念园、体育公园、主题公园、文物古迹公园等类型。

城市广场又被誉为"城市的客厅"，城市广场承担着诸如作为公众集聚、休闲、活动、纪念、交流场所，景观绿化、空间造型、美化环境等多重城市功能。城市广场的景观设计可划分为市政广场景观设计、商业广场景观设计、纪念性广场景观设计、休闲娱乐广场景观设计、宗教广场景观设计、交通广场景观设计等。市政广场一般位于城市中心位置，是政治、文化集会、庆典、游行、检阅、礼仪、传统民间节日活动等的举办场地。商业广场景观设计多将室内商场和露天、半露天市场结合起来。纪念性广场大多在广场中心或侧面设计纪念雕塑、纪念碑、纪念物或纪念性建筑作为标志物，且具有较强的空间轴线序列布置。宗教广场主要举办宗教仪式，大多以大型雕塑、庄严的几何轴线关系等体现出庄严、圣洁的宗教文化氛围。交通广场景观设计是交通的连接枢纽，起着交通、集散、联系、过渡及停车的作用。

标志性景观是指某一区域、某一场所中位置显要、形象突出、公共性强的人工建筑物或自然景观或历史文化景观。标志性景观的类型包括主导空间界面的引导型景观、主导空间界面的扩展型景观、主导空间界面的残缺型景观等。

3.居住区景观设计

居住区景观设计是指以居住功能为核心的生活型社区，居民的居住环境追求人与自然的和谐，承载着生态环境功能、休闲活动功能、景观文化艺术功能等。居住区景观设计宗旨主要包括注重或强调社区的功能性特征；通过对各类景观元素的组织，增强社区空间的凝聚力和吸引力，突出其社区文化属性；创建有价值的互动交往空间，注重社区成员心理环境的营造，增强社区归属感。居住区景观设计的类型主要包括入口区景观、绿地景观、水体景观等。

（二）自然乡野景观

自然乡野景观是指不同于城市景观的独特的景观类型，也是世界上最早出现的、分布最为广泛的景观[①]。自然乡野景观包括乡村景观、风景名胜区景观、自然保护区景观、地质公园景观、湿地公园景观、遗址公园景观和纪念性景观等类型。

其一，乡村景观。乡村景观指在乡村地域范围内，由农田、果园、林地、农场、水域、村庄等不同的土地单元构成的嵌块体，主要体现农业特征。它是由乡村聚落景观、乡村经济景观、乡村文化景观和自然景观构成的环境整体[②]。乡村景观的类型具体又可分为乡村生态景观、乡村生产景观、乡村聚落景观等类型。乡村生态景观主要包括平原乡村生态景观和山地乡村生态景观；乡村生产景观主要包括种植业景观和养殖业景观两种类型；乡村聚落景观重点在于保护有历史文化价值的古村落和古民宅，充分挖掘乡村村落的内涵和特色，注重乡土特色、地方特色和民族区域差异、文化功能差异等，充分考虑人类对生存环境的依赖性。乡村景观规划设计的内容包括景观生态要素分析、景观布局规划与生态设计、景观空间结构与布局、景观生态分类。

其二，自然保护区景观。自然保护区景观属于人文景观与自然景观的结合，是一种复合型的景观，具有丰富的自然美学价值、地域代表性和人文历史文化价值。自然保护区景观大多为风景秀丽的天然风景区，或具有代表性的自然生态系统、珍稀濒危野生动植物天然集中分布区、自然遗迹保护对象等。

其三，风景名胜区景观。风景名胜是指具有观赏价值、文化价值、科学价值的山河、湖海、森林、动植物等自然景物和文物古迹等，环境优美。可供人们进行游览或科学探索以及文化活动的区域。

其四，地质公园景观。地质公园是指具有特殊的地质科学意义、稀有自然属性、美学观赏价值的地质遗迹景观，地质公园景观不仅包括自然景观，还包括人文景观，共同构建成为独特的自然区域。地质公园景观设计具有保护地质遗迹、普及地质知识，以及促进地方经济发展，开展旅游经济的功能。地质公园具体又可划分为世界地质公园、国家地质公园以及地方地质公园等。

其五，湿地公园景观。湿地公园景观可以划分为天然湿地公园和人工湿地公园。其中，天然湿地包括沼泽、滩涂、泥炭地、湿草甸、湖泊、河流、洪泛平原、珊瑚礁、河口三角洲等。近年来，随着世界各国生态意识的增强，各国对湿地公园景观的重视程度越来越高，并且将其作为一种特有的生态旅游资源进行开发。

其六，遗址公园景观。遗址公园景观是指利用珍贵的历史文物资源设计而成的公共场所，遗址公园景观既具有对文化遗址的保护作用，也具有独特的景观设计特点，是通过保护、修复以及创新等一系列手段对历史人文资源进行重新修复、整理以及再生的景观，这种遗址公园景观一方面能够充分挖掘所在城市的人文遗产资源，表现出城市文脉的历史性和延续性；另一方面又是文化景观，不但能够满足人民的生活需要，而且能表现出鲜明的时代景观特色。

---

① 刘利亚.景观规划与设计 [M].武汉：华中科技大学出版社，2018：12.
② 鲁苗.环境美学视域下的乡村景观评价研究 [M].上海：上海社会科学院出版社，2019：59.

其七，纪念性景观。纪念性景观是指用于纪念某人，或群体，或某事而建立的具有纪念意义的景观。具体则包括标志景观、祭献景观、文化遗址、历史景观等实体景观，以及宗教景观、民俗景观、传说故事等抽象景观。

二、景观设计的内容

景观设计的内容包括场地景观设计、建筑物以及构建物的景观设计、景观小品设计、植物景观设计、水景设计等。

（一）场地景观设计

无论是哪种景观设计，均需建立在一定的场地之上。景观设计的场地设计是指从场地的宏观发展方向和可持续发展角度出发，对场地的建筑、广场、道路、植物和水体以及标志物、景观小品等进行的一系列的发展与引导。场地景观设计不仅能够对现阶段生活在该场地的人们提供较为理想和便捷的生活空间，还能够对未来社会和城市的发展产生各种积极意义或消极意义，因此在进行场地景观设计中，应充分重视场地的环境构成要素，以及场地的历史沿革、社会人文以及影响等各方面的问题。

在场地景观设计中，应坚持尊重场地、因地制宜，以及与周边景观融合发展的原则，从整体上设计景观规划，从而做出较为理想的场地景观设计。

（二）建筑物以及构筑物的景观设计

建筑物和构筑物景观是景观设计中的重要内容，建筑物因其具有一定的稳定性，且其所使用的材料，展现出来的风格不同，为人们带来的视觉体验也不尽相同。此外，建筑与建筑之间形成了不同的城市广场，这些城市广场和建筑物的组合直接决定着城市的空间意象。因此，建筑物和构筑物的空间设计构成了景观设计的主要内容之一。

建筑物在城市景观中处于视觉中心，并且由于其具有稳定性、历史性等特点，往往能够以其独特的历史地位、地理位置和风格造型而成为城市景观的中心。构筑物是指空间环境中的廊亭、桥梁、台阶、坡道、挡土墙护坡、景墙等，这些构筑物的设计往往形成场地中整体景观的主体，对场地空间的呈现起着决定性的作用。

（三）景观小品设计

景观小品即各种建筑、生活以及道路设施等构成的小品①，这些景观小品包括雕塑、壁画、亭台、楼阁、座椅、电话亭、邮箱、车站牌、街灯、防护栏、道路标志等。景观小品所构成的空间起着丰富和补充城市整体空间的作用，具有文化教育、环境美化等功能。景观小品在环境景观中起着极其重要的艺术造景功能，在一个具体的空间中，能够为空间景观营造独特的意境，起到画龙点睛的作用，从而在为人们带来实用

① 崔勇彬.藏羌村落建筑与景观手绘表现[M].南京：东南大学出版社，2019：54.

性功能的同时，呈现出突出的景观艺术功能。景观小品能够直接满足人们的各种需要，如标示道路的需要、照明的需要、休憩的需要、健身的需要、娱乐的需要等，这些功能即景观小品的使用功能，除使用功能和艺术功能外，景观小品作为景观设计中的重要内容，还具有信息传达和安全防护的功能。景观小品不仅能以其呈现出来的外在形态传达出某一地区人们的生活方式和审美侧重，还能通过各种宣传栏和告示栏向人们传达方方面面的信息，起到传达信息的重要作用。此外，有的景观小品，如道路防护、河流防护等，还能够起到保护人们的生命安全的重要作用。

（四）植物景观设计

植物作为景观设计中的重要构成要素，是景观设计的重要内容之一。植物自身具有吸收二氧化碳、释放氧气的重要作用，而且具有一定的形体，不仅能够起到改善空间生态环境，提高生态质量的作用，还能够形成独特的空间，从而为人们提供各种娱乐、健身和休憩场所。

植物在景观布局中通常被作为不可或缺的装饰要素，在建筑、小品等设施均完成后进行设计。植物在景观空间中具有建造功能、美学功能、生态功能等作用。

植物的建造功能是指植物作为景观空间的装饰物，能够起到改善景观空间面貌的作用。此外，植物本身还可通过一定的造型设计，从而构成独立的景观空间。例如，在西方景观设计中，常使用植物构建各种几何图形的空间；又如，在西方景观设计中，常常使用植物构建林荫道，这即是一种独特的建造空间。

植物的美学功能一方面是指植物自身具有一定外在形体，可以随着时间和季节的变化而发生变化，从审美的角度来看，具有独特的美学功能；另一方面植物的美学功能指植物作为空间景观设计中的重要因素，可以与周围的各种景观统一起来，通过形状、色彩以及邻近环绕物的大小等构建出和谐、美观的植物景观。

植物的生态功能主要是指植物具有修复水土和保护环境的重要功能，能够起到保持水土、降低风沙、除尘，释放氧气，增加湿度、调节气温以及局部环境的小气候等作用。

（五）水景设计

水体具有调节湿度、改善气候的作用，水景的设计需要根据具体的环境条件，以及水源地的条件等进行综合考虑，除此之外，还需受到经济条件的约束。水景作为景观设计的重要因素，是景观设计的重要内容。水景可分为自然水景和人工水景两种类型，而水景的设计应与其周围的景观要素相融合。除此之外，水景设计还需根据设计对象的功能需求、安全需求、景观需求等合理设置水景的形态、位置和尺度等。

三、景观设计的价值

景观设计具有美化环境、调节生态环境、促进人与环境互动、促进环境的可持续发展、使人怡情等作用和价值①。

1.景观设计对环境的美化价值

景观设计作为一种艺术形式，是运用植物、水体、山、石、建筑等多种元素构建景观的方法。景观艺术具有"形、势、声、色"的特点，通过视觉、听觉等展现景观的美。不同的景观艺术作品具有不同的美，无论是哪一种景观艺术作品，均具有美化环境的价值。例如，水景通过水体的静态或动态之美，与水体的声音相结合，从而展现出独特的艺术特点。无论是瀑布、喷泉和叠水等动态水景，还是水池、水塘、水渠、运河等静态水景，或者河流、溪水、湖泊等，都可以展现出水体独具特色的美。除此之外，水体景观的色彩与灯光、水底以及岸边的绿化相结合，即可创造出丰富多彩的水景变化，达到美化环境的效果。又如，绿色植物本身具有净化空气的作用，而绿色植物景观通过修剪成不同式样的绿色植物或花坛，组合成林荫道、绿篱、迷园等千变万化的景观，从而形成多样化的景观，以达到美化环境的作用。

2.景观设计体现人文关怀的价值

景观设计是借助某种元素而形成的具有美化环境以及实际功能作用的景观，任何一个时代的景观设计均体现出一定的时代精神和人文精神，体现出较强的人性化关怀。例如，城市公共广场中所树立的雕塑常常反映出一个时代的精神与价值取向，文艺复兴时期，欧洲城市公共广场上的公共雕塑以及公共喷泉等即体现出极具代表性的城市特色。又如，城市公园在充分发挥吸附灰尘、防风沙、降低噪声、杀菌灭菌、吸收有毒物质、调节气候、保护生态平衡等作用后，往往还通过记录本城市特有的发展脉络文化景观，体现出城市的地方特色文化。例如，欧洲的布达佩斯作为一个临海城市，有着独特的渔民文化，为了铭记本城市的历史，体现城市特有的发展史，就在渔夫们打鱼归来进行交易的地方修建了渔人堡，并且经过不断地扩建，使其成为一座具有战略意义的城堡，体现了当地独特的人文脉络。除此之外，不同场所的景观设计还能够体现出该场所独特的人文特色，彰显场所的特质。例如，拉莫斯贝格矿山是德国甚至欧洲最著名的旅游地，具有上千年的采矿史，为了体现该地的特色，当地在矿山停产后，建立了相应的遗址公园，通过保留德国最古老和保存最完好的矿山坑道、德国最古老的采矿建筑及两架曾经为采矿提供动力的原始水车等景观构建了独具特色的、体现当地文化脉络的景观，从而塑造了城市良好的文化形象，体现出了当地的地域文化特色。

3.景观设计的生态价值

在景观设计中，大量使用植物、水体、山石等元素作为基本元素，体现出景观的

---

① 徐志华.环境艺术价值观[M].南京：河海大学出版社，2020.

生态价值。早在西方古典景观设计时期，就十分注重景观设计的生态价值。例如，古埃及时期，为了改善当地炎热的气候，当地种植了大片圣林，通过发挥植物的光合作用，以便创造清凉的环境。在西方现代景观设计中，也十分注重发挥景观设计的生态价值。例如，现代化城市的生活节奏较快，人们的生活压力大，加之城市中人口密集，人均可居住面积较小，而城市居民为了提高工作效率，大量购置汽车等交通工具，使得城市的环境十分恶劣。而城市公园作为现代化城市中最重要的公共景观设计，不仅能够为市民创造娱乐、休闲以及运动的空间，还能够通过大片林地、草坪、花坛以及水体、湖面等形成的良好的生态环境，为市民提供良好的生态休憩地。除城市公园的使用功能外，城市公园中大面积的绿色植物和水体为各种动植物和微生物提供了良好的栖息地，建立了良好的生态系统。良好的生态系统的建立又可对周围的气候和环境进行改善，减少城市人口密集和交通拥挤带来的热岛效应，有利于改善整个城市的生态环境，因此体现出景观设计中较为鲜明的生态价值。

除城市公园外，现代景观设计中的各种庭园或花园以及公共广场建设均十分注重植物景观的作用，因为其能够发挥较好的生态功能。随着工业革命的发展和生产力的提高，人类活动遍及全球各个角落，自然资源的大量消耗，人类生产和生活垃圾的堆积等均导致自然环境受到影响，使自然生态系统遭到了较为严重的破坏。除城市公园外，人类所建设的各种天然公园和自然保护区等在保护环境等方面起着十分重要的作用。

4. 景观设计的怡情价值

景观设计作为一种艺术形式，具有一定的审美价值，能够唤起人们对美的感知，从而达到怡情的作用，进而体现出景观设计的怡情价值。景观是一种视觉艺术，能够通过刺激人体的视觉神经，从而为人们带来愉悦的享受。景观是人在自然之中的烙印，是人类栖息地中的独特空间。景观的建造是为了满足人类的某种需求，而在满足人类需求的同时，人类通过对景观的外观进行改造，使其更加符合人类的审美需求，使人们产生愉悦和放松的心情，激发人们对美的追求与向往，从而达到怡情的作用。例如，在景观建设中，常常用绿植与山、石、水体的搭配而构建出各种图案的景观，如湖上的一座小桥，山上的一间凉亭，水面上漂浮着的动物和植物，高大的树木组成的林荫道，各式各样的花坛，喷泉与雕塑的结合，以及水面倒映的蓝天白云和绿植、花木掩映的建筑、造型别致的雕塑等。又如，田野中的大片的花田、具有地方特色的风车或水塔、大片森林、广袤田野上整齐的麦田等。这些景观往往能够体现出设计师、地区不同的审美价值观，而无论是什么类型的景观，只要能够激发人们对美的向往，就能充分体现出景观的怡情价值。

第四节　景观设计的兴起与发展

景观设计的起源较早，早在西方古希腊和古罗马时期已诞生了简单的景观设计，然而景观设计作为一门现代化的新兴学科，其兴起时间并不长。本节主要对现代景观设计学的兴起与发展、景观设计史上的代表设计师进行简要概述。

一、现代景观设计学兴起的背景

现代景观设计学兴起于 19 世纪末期，这一时期，传统园林在内容上发生了颠覆性的变化，然而在形式上却并没有形成新的风格。这使得一大批具有开创和进取精神的艺术家开始积极探索景观设计的新思路和新方法。

（一）工艺美术运动

工艺美术运动是 19 世纪的重要艺术潮流运动。19 世纪，随着工业革命的兴起，工业化大生产成为社会经济建设的重要趋势。工业革命的到来颠覆了传统农业社会的生活和生产方式，对人们的生活秩序和价值观产生了重大影响，然而工业社会带来的嘈杂与拥挤遭到了一些艺术家的排斥。19 世纪以来，西方艺术崇尚以繁琐的矫饰为主的维多利亚风格。1851 年，建筑工程师派克斯顿在伦敦设计了以玻璃、铁架为主要材料的水晶宫建筑，该建筑整体以巨大的阶梯形长方形开辟了建筑形式的新纪元，在当时建筑界和艺术界引发了巨大反响。这一建筑既充斥着工业元素，又十分奢华，引发了一批社会活动家和艺术家的不满，以拉斯金和莫里斯为首的社会精英发起了"工艺美术运动"。工艺美术运动提倡简单、朴实无华而具有良好实用功能的设计，推崇自然主义和以天然为特点的东方艺术，反对华而不实和哗众取宠的设计风格，排斥工业化、机械化生产，提倡艺术化手工业产品。

工艺美术运动运用在园林艺术设计领域，表现为注重以人为本和实用功能，开辟了规则式结构和以自然植物为内容的园林设计时代。在景观设计中，充分从大自然中汲取灵感，并使用大自然中的各种天然元素进行设计，利用道路进行区域划分，并充分发挥各个区域不同的使用功能。印度新德里的莫卧儿花园即是工艺美术运动的代表性作品。莫卧儿花园由西方园林设计师路特恩斯所设计，该花园体现了自然式景观与规则式景观艺术设计的特点。该花园具体可划分为三个部分，第一部分为规则式的方形花园，这一部分的花园由四条水渠共同组成，这四条水渠的交叉点上设立了四个稍大型的、造型独特的喷泉。除此之外，四条水渠沿线又分出了多条小水渠，这些小水渠可以延伸到其他区域，并且沿线布置了多块草坪与花床，共同形成了精美绝伦的景观。第二部分则是一个长条形花园，其中的主要景观为一个优美的花架，旁边则布置着多个小型花床。第三部分是一个下沉式的圆花园，水池外布置了多层环形花台。整个花园既具有较强的规则性，又体现了丰富的自然特点，并且通过水渠、花池、草地、台阶、小桥、汀步等元素表现出了强烈的规则式花园的特点，这种将规则式和自然式结合起来的特点表现出鲜明的工艺美术运动的特点。除路特恩斯之外，莫里斯和鲁滨逊等也是工艺美术运动时期著名的景观艺术设计师。

工艺美术运动反对传统和矫饰的维多利亚风格，抵制工业革命的影响，然而工业革命是世界发展所不可避免的趋势和潮流，不会因为个别艺术家的排斥而消失。受工业革命的影响，人们的价值观和审美艺术观也发生了相应的变化，因此一些艺术家在工艺美术运动的基础上掀起了规模更大、影响更加深远的新艺术运动。新艺术运动产生于 20 世纪的欧洲，是在工艺美术运动的基础上产生的，其与工艺美术运动的最大区别在于，新艺术运动反对传统和矫饰的维多利亚风格，然而却并不排斥工业革命，相反，它鼓励以一种积极的态度面对和解决工业化进程中遇到的各种艺术困境和问题。

新艺术运动是 20 世纪初期欧洲的重要艺术思潮运动和艺术实践运动，对 20 世纪的西方景观艺术的发展产生了重要影响。新艺术运动反对传统和矫饰的风格，却并不反对装饰，反而刻意强调装饰，希望借助装饰的作用改变工业产品粗糙和刻板的外貌。新艺术运动具有多种风格，主要为追求曲线和直线两种几何形式的艺术风格。

直线几何形的艺术风格是自古以来西方建筑和园林设计中一以贯之的风格，新艺术运动时期，艺术家们抛弃了西方传统园林风景式的几何构图所形成的单纯装饰风格，充分以几何图形构成实用性强的空间设计。例如，德国青年风格派和苏格兰格拉斯哥学派均为这一艺术风格的代表。其中的代表性景观艺术家包括奥尔布里希等人。奥尔布里希是德国风景艺术设计师，其设计特点为线条简洁，擅长利用矩形几何图案的要素。例如，奥尔布里希设计的婚礼塔，其中的花架、台阶、长凳等均由几何图案组成，而植物则塑造成为规则性形状的网格状。

曲线艺术风格是设计师从大自然的天然景观，如水纹、贝壳、花草枝叶中寻求灵感并归纳出来的富于动态的自然曲线装饰风格。例如，西班牙设计师高迪的设计作品——古埃尔公园。高迪是西班牙的一位景观艺术设计师，在创作中十分注意运用曲线来对景观进行装饰，以体现手工艺技术的特点。在古埃尔公园的设计中，高迪通过超凡的艺术想象力，将花园的建筑、雕塑以及自然环境融为一体。整个设计充满了一种具有旋律感的、动荡不安的色彩与光影，体现出了丰富多变的空间感与层次感。除此之外，花园中的装饰元素多表现出鲜明的个性，仿佛令人置身于梦幻之中。

工艺美术运动和新艺术运动改变了当时以传统维多利亚风格为主的景观设计风格，推动了景观设计中现代思想和元素的诞生，为现代景观艺术设计的正式兴起奠定了基础。

（二）巴黎"国际现代工艺美术展"

法国作为欧洲传统文艺中心，自文艺复兴时期就创造了丰富的视觉艺术景观，尤其是 17 世纪时期的法国园林风格成为欧洲以及西方世界最具典型性和代表性的景观艺术风格，奠定了法国在西方景观艺术中的地位。巴黎不仅是法国的首府，还是法国乃至整个的欧洲的艺术中心，自19世纪中叶至20世纪四五十年代，一直占据着世界视觉艺术中心的地位。巴黎聚集着大批各种思想流派的艺术家，如莫奈、塞尚、罗丹、梵高、毕加索、柯布西耶等人。这些艺术家成为推动现代景观艺术发展的巨大动力。

1925年，法国巴黎举办了"国际现代工艺美术展"，这次展览对现代景观艺术设计的发展起到了极其重要的推动作用，影响十分深远。巴黎"国际现代工艺美术展"分为建筑、家具、装饰、戏剧、街道、园林艺术和教育七个部分。其中的园林艺术展览位于塞纳河两岸，位于各个展馆之间的空旷地带。"国际现代工艺美术展"组织者意图借助园林景观填充展览的开放空间，然而在这次展览上，园林景观却以丰富多彩的现代化设计吸引了大众的注意，使大众对传统园林景观的概念、产生了种种颠覆，成为现代景观艺术的先声。

1925年的巴黎"国际现代工艺美术展"园林景观设计的式样和风格十分丰富，异彩纷呈，其中尤其以建筑师斯蒂文斯设计的混凝土树园林景观、古埃瑞克安设计的"光与水的花园"，以及家具和书籍封面设计师雷格莱恩的设计最具典型性。混凝土树园林景观是由建筑师斯蒂文斯设计的，最初斯蒂文斯希望在两块对称并稍微倾斜的矩形地块上栽种四棵大小相同的树，然而这一设想在实施时遇到了困难。斯蒂文斯求助于雕塑家扬·玛逊尔和居尔·玛逊尔，他们用加强混凝土做成了四个相同的混凝土树，这些混凝土树并没有完全模仿自然界中树木的形状，而是使用十字形截面的支柱和巨大而抽象的混凝土块做成了类似树的形态，这种极具工业化和现代设计的新鲜有趣的形象在展出时吸引了公众的好奇，引发了较大反响。"光与水的花园"是由设计师古埃瑞克安设计的一个几何型规则园林。该园林整体外观呈现为三角形，而在这一空间内部运用水池、草地、花卉、围篱等形成了一个又一个正三角形和倒三角形以及各种形式的三角形状。除了外形引人注目外，"光与水的花园"中充斥着各种鲜艳的色彩，如绿色的草地、深红色的秋海棠、橘黄色的除虫菊、蓝色的藿香蓟，以及由红白蓝构成的法国国旗的颜色，除这些色彩外，水池中央还放置着一个旋转的多面体玻璃球，玻璃球周围遍布水池喷头，水流喷到玻璃球上时会展现出绚丽的色彩。这些丰富的色彩并不会同时出现在一个平面上，而是分布在多个层面上，形成了主色鲜明、补色相间的美丽图案。该花园以一种偏激的外观，体现出景观设计师对规则式园林的突破与发展。不同于前两位设计师的园林实践，雷格莱恩设计的园林实体并没有出现在此次展览上，只在博览会大宫殿展区展出了其设计的庭园平面和照片。雷格莱恩并不是专业的园林设计师，而是一位著名的书籍封面设计师，其设计的庭园平面充分打破了传统园林景观的风格，体现出强烈的书籍封面设计风格。将草坪、花床、树池等做成三角形、圆形以及方形、锯齿形等各种几何图形，然而这些几何图形却并没有对称，这种景观设计打破了传统景观要素的使用局限，突破了传统欧洲园林景观设计中的规则式或自然式的束缚，而采用了一种全新的动态均衡构图，体现出强烈的景观艺术创新精神。

巴黎"国际现代工艺美术展"的作品被全部收录在《1925的园林》中，这次展览在国际产生了巨大的影响，拉开了现代景观设计的序幕。此次展览结束后，欧美等西方各国出版了一大批介绍此次展览上现代景观设计的书籍，对推动现代景观设计理念走向成熟起到了重要的作用。因为此次展览中的作品均为法国景观艺术设计师的作品，所以法国园林景观设计成为现代园林的代名词，为推动西方各国，尤其是美国的景观设计走向现代主义起到了极其关键的作用。

（三）美国景观设计学教育与"哈佛革命"

20世纪30年代，受第二次世界大战的影响，欧洲许多艺术家迁居美国以避战乱，这一时期的世界艺术中心也因此从法国转移到美国。欧洲艺术家，尤其是一批著名景观和建筑艺术家的到来为推动美国景观设计向现代景观设计学的发展奠定了重要基础。

1937年，德国著名现代建筑师、建筑教育家格罗皮乌斯受聘成为哈佛设计研究院的院长，他将包豪斯的办学精神带到哈佛大学，改变了哈佛建筑专业的学院派传统。在格罗皮乌斯的指导下，哈佛建筑系风气一新，成为酝酿艺术、社会和技术新思想的发源地。除格罗皮乌斯外，密斯·凡·德罗、布劳耶、门德尔松等欧洲著名建筑师与美国本土建筑师赖特等人的交流与合作，共同推动了美国建筑设计的飞速发展，使美国取代欧洲成为世界建筑活动中心。

与哈佛建筑系浓郁的学术探索风气不同，哈佛大学景观设计学的教授对景观设计领域的学术探索活动保持着十分谨慎的态度，认为园林景观要素数百年来大同小异，不会因进入工业社会而革新，反对学生对现代化景观设计进行探索。然而，渴望新思想的学生却希望通过研究现代艺术和现代建筑的作品和理论，探索景观设计创新的可能性。其中，以罗斯、克雷、埃克博最为积极和突出。1938—1941年间，罗斯、克雷、埃克博发表了一系列文章，对景观设计提出了种种新思想和新方法，但是他们的研究和探索并没有在哈佛大学的景观设计学系和建筑系引发反响，更没有得到认同。然而却在美国艺术界引发了现代主义的潮流。最终，罗斯、克雷、埃克博三人的探索和研究动摇了哈佛景观规划设计行业所固有的"巴黎美术学院派"的传统，引发了景观设计学史上的"哈佛革命"，推动了美国哈佛景观规划设计学朝着符合时代精神和潮流的方向发展，确立了现代设计思想在美国景观设计学中的重要地位。

罗斯、克雷、埃克博三人虽然均是探索景观设计学的新发展，然而三人的景观设计学理论研究方向不同，对现代景观设计学的贡献也各有侧重。其中，罗斯对景观空间的实用性进行了重点研究和探索，传统景观设计中的景观序列通常呈现为某种规整的图案，然而罗斯却对这一传统提出了质疑，他认为，利用一组画来设计的景观剥夺了我们使用活生生的生活领域的机会。罗斯认为，园林景观是人类的生活场所，因此反对传统景观设计中的轴线几何式的设计方法，同样反对将植物等同于山、石、土等无生命的景观元素，反对将植物修养成各种图案或作为无生命的景观元素来使用，而强调植物本身的特征。他认为，植物的自然习性是在构建实用性的景观设计中必须考虑的因素。从以上罗斯的景观设计理念中可以看出，罗斯对传统景观设计的植物元素的运用是对西方传统景观设计理念的一种强烈反叛，是一种更加自由和结合功能需求的种植观点。

埃克博同样强调景观设计在生活中的实用性，他认为，景观设计如果只从审美角度考虑其美观性，那么景观设计就是一种缺乏内在合理性的奢侈品，他认为，景观和环境可以为人们的日常生活提供便利，所以应重视景观设计对人的生活的实用性。

与埃克博和罗斯相比，克雷并不反对景观设计的秩序性特点，而且他同样认为景观设计是对生活本身的映射，应重视景观设计在生活中的实际功能和作用，唯其如此，才能够使景观设计成为真正的艺术。

景观设计学史上的"哈佛革命"正式开创了现代景观设计的道路，在一定程度上淡化了景观设计的视觉形象，而强调了景观设计在生活中的功能性。

二、景观设计学的学科性质与特点

景观设计经过不断发展已形成了一门新兴学科，即景观设计学。景观设计学是在传统的城市规划、建筑学、园林学、社会学、文化学、地域学、风俗学、生态学、地理学、心理学、景观环境设计和市政工程学等学科基础上形成和发展起来的新兴学科。

景观设计学虽然是一门新兴的交叉学科，然而其并非凭空产生，而是有着十分深刻的历史渊源。

从西方景观设计的发展历程看，西方景观设计经历了多个阶段的发展。古埃及时期，人们就建造了带有娱乐功能的园林，供贵族居住。意大利文艺复兴时期，西方的花园兴起，花园被称为第三自然，仅次于自然界和人文景观。17世纪开始，由于维多利亚王朝的结束，花园设计风格开始朝着风景园的方向发展，体现出强烈的自然主义色彩。这一时期的造园师又被称为风景园师。进入19世纪后，随着工业革命的在西方的普及，风景园林开始朝着适应城市运动的现代城市公园的方向发展，并诞生了德鲁·杰克逊·唐宁等一批公园设计艺术家。尤其是美国一批公共空间的设计师开始将英国风景园风格纳入城市公园之中，使城市公园朝着景观设计的方面发展。纵观西方景观设计的进程与发展，景观设计的发展是在西方数千年来造园基础上形成的，并非凭空出现的。1900年，哈佛大学正式设立了景观设计专业，推动了景观设计作为一门独立的学科的发展。

景观设计学是一门由多门学科发展而来的新兴的交叉学科，其所涉及的各个学科之间彼此制约、相互影响，从而形成了一门以严谨的学科态度、借助科技手段和科学的理性认识而形成的专门的相关的学科理论知识。景观设计学科作为一门涉及多个学科的交叉学科，具有较强的综合性以及学科范围覆盖性，兼具感性与理性、全局性和长远性等特点，对景观设计具有较强的实践指导意义以及可操作性。

景观设计学与各个学科之间存在紧密联系。其中，景观设计与城市规划之间存在着较强的联系与区别。城市规划和景观设计均属于伴随着的社会经济和工程技术的发展而不断获得发展与进步的学科，其区别在于景观设计主要是对城市物质空间的规划与设计，包括整个城市和各个城市地区的物质空间，是从微观角度对城市进行的研究，而城市规划则是从宏观角度对城市的发展进行研究；景观设计学与建筑设计的共同之处在于两者均注重精神和艺术方面的价值，而两者的区别在于景观设计偏重精神功能和艺术价值，而建筑设计则更强调施工技术和使用功能。景观设计与城市设计的着眼点基本相同，两者研究的范围则有大小之分。其中，景观设计研究较之城市设计研究范围会更加延伸，其设计内容也更加具体。景观设计与园林设计之间的区别在于园林设计比较悠久，有着成熟的专业理论和美学思想体系特点，是将建筑环境与人工环境相结合的一门建筑形式，而景观设计则是一门新兴学科。一般认为园林设计是景观设计的早期形态。园林设计偏重园艺技术，而景观设计偏重城市的美化和艺术表现，并且在新材料的运用上具有较强的突破性。此外，园林设计多偏重私人景观设计，以个人喜好为特色，而景观设计则以城市大环境设计为基本出发点，与周围公共环境融合在一起。景观设计与公共艺术设计之间也存在着较强的联系。公共艺术设计中包含的公共空间艺术品设计，是景观设计中不可或缺的元素。景观设计与公共艺术设计相比，更关注综合利用多种途径和方法解决城市环境问题和进行城市物质空间的整体性设计。

三、现代景观设计学的兴起与发展特点

现代景观设计学中的"景观"这一概念是从"园林"发展而来的，19世纪中叶之前，园林设计主要指皇家和贵族私家庭院的设计，19世纪中叶后，逐渐扩展至公园的设计。除园林概念的内容和范围取得了较大拓展外，园林概念的功能也取得了较大拓展。19世纪中叶前，园林的功能主要是指家庭生活的延伸，19世纪中叶后，园林的功能逐渐从家庭生活的延伸拓展至改善城市生态环境，以及为城市市民提供良好的休憩、交往和游赏的场所。园林这一概念也发展为范围更加广阔的景观概念。

自19世纪中叶开始，一些具有创新和改革精神的景观设计师开始反对传统景观设计中的规则，开始探索适合工业社会和城市发展的全新的景观设计风格。20世纪20年代，法国景观艺术家开始对现代景观设计进行实践探索；20世纪30年代，美国景观设计家开始从理论和实践的双重角度追求和探索现代景观设计；第二次世界大战期间，现代景观设计正式兴起，并确立了现代主义景观设计风格；第二次世界大战结束后，西方国家开始进行战后恢复建设，而美国作为战胜国，经济稳定发展，城市经济日益繁荣，这推动了现代景观设计艺术的蓬勃发展。

一般来说，艺术设计行业的发展主要依靠两种动力：一种是从行业自身的历史和特征中获得灵感，而对行业进行创新；另一种则是受科学技术和社会环境的影响，从其他艺术领域中吸纳养分，最终形成行业创新灵感，推动行业的创新和发展。在现代景观设计学的兴起和发展过程中，现代景观建设并没有从传统景观设计中吸收过多的经验，反而是传统景观理念因束缚了景观设计的革新，而遭到现代景观设计师的批判，他们拒绝从中汲取历史养分。与对传统景观艺术的拒绝和抵制不同，现代景观学的发

展与革新主要是从其他艺术形式的发展中获得灵感，其中尤其以现代建筑学对现代景观学的影响最大。

1932 年，在纽约现代艺术馆兴办的"国际风格建筑展览"上，对现代建筑学的基本原则进行了规定，即建筑的本质是空间而非实体；统治设计的主要方式是均衡而非对称；排斥装饰的作用。而现代景观艺术学的先驱罗斯在对现代景观设计理念进行阐释时，借鉴了现代建筑学的基本原则，即强调景观设计的空间意义；反对古典园林景观设计中的中轴线的运用，即反对景观艺术的对称性。景观设计具有较强的装饰功能，但罗斯并未一味参照现代建筑学的原则，而是反对景观设计的装饰性，强调在现代景观设计中应注重植物本身的特性，同时指出景观的装饰作用应遵循空间创造的特点。由此可见，现代建筑学对现代景观设计学理念的影响很大。

除现代建筑学对现代景观设计的影响外，现代景观设计还受到各种社会艺术思潮的影响，如后现代主义、极简主义、生态主义等，从而形成了现代景观设计多元化的思想。

现代景观设计的特点主要包括以下几个方面。

其一，现代景观设计反对模仿传统。现代景观设计并没有对西方 20 世纪之前的任何景观设计风格进行模仿和抄袭，而是从传统景观设计风格中借鉴了一些元素，是对现代工业社会、场所以及内容所创造的整体环境的一种理性探求。

其二，现代景观设计强调空间而非图案或式样。在西方传统园林景观设计中，存在着各种空间变化，然而，相对于空间来说，西方传统园林景观设计更加注重图案和式样的设计，形成了多种园林式样和图案，如意大利台地园式样、英国自然风景园式样、法国园林式样等。与西方传统园林景观设计不同，现代景观设计将空间探求放在首位，并且将对新的空间形式的兴趣作为支撑现代主义景观探索的重要基础。

其三，现代景观设计强调功能主义目标。现代景观设计在实践中存在着各种各样的目标，然而无论是哪一种目标，均以满足人类的使用功能为主要目的，体现出现代景观设计艺术的以人为本的信念。

其四，现代景观设计的构图原则多样化。西方传统园林景观设计以中轴对称构图为主，在构图中大量使用中轴线和几何图形。现代景观设计则在借鉴西方传统园林景观设计构图原则的基础上，在现代景观构图中通过抽象的几何构图和流畅的曲线构图形成了多样化的构思原则，正朝着全方面和全方位的方向发展。

其五，现代景观设计具有建筑与景观融合的倾向。现代景观设计学借鉴了现代建筑学的基本原则，之后，密斯和赖特在现代建筑建设理论中提出了建筑和环境的关系问题，促使现代建筑师和现代景观设计师开始探索建筑与环境的融合。现代景观设计师的设计已不仅仅局限于景观本身，而是将室外空间作为建筑空间的延伸，探索室内外空间的流动和融合，朝着建筑与景观融合的方向发展。

其六，现代景观设计学受各个学科发展的影响，呈现出多元化的趋势。现代景观设计师工作的范畴较之园林景观而言极为广阔，包括传统花园、庭院、公园，城市广场、街道、街头绿地、大学和公司园区、国家公园、自然保护区，以及所有关于地面的设计等。

第五节　景观设计的思潮与风格

20世纪60年代，随着社会科技革命的兴起，资本主义发展进入繁盛时期，这一时期，各种文化艺术呈现出蓬勃发展的态势，不同艺术门类相互影响，互相促进，推动了各种艺术思潮的产生。一些艺术设计师开始跨行业进入景观设计领域，并且运用艺术思潮手法对景观设计理念进行创新，从而引发了多种景观设计思潮的兴起。20世纪60年代以来，景观设计的思潮与风格相继经历了多种变化，具体则包括现代主义景观设计思潮、生态设计思潮、后现代主义思潮、解构主义思潮、极简主义思潮以及大地艺术思潮等。

一、现代主义景观设计思潮

现代主义景观设计是从现代建筑运动中发展而来，现代主义建筑运动的风格即为纯净、简洁的功能主义风格。现代主义建筑景观具有较强的生活功能、社会功能以及从具体的生活需求出发，充分利用设计语言与设计场地，结合设计需求以达成景观设计的平衡的特点。现代主义景观设计中的庭院设计是将庭院作为房间来处理。例如，唐纳德在1935年设计的名为"本特利树林地"的住宅花园即表现出把室外庭院作为房间来处理的特点。具体则是通过玻璃门、室外矩形的铺装露台等将室内室外空间打通，将功能、移情和艺术完美结合起来。除打通室内室外空间外，现代建筑中的自由平面思想也是现代主义景观建筑的追求之一。例如，现代主义景观艺术家丹·克雷设计的米勒花园，即是通过将花园分为三部分——庭院、草地、树林，从而达到了扩展空间的目的。除从现代建筑运动借鉴经验外，现代主义风格的景观艺术设计还从东方传统园林中借鉴经验。东方传统园林的特点之一，即是通过简洁的元素营造出优美的意境，通过山、水、石、林等构建出具有诗意色彩的景观。

从总体上来看，现代主义风格的景观艺术设计的特点主要包括以下几个特点。其一，现代主义风格的景观艺术设计反对传统景观艺术的风格，否定历史风格，认为景观设计应当适应工业社会的发展特点，是对景观设计场所和项目计划进行详细的理性分析，而表现出来的景观艺术设计风格。其二，现代主义风格的景观艺术设计重视空间的实用性设计，反对传统景观艺术设计对图案的重视。其三，现代主义风格的景观艺术设计信奉景观是为人服务的原则，认为景观艺术设计的终极目的即是为人服务的。其四，现代主义风格的景观艺术设计中遵循多中心和全方位的原则，取消了传统景观艺术设计中的轴线。其五，现代主义风格的景观艺术设计注重表达植物自身特殊的品质。其六，现代主义风格的景观艺术设计强调住宅和花园相结合的原则，反对传统景观艺术设计中的住宅和花园分离的原则。

二、生态设计思潮

生态设计思潮的产生既受到了 18 世纪英国自然风景园的影响，也受到了工业文明以及城市规模扩张所带来的城市拥挤、肮脏、空气污染、气候恶劣以及人们对新的空气、开敞的绿色空间和自由舒展的新鲜生命的向往的影响。

（一）生态设计思潮产生的背景

18 世纪，英国自然风景园经历了多个发展阶段，这一时期的英国自然风景园充满了浪漫主义风情，一代代英国园林景观艺术家通过大量的园林景观艺术实践与理论构建，形成了丰富的园林景观设计理论，引发了欧洲各国的关注。尤其是英国自然风景园中的蜿蜒风格、如意画风格以及风景风格，通过蜿蜒起伏的地形、开阔幽静的水面和潺潺而流的溪水、大片开阔的碧绿草坪、苍翠的林木等，营造了绿色自然的氛围，从而引发了人们对英国自然风景园充满浪漫情调的自然美的赏析。1857 年，美国景观设计之父弗雷德里克·劳·奥姆斯特德设计的纽约中央公园深受英国自然风景园的影响，该公园设计完成后，迅速以其中所蕴含的自然理念打动了处于钢铁和混凝土丛林的人们，掀起了美国城市公园建设的序幕。之后，大片绿色草坪、林荫大道、充满人情味的大学校园和郊区，以及国家公园体系等迅速在西方设计界引发了人们的追捧，成为现代景观设计中的重要类型之一。图 1-1 为纽约中央公园航拍图。

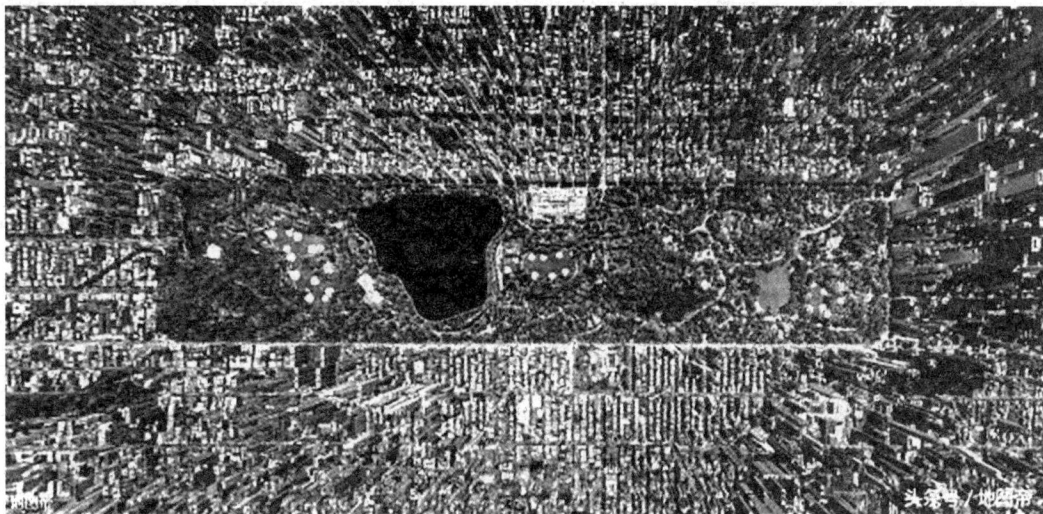

图 1-1　纽约中央公园航拍图

进入 20 世纪 60 年代后，技术的发展和城市规模的扩张，引发了一系列人口和工业聚居矛盾。这一时期，大量西方学者开始对工业和城市对生态带来的破坏进行反思。例如，美国海洋生物学家蕾切尔·卡逊于 1962 年出版了《寂静的春天》一书，伊恩·麦克哈格于 1969 年出版了《设计结合自然》一书，对城市和景观设计的生态进行了反思。伊恩·麦克哈格在书中指出："世界是丰富的，为了满足人类的希望仅仅需要我们通过了解、尊重自然。人是唯一具有理解能力和表达能力的有意识的生物，他必须成为生物界的管理员。要做到这一点，设计必须结合自然……"[①]这一观点将生态学思想运用到景观设计中，为生态学与景观设计的结合开辟了新的思路，从而开辟了生态化景观设计的科学时代。1970年，美国景观设计师理查德·哈格在西雅图煤气厂旧址上设计了西雅图煤气厂公园，这次公园设计各方面均以生态主义原则为指导，成为生态主义思潮在实践上的第一次尝试，同时，西雅图煤气厂公园的景观建设将生态景观设计在实践上提升至了一个全新的科学高度，掀开了景观生态设计的新篇章。之后，西方景观设计师通过对工业废弃地的改造和保护，创造了一批在西方甚至整个世界上产生重大影响的景观设计工程。这些景观设计工程均以生态设计理念为依据，从而掀起了西方景观设计中的生态设计思潮。

（二）生态设计思潮下的景观设计的理念及其手法

生态设计思潮以恢复被破坏的自然生态为主要理念，主要包括生态的恢复与促进、生态补偿与适应两个方面。

其一，生态的恢复与促进。自然生态系统具有强大的自我恢复能力和逆向演替机制，因此当自然生态系统被破坏时，其可以通过自我恢复功能而逐渐恢复昔日的自然生态系统。然而由于工业发展和科技进步极大地扩大了人类的活动范围，当前自然环境不仅受到自然因素的干扰，还受到强烈的人为因素的干扰。尤其是一些遭到严重的人为破坏工业废弃地、垃圾场、矿场等，由于这些地区受到了深度破坏，在短时间内自然的自我恢复能力不能充分发挥出来，景观设计师在面临满目疮痍的场地时，应遵循的第一原则即是帮助自然生态系统恢复。即便景观设计师所面对的是没有过分被破坏的土地或者具有一定自然的自我恢复能力的场地，在进行景观设计时，也必须从促进场地生态系统完善的角度出发，进而推动和促进自然生态的恢复。

其二，生态补偿与适应。当前，随着技术的进步以及城市扩张，人们通过对大自然的过度掠夺而获取足够支持人类生存和发展的资源，从而消耗了大量的非可再生资源。当前，面对日益减少的资源和伤痕累累的自然环境，景观设计师在进行景观设计时，应尽可能减少对自然环境的破坏，以补偿人类对自然所犯的"罪恶"，避免自然环境再次受到破坏。例如，在景观设计中，应充分利用各种太阳能、风能等可再生资源，减少对非可再生资源的消耗，从而达到既适应现代城市环境需要，又适应生态环境需要的目的。

具体的生态设计思潮下的景观设计手法则可从以下几个方面入手。

其一，对当地特色资源的保留与再利用。自20世纪70年代以来，西方社会从工业时代向后工业时代转变，产生了大量的工业废弃地，这些工业废弃地上矗立着大量

---

① 张启翔，沈守云.现代景观设计思潮[M].武汉：华中科技大学出版社，2009：184.

废旧厂房和机械等设施。面对这些历史遗留，西方景观设计师在进行景观设计时，出于减少资源消耗的目的，并没有完全拆除和掩盖这些厂房和旧址，而是采用尊重现场的方法，对这些场地进行了保留、艺术加工等。例如，美国西雅图煤气厂公园在景观设计中充分利用了西雅图煤气厂旧址所遗留的厂房和机械设备，既体现了特有的景观历史遗迹，又通过对压缩塔和蒸汽机组的外观改造，使其成为供人们攀爬玩耍的重要设备，达到了对当地特色资源的保留与再利用的目的。继美国西雅图煤气厂公园的景观建设与改造后，西方景观设计师在进行景观设计时，均从对当地特色资源的保留与再利用出发对景观进行设计。

其二，坚持生态优先原则，减少对原生态系统的干扰。生态优先的原则是指在进行景观设计时保护自然环境不受或尽量减少干扰，这是生态设计思潮的首要原则，也是基本原则。具体来说，则是充分利用场地的水土资源，减少对场地原有生态系统的干扰与破坏。例如，在美国查尔斯顿滨水公园的景观设计中，既充分保留并扩大了公园沿河一侧的河漫滩，有利于对当地具有生态意义的沼泽地进行保护，又沿河设计了一条平台步道，以满足人们的亲水要求，这种景观设计手法即是坚持生态优先原则，减少对原生态系统的干扰。

其三，变废为宝，对材料和资源进行再生利用。现代景观设计的生态主义设计思潮还应坚持倡导能源与物质的循环利用原则，通过变废为宝，最大限度地发挥材料的潜力。近年来，许多景观设计师受生态设计思潮的影响，利用废旧材料设计出了特立独行的景观。例如，2000年德国汉诺威世界博览会上的日本场馆即是利用再生纸管和纸板建造的。这种变废为宝和对材料和资源进行再生利用的景观设计手法充分体现和反映了现代设计对再生材料的高度重视。

三、后现代主义思潮

后现代主义思潮兴起于20世纪60年代末期，后现代主义思潮的兴起与经济发展、科学技术的进步有着直接关系。

（一）后现代主义思潮产生的背景及过程

第二次世界大战后，第三次科技革命兴起，生产力的革新推动了经济进步，社会科学的发展不断扩展人们的眼界，同时使人们看到了许多未知的知识领域。第二次世界大战极大地改变了世界的政治格局，第二次世界大战结束后，局部战争频繁出现，美苏两大巨头的冷战使世界处于战争的阴云之下。在这种充满不确定因素的生活状态下，年轻一代的生活变得十分悲观而绝望，他们对生活失去了热情，人生没有了目标，对国家也失去了信任。他们面对生活中遇到的失业和不如意无法排解，面对战争的威胁也毫无办法，因此一种疯狂而荒诞的价值观开始蔓延开来，并且开始对人们的生活产生影响，形成了多元价值准则。这一时期，随着科学技术的飞速发展以及现代科学文化成果的取得，人们打破了原有的超自然力量的价值观，而逐渐建立了科学的价值观。知识和教育、科学与信息成为社会的中心，深刻地影响了人们的行为。此外，随着以电子计算机为核心的信息技术革命的兴起，生产事务的信息化、电脑化以及自动化和知识产业成为社会的主导产业，极大地影响着人们的行为心理。在后现代工业社会中，人们抛弃了一切过时的生产和生活方式、文化习俗以及价值判断和审美标准，形成了后现代主义怀疑与反思均指向荒谬的价值观。

此外，在信息技术革命的影响下，世界各地的建筑风格和景观设计风格开始逐渐趋向统一。具有鲜明的国家和地方特色以及民族特色的景观设计风格逐渐消退。美国建筑师罗伯特·文丘里于1966年发表了题为《建筑的复杂性与矛盾性》的文章，提出了后现代主义思想，成为后现代主义运动开始的标志。1977年，美国建筑理论家查尔斯·詹克斯出版了《后现代建筑语言》一书，对后现代主义建筑的类型与特征进行了总结，并指出后现代建筑的特点是历史主义、直接的复古主义、新地方风格、文脉主义、隐喻和玄学、超现实主义①。在这些理论的影响下，一部分西方建筑设计师开始了轰轰烈烈的后现代主义建筑设计实验，以符号、隐喻、媚俗、戏谑化等建筑手段与方法肆无忌惮地张扬个性，取悦大众，在后现代主义建筑思潮退却后，一大批建筑设计师则开始对该种思潮风格的设计进行批判和反对后现代主义建筑。与建筑设计相比，这一时期的景观设计相对较为温和，一部分具有前卫思想的景观设计师在后现代主义思潮的影响下，进行了一系列景观设计探索。

（二）后现代主义思潮下的景观设计的理念及其手法

后现代主义思潮下的景观设计的理念及其手法主要包括以下几项内容。

1. 大量使用隐喻和象征手法

隐喻和象征是后现代主义思潮中广泛使用的方法，一些思想前卫的西方景观设计师通过隐喻和象征表现个体对历史文化的态度。例如，景观设计师罗伯特·文丘里在费城设计的富兰克林纪念馆（如图1-2所示）中即大量使用了隐喻和象征的景观设计手法。在纪念馆的设计中，罗伯特·文丘里出于对"幽灵式"的想象，将景观设计划分为地面上和地面下两个部分，其中主体场馆建筑位于地面之下，而在地面之上则以红砖铺就地面并用白色大理石标志出富兰克林故居的建筑平面，并以不锈钢骨架模拟和勾勒出故居原有轮廓，以雕塑般的展示窗展示和保护富兰克林故居，以起到独特的符号式的隐喻效果，展示富兰克林故居的灵魂。主体建筑场馆与地上景观分开，使得整个空间显得开阔而独具历史意义。除富兰克林纪念馆景观设计之外，罗伯特·文丘里在华盛顿宾夕法尼亚大街设计的自由广场也使用了隐喻和象征的手法。该广场一反传统纪念性广场高耸的中心式构图设计，通过地面铺装图案隐喻独特的城市格局，并且展现出该广场中所包含的历史信息和情感。

---

① 王晴佳，古伟瀛．后现代与历史学：中西比较[M]．济南：山东大学出版社，2003：41.

图 1-2　富兰克林纪念馆

　　除罗伯特·文丘里外，美国著名景观设计师玛莎·苏瓦兹在波士顿一个社区打造了独具特色的面包圈花园（如图 1-3 所示）。该社区的街道十分狭长，房屋低矮，第一栋建筑前均保留着一个临街的、开敞式庭院。玛莎·苏瓦兹将这些宅前庭院统一设计为同心矩形构图的面包圈花园。这些面包圈花园以黄色的面包圈和紫色的沙砾所产生的强烈视觉对比，将象征傲慢和高贵的几何形式和象征家庭式温馨和民主的面包圈并置在一个空间，从而形成了极具隐喻和象征色彩的景观，营造了一种幽默与严肃、戏谑、趣味相结合的后现代主义景观。

图 1-3　面包圈花园

2. 传统与现代景观设计手法的结合

传统与现代相结合的手法是后现代主义景观中常用的一种设计思路，景观设计师通过将带有历史和现代符号的景观建筑置于一个空间之中，构建出极具隐喻的后现代主义景观。例如，巴黎雪铁龙公园的景观设计即使用了传统与现代景观相结合的设计手法。巴黎雪铁龙公园建设在原雪铁龙汽车旧址上，然而却并没有保留原雪铁龙汽车厂的任何痕迹，而是使用几何图形与自然相结合的方法体现出典型后现代主义景观设计思想。公园的主体建筑是两个高大的温室，温室前设有草坪，如同巴洛克园林景观设计风格。此外，该公园中的跌水采用的是意大利文艺复兴时期风格，林荫路与大水渠则体现了巴洛克园林景观设计的主要要素，而运动园林和黑色园则分别体现了英国自然风景园和日本园林的特色景观要素。除此之外，该公园中还包括了大量的充满象征色彩的景观，从总体上展现出了传统与现代景观设计相结合的历史主义景观设计思路。

3. 张扬地方主义风格

20世纪五六十年代，随着信息科技的发展，世界各国之间的空间距离和时间距离被极大缩短，世界各国的景观风格也开始逐渐相互借鉴，并趋向统一。在后现代主义景观设计中，既有着具有各种隐喻和象征色彩的景观建筑，也有着包含各种时代和国家景观要素的历史主义手法，此外，一些后现代景观设计师还十分张扬地方主义风格。例如，景观设计师查尔斯·摩尔于20世纪80年代在新奥尔良设计的一个意大利广场就极具鲜明的后现代主义风格。该广场地面为黑白线条的同心圆图案，广场中心水池设计为意大利地图，周围遍布一组黄、橙颜色的弧形墙面。整个广场中的历史元素颇多，呈现出一种具有舞台剧和戏谑色彩的"杂乱疯狂的景观"。

4. 使用超现实主义色彩

除以上几种手法外，后现代主义景观设计手法还十分擅长使用超现实主义色彩。例如，在美国著名的景观设计事务所SWA设计的约翰·曼登公司的万圣节广场中，大量使用超现实主义色彩。该广场位于两栋玻璃幕墙建筑之间，由于玻璃建筑的反射效果和地形限制，在设计中将黑白两色的菱形的磨石子地面、高矮有序的白色圆柱体、绿色的草地和树木花草等色彩组合在一起，与不对称的几何形体形了成一组极具幻想，又带有迷惑性特点的超现实的后现代主义空间。

四、解构主义景观设计思潮

解构主义自结构主义演化而来，其形式实质是对结构主义的破坏和分解。

（一）解构主义思潮产生的背景及过程

解构主义思潮于20世纪60年代起源于法国，兴起于20世纪80年代。1968年，一场激进的学生运动席卷了西方资本主义社会，该运动在法国被称为"五月风暴"。这场运动虽然开始时轰轰烈烈，却在短时间内就落下帷幕，激进主义学者的革命激情遭到了压迫，从而从社会革命转向对学术思想的深层拆解。虽然这些学者深知资本主义在西方具有强大的根基，难以撼动其地位，但他们仍然用语言、信仰、制度以及学术规范和权力网络对其进行破坏。解构主义在这种社会思想环境中应运而生。

解构主义的哲学基础是哲学家雅克·德里达在对语言学中的结构主义进行批判时提出的理论。19世纪末期，哲学家尼采宣布"上帝死了"，要求对一切价值进行重新评估。尼采的这种极具反叛精神的思想对西方哲学和社会的发展产生了极其深远的影响。尼采哲学也因此为成解构主义哲学的思想基础。除尼采的哲学思想之外，海德格尔的现象学和欧洲左派批判理论也成为解构主义的思想基础。

雅克·德里达认为，符号可以反映真实，对个体的研究比对整体结构的研究更加重要①。德里达在哲学家海德格尔提出的形而上学的基础上，提出了在场的形而上学，即是指万事万物的背后均隐藏着一个根本原则、中心语词和一个支配性的力、一个潜在的上帝，这种具有终极性、真理性和第一性的东西共同构成了一系列逻各斯（logas）。传统的哲学思想认为，逻各斯是永恒不变的，而一旦背离即意味着走向谬误。而以雅克·德里达为代表的解构主义者则认为，这种逻各斯中心主义是不存在的。解构主义者反对海德格尔的形而上学和逻各斯以及一切传统的、封闭的、僵化的体系，他们打破了现有的社会秩序和个人意识秩序，然后在此基础上重新建造合理的秩序。

解构主义思潮不仅对文学、绘画、舞蹈、音乐等艺术形式产生了深远的影响，还对建筑艺术和景观艺术领域产生了较为深刻的影响。解构主义的代表雅克·德里达曾指出："总体上，所有哲学和所有西方形而上学都是铭写在建筑上的，这不仅仅是指石头的纪念碑，而是指建筑总体上凝聚了对于一个社会的所有政治的、宗教的、文化的诠释。"② 由此可见解构主义者对建筑艺术形式的重视。20世纪80年代，解构主义理论正式形成并兴起，并于20世纪八九十年代诞生了一批解构主义建筑的代表作品。解构主义景观对古典主义、现代主义和后现代主义提出了质疑，反对景观建筑中的统一与和谐，反对一切形式、功能与结构、经济之间的有机联系，提倡使用裂解、悬浮、消失、分裂、拆散、移位、斜轴、拼接等手法，从而形成了独具特色的景观设计理念。

（二）解构主义思潮下的景观设计的理念及其手法

解构主义景观设计理念延续了解构主义思潮的特点，即以颠覆语言结构为战略，反对结构主义认知模式。解构主义景观设计手法主要表现在两个方面。

---

① 布鲁克·诺埃尔·穆尔，肯尼思·布鲁德.思想的力量[M].李宏昀，倪佳，译.北京：北京联合出版公司，2017：188.

② 高黑.20世纪60年代以来的西方景观设计思潮及其对中国的影响[D].杭州：浙江大学，2006：34.

其一，解构主义景观设计的扭转穿插手法。解构主义景观设计即是打破原有的景观设计理念和思路，通过对原有景观设计理念的分解与重构而构建新景观风格。扭转穿插手法是解构主义景观设计中常用的设计思路之一。例如，景观设计师屈米在巴黎拉·维莱特公园的设计即是解构主义景观设计的代表项目。在拉·维莱特公园的设计中，设计师屈米打破了传统景观设计的透视，而以点、线、面作为基本要素，构建了极具特色的空间。他将公园划分为一个包含了40个交汇点的方格网，在各个交汇点设置一个耀眼的红色建筑；之后以长廊、林荫路和贯通全园主要部分的流线型的游览路线，以及10个主题的小园形成了点、线、面结合的空间。点、线、面的结合既对各自原有的结构进行了破坏，又在此基础上建立了新的秩序和空间，以扭转穿插手法形成了一种强烈的交叉与冲突，构成了矛盾而和谐的空间。又如，美国建筑师丹尼尔·里博斯金德所设计的柏林犹太人博物馆就大量使用了倾斜、穿插的线性要素，构成了独特的空间，以给人耳目一新的感觉。

其二，解构主义景观设计的错位、叠合手法。除扭转穿插手法之外，错位、叠合手法也是解构主义景观设计中常用的设计思路之一。例如，在柏林犹太人博物馆的庭园中，设立了几根粗糙的赤裸裸的混凝土柱，这些柱子统一向博物馆倾斜，形成了一种错位的多柱式方格空间，给参观者带来一种不稳定和不安全感。混凝土柱下面是坚硬的地面，而柱顶则种植了沙枣丛，在每个柱顶形成了一层绿罩。这种形式与普通景观塑造中绿色的草上建有灰色土柱正好相反，形成了一种错位、颠倒的空间感。丹尼尔·里博斯金德希望以这种颠倒和错位的方式纪念"二战"前逃离家园的犹太人。除此之外，博物馆庭园草地上不同方向穿插的线性铺装与建筑外墙上纵横交错的线形窗户相呼应。而地面上的"之"字形折线平面与石柱形成的直线形成了一种独具特色的"虚空"片断的对话。

五、极简主义景观设计思潮

极简主义景观设计兴起于20世纪50年代的美国绘画行业，后来被雕塑艺术领域所引进，并且形成了一种以简洁几何形体为基本艺术语言的雕塑运动，并且逐渐蔓延至各个艺术领域。极简主义艺术的特征是以极为单一简洁的几何形体或数个单一形体的连续重复构成作品，属于一种非具象、非情感的艺术，体现出了艺术具有"无个性的呈现"的特点。

极简主义思潮的兴起具有极为特殊的社会政治、经济和文化背景。

20世纪50年代，极简主义思潮开始在美国绘画领域中出现，并迅速引发了雕塑艺术领域的极简主义思潮。20世纪60年代，极简主义思潮引起了一些景观设计师的注意，他们从极简主义绘画和雕塑中汲取了营养，并将极简主义思潮应用于景观设计理念中，形成了多样化的极简主义景观艺术风格。

极简主义景观设计的特征主要包括以下几个方面。

（一）简化景观设计元素

极简主义艺术思潮本着"少即是多"的理念，在景观设计中一直尝试和探索消减艺术元素，追求一种不受时限，也不能再减少的纯净的艺术设计风格。例如，艾帕瑞希为西班牙阿卡迪亚教堂墓地设计的景观。该教堂墓地的设计中充分体现了教堂墓地所特有的肃穆与圣洁。整个教堂墓地的景观以教堂建筑为中心划分为南北两大部分。其中，北区由一片人工林构成。在这片人工林的地面上，排列着许多巨大裸露的、不规则的岩石，设计师在这些岩石上打孔并插入干枯苍劲的树干，形成了一片笔直林立的人工林，树干上则如同枝叶一般悬挂着电线和探路灯。整片人工林即由岩石、树干、电线和探路灯四种元素构成，十分简洁，然而呈现出来的视觉效果却十分理想。教堂南部的墓地则以路面铺装的形式体现出来，整个墓地体现了灵魂环绕于中世纪教堂的花园的设计思路。

（二）广泛运用简洁几何体

几何图形是西方景观艺术设计中常见的一种图形。早在古希腊时期，一些园林景观设计师在进行景观设计时，即运用笔直的水渠、绿篱、草坪、水池以及雕像等构建各种几何图形。文艺复兴时期，随着几何学的发展，几何图形更是被广泛运用到景观设计之中，形成了多个极具代表性的景观艺术作品。在极简主义思潮中，景观设计师为了能够运用简洁的手法塑造出理想的艺术形象，十分偏爱简洁几何体的应用。通过对新材料的使用和不同材料的并置，创造出了独特的、现代化十足，且兼具工业气息古典主义风格的简洁形象。例如，极简主义景观设计师的代表彼得·沃克即是一位善于运用几何体创造景观空间和形象的艺术家。

彼得·沃克一生致力于景观艺术创作，有着长达50年的景观设计经验，他还是极简主义思潮的狂热爱好者、执行者。彼得·沃克曾明确指出："极简主义艺术家走在我的前面，我了解他们做的事情，所以我准备走相同的道路，力图在景观设计上达到极简主义艺术家在艺术上所达到的高度。"[①]彼得·沃克用一生的景观设计实践实现了他的艺术理想。彼得·沃克一生创作了多个极具代表性的极简主义景观艺术作品。

例如，彼得·沃克设计的加利福尼亚奥兰治县广场大厦使用了与大厦主体建筑材料相似的不锈钢材料，在广场上构建了多个简洁的几何体图案。其中，将长钢片条铺设在连接广场大厦和多层停车楼的入口场区；使用不锈钢组成同心圆，将水池与水栅环绕起来，并且使用轻质钢形成的柱体长廊作为通道，构建极其简洁，但却与大厦主体建筑极其和谐。从大厦上自上而下俯视广场，即可充分领略其独具特色的几何之美。又如，彼得·沃克设计的慕尼黑凯宾斯基酒店机场花园使用古典的模纹花坛、彩色沙砾、精心修建成几何体形状的草坪与间杂其间的小路、黄杨篱、圆柱形的成行排列的

① 张启翔，沈守云.现代景观设计思潮 [M].武汉：华中科技大学出版社，2009：56.

栎树共同构建了一个整体成网格形状的气势恢宏、色彩多变、规整、绿色、典雅、令人愉悦的场地。

（三）系列化景观要素

景观设计的场地普遍较大，因此西方历史上一些艺术家为了填充空间而大量使用各种景观设计元素。例如，在巴洛克风格的景观设计中，设计师运用各种装饰元素打造极为奢华和繁复的景观艺术。而极简主义景观设计风格则正好相反，即便在开阔的空间中，也仅仅使用较少的景观元素创造出独具特色的景观。为了实现用极少的几何抽象的简洁形体元素建构良好的景观空间，景观设计师在设计中大量使用了系列化景观要素，将简洁的景观要素进行重复化运用，共同构成了条理性强、秩序感十足的简洁而又丰富的景观。仍以彼得·沃克的景观艺术设计为例，彼得·沃克在福特沃斯市打造的伯奈特公园（如图 1-4 所示）中使用网络的层叠与立体空间构成了一个严谨而又活泼的城市公园。该公园中的景观要素分布于三个水平层上，最高层为一系列方形水池构成的环状水渠，水渠则矗立着一圈喷泉柱；第二层为道路层，形成了方格网状道路与对角线道路组合的独特的道路网；第三层，即最底层，为被道路分割的几何状的草坪。虽然整个公园的面积开阔，但这种设计却表现出一种简洁而丰富的景观。

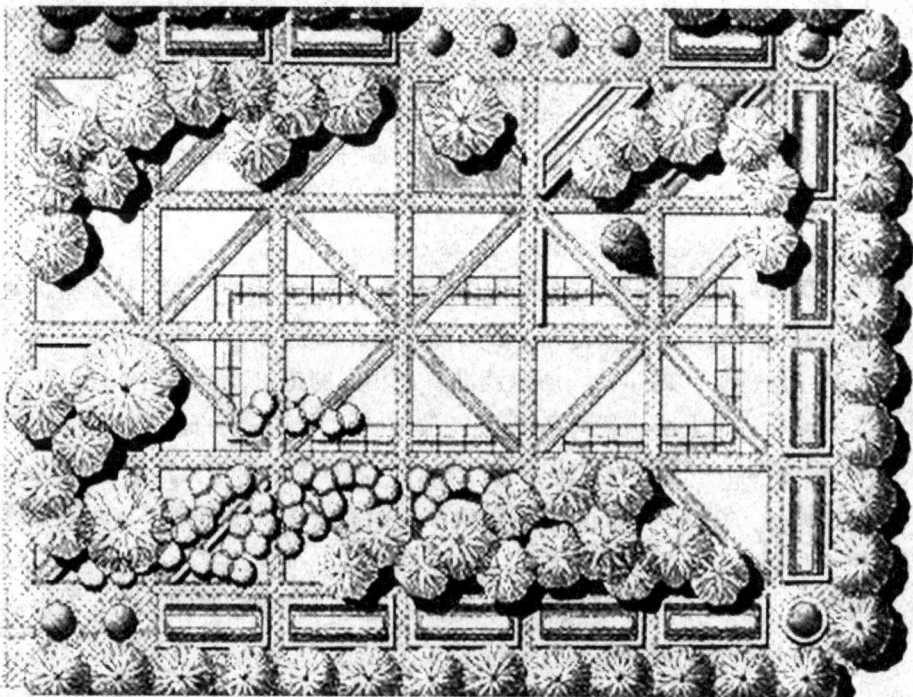

图 1-4　伯奈特公园手绘平面图

六、大地艺术思潮

大地艺术起源于 20 世纪 60 年代末期，是一种从室内发展至室外，再进入广阔自然的三维艺术运动思潮。

（一）大地艺术思潮产生的背景及过程

第二次世界大战促进了科学技术的发展，尤其是美国作为战争的胜利方，其经济和政治地位得到了较大提升。社会经济和生活富裕使所积累的各种社会矛盾集中爆发，这一时期，美国兴起了各种社会运动，对人们的思想和价值观，尤其是艺术观产生了极其重要的影响，其中尤其以"环境保护运动"影响最为深远。

早在 20 世纪 30 年代，美国生态学发展起来，从科学和自然角度为环境保护运动的发展奠定了基础。第二次世界大战后，由于美国经济的迅速发展和城市化规模急剧扩张，社会面貌发生了一系列变化，引发了一系列社会连锁反应。一方面，美国社会的中产阶级日益增多，推动着美国开始步入富足社会，富足的生活使人们对生活质量要求提高，越来越多的人渴望拥有健康和舒适的自然环境；另一方面，科技革命的发展带来了生产效率的提升，使美国社会的工作时间大大缩短，人们的假期和闲暇时间日益增多，逐渐拥有了更多的时间进行各种户外运动，因此对环境质量提出了更高要求。除这两方面的社会影响外，整个美国的社会受教育水平也得到了普遍提高，这极大地提高了社会文化素养，使人们对环境的认识水平逐渐提高，对环境问题十分关注和敏感，这些社会经济带来的价值观和社会结构的变化为美国环境保护运动的发展奠定了社会基础。

此外，早在第二次世界大战之前，美国就发起过自然保护运动和资源保护运动，20 世纪六七十年代的环境保护运动被认为是"二战"前自然保护运动和资源保护运动的继续，"二战"前的自然保护运动和资源保护运动确立了政府对环境发展具有保护和立法的责任，并且对知识分子等精英阶层和下层民众的影响深远，奠定了环境保护运动的立法基础和人文基础。

"环境保护运动"是 20 世纪六七十年代在美国发生的一次以生态观为主旨的规模空前的群众性的环境保护运动。而城市建设和社会发展导致城市出现了一系列环境问题，一方面，战后婴儿潮的到来带来了人口膨胀，社会资源和消耗呈现出急剧上升的趋势；另一方面，则是自然资源枯竭带来的能源危机以及城市和工业发展产生的大量工业废料、废气和生活垃圾。这些城市环境问题的出现使得人们对资源日趋匮乏和对环境污染日渐严重产生了警觉和恐惧心理。一些艺术家开始对城市规划和城市生态之间的关系，以及城市人居环境的改善与可持续发展之间的关系进行了反思，这种反思导致人们开始对正统的价值评判体系对人的异化进行质疑，对工业发展带来的环境危机进行关注，并开始追问人生的意义与价值，从而引发了社会的"环境保护运动"。这次运动的大众参与程度和规模在美国历史上具有空前性，对政府的政策和人们的价值观产生了重要影响。

环境保护运动在发展中受到 20 世纪六七十年代各种社会思潮的影响，为环境保护运动的发展提供了理论养分，扩大了环境保护运动的队伍。一些艺术家受反正统文化的影响，认为科学技术对人性进行了扭曲，使人类失去了宝贵的自然本性，因此，他们提出了打破科学技术万能的价值观，重新回归自然，与大自然共生共息。在环境保护运动和社会各种运动思潮的影响下，大地主义思潮应运而生，并对景观艺术产生了重要影响。

（二）大地艺术思潮下的景观设计的理念及其手法

大地艺术不等同于景观艺术，其是现代景园艺术的一个组成部分，对西方现代景观艺术的发展产生了重要影响。大地艺术思潮下的景观设计的理念及其手法具有如下特点。

其一，尊重自然，将自然作为设计要素。大地艺术主张通过景观艺术让人们接触自然、融入自然、引发联想和想象，促使人们探索自然与人类之间相互作用的"进程"。因此，大地艺术景观设计将自然界中的土壤、石头、木头、冰雪、砂石等作为设计要素，创造出了一系列令人印象深刻的景观。例如，景观艺术设计师德·玛利亚就曾说过，"土壤不仅应被看见，还应被思考"[①]，这表明自然中随处可见的土壤是创造景观艺术的重要材料。例如，在德·玛利亚创作的"闪电的原野"等景观设计中，就大量运用了自然要素。在"闪电的原野"中，德·玛利亚将 400 根不锈钢杆摆成了一个巨大的几何图形，其与原野共同形成了一组强调和模拟闪电来临之际的效果。又如，景观设计师罗伯特·史密斯在"螺旋形防波堤"中，将堤坝建造成为简洁、抽象的螺旋形，矗立在大地上，当人们沿着这一螺旋形堤坝走到尽头时，却发现什么也没有，这种独特的景观艺术为人们带来了一种独特的体验，使人们能够更加真切地感受自然，思考人与自然之间的关系。

其二，抽象性特征明显。大地艺术的艺术语言十分简洁，常常使用点、线、环、螺旋、金字塔等元素构成抽象性的图案，体现出了大地艺术反传统的重要特点。例如，在林璎为密执安大学设计的"波之场"中，将草坪修剪成为波浪形的造型，除此之外，没有任何其他元素，呈现出简单生动而趋向自然的设计特点。又如，佩帕设计的巴塞罗那北站公园中的"落下的天空"仅仅以淡蓝色的陶砖实体与草坪构成抽象的图案，寓意天空，十分简洁生动。

其三，善于创造四维空间的艺术。大地艺术景观艺术家不仅注重景观设计的三维空间，还致力于在特定的空间中创造四维空间。景观艺术设计师德·玛利亚曾说，"艺术家在用泥土创作的同时，还用时间来创作"，这表明景观艺术家强调在景观设计中展现出时间要素。例如，德·玛利亚创作的"闪电的原野"即是通过简单的元素体现出闪电来临之际的自然景观，创造了一种蕴含时间要素的四维艺术。又如，景观设计师霍德里德在慕尼黑机场附近创作的"时间之岛"则是通过螺旋抽象的构图构建了独特的富于动感的地标，从而引发了人们关于时间的联想。

其四，倾向于艺术地形设计。大地艺术景观艺术家主张通过造景的手段改变大地

---

① 刘佳. 风景园林文化研究 [M]. 北京：光明日报出版社，2017：200.

的自然面貌，这种造景的手段通常较少借助于外界元素，而是通过大地的地形以及大地之上的植物来表现，以给人们带来视觉和精神上的冲击。例如，景观艺术设计师哈格里夫斯创作的辛辛那提大学设计与艺术中心庭院中即融入了大地艺术设计，通过丘陵状的地形，营造出了纵横交错、起伏变化、充满神秘的视觉效果。

第二章 西方景观设计发展概述

第一节 西方古典景观设计

西方景观设计的渊源颇为久远，早在古埃及时期，人们就已十分注重景观的设计。本节主要对西方文艺复兴之前的景观设计进行概述研究。

一、古埃及景观的特色

埃及是西方最早的文化发源地之一，其位于非洲东部，地跨亚非两洲。埃及地处热带沙漠气候区，干燥少雨，环境十分恶劣，因此人们渴望能够营造出绿树成荫的凉爽环境。另外，由于尼罗河河水泛滥，每年河水退去之后，需要重新丈量土地，这推动了埃及几何学的发展。古埃及人将几何图案广泛用于景观设计中，形成了独特的景观设计。

古埃及的景观主要可分为宅院、圣苑、墓园三种类型。其中，宅院作为人类居住景观是最常见的，古埃及的宅院的建造在第十八王朝时期出现高潮。古埃及的宅院主要属于王公贵族所有。当时王公贵族的宅邸旁边均建有游乐性的水池，水池周围大多种植各种花草树木，绿植之中建有凉亭。例如，古希腊时期的特鲁埃尔·阿尔马那（Tell el Armana）遗址中即分布着大小不一的宅邸园林，这些园林大多为几何式构图，其中分布着用于灌溉的水渠，这些水渠大多起到了划分园林空间的重要作用。特鲁埃尔·阿尔马那遗址中的园林中心还建有矩形水池，供园主进行泛舟和垂钓等娱乐之用。水池周围遍布各种树木、灌木以及各式各样的花卉等。其中，果树、柏树和棕榈为规则性种植，而牵牛花、玫瑰、茉莉、黄雏菊等花卉则呈直线型种植。花卉的边缘处种竹桃、桃金娘等灌木作为篱笆。除特鲁埃尔·阿尔马那遗址外，古埃及出土的壁画中展现的奈巴蒙花园也表现了相似的宅邸景观。根据壁画显示，园中央设置有矩形的水池，池中种植有各种水生植物，水池边则种植了灌木和芦苇，这些植物多呈现出对称式的布局，外围则种植着各种果树。

圣苑是古埃及景观设计的重要组成部分，古埃及的法老们十分尊崇各种神，因此建有高大的圣苑。例如，宏伟的巴哈利神庙建于公元前15世纪，是为了祭奉阿蒙神而建设的。巴哈利神庙建于山坡上，坡地被削成三个台层，自上而下的前两个台层上均环以柱廊，中央甬道两侧也设有柱廊。位于中央的甬道两侧还放置着狮身人面像的雕塑。此外，每个台层上均种植着各种香木。高大的树木拱卫着神秘的殿宇，营造了一种神秘的氛围。此外，古埃及的圣苑中还设置有水池，池中种植着荷花和纸莎草，并养有鳄鱼作为圣物。据记载，在拉姆塞斯三世统治时期，埃及境内设置了514处圣苑，这些圣苑所属的庙宇占有大量耕地，在这些耕地中，大多植有大量树林，因此被称为圣林。古埃及时期的圣苑和圣林所占的规模庞大，形成了当时独一无二的景观。

除宅邸与圣苑外，墓园是古埃及十分独特而重要的景观设计的组成部分。古埃及人的墓园又被称为灵园，古埃及人相信灵魂不灭，因此法老和贵族们通常会为自己建造高大而显赫的陵墓。在陵墓周围，往往设置规模较大的户外活动场地以供死者享受。无论规模大小，古埃及的墓园中均设有水池，水池周围种植着棕榈、椰枣和无花果等树木。

在古埃及人所处的时代中，自然环境相对较为恶劣，因此人们在景观设计中常常出于舒适的角度，设计适于居住的小环境。从整体上来看，无论是宅邸、圣苑，还是墓园，古埃及的景观设计均表现出以下主要特征。

其一，古埃及的景观设计受宗教思想影响较大。古埃及人具有较为深厚的宗教思想，追求永恒的生命，因此在古埃及景观中，设有大规模的圣苑和墓园。圣苑和墓园的景观设计受到宗教较大影响。例如，古埃及人认为，树木是奉献给神灵的祭祀品，因此在圣苑和墓园中种植有大片树木，以表示对神灵的尊崇。而圣苑一般多位于高大树木的合围之中，墓园中也十分重视高大树木的种植。大量的树木种植不仅会对周围的小环境进行改造，起到庇荫的作用，还会在干燥炎热的气候中，营造阴凉和湿润的宜居环境，能够带给人们天堂般的享受。除此之外，借助高大的树木还易形成极其神秘的宗教氛围。

其二，古埃及的景观设计十分重视植物的作用。除了高大的树木之外，在早期古埃及的景观设计中，还十分重视多样化植物的种植。古埃及景观十分善于利用不同种类的植物营造独特的氛围。在所有树木中，古埃及人十分强调种植果树。果树不仅能够起到遮阴和改善环境的作用，还具有较强的实用价值。此外，古埃及景观中常使用竹桃、桃金娘等灌木作为篱笆，大量种植在花卉的边缘，并且构建了一定的线条和图案。古埃及由于气候炎热，较少在景观中种植色彩鲜艳的花卉。直到引进了古希腊的景观理念后，古埃及才开始在景观设计中大量使用花卉作为装饰。古埃及的花卉种类中不仅有本国特有的花卉品种，还从地中海沿岸引进了一些植物品种，从而极大地丰富了古埃及景观中的植物品种。古埃及植物种植方式十分丰富且具有多变性，具体包括庭荫树、行道树、藤本植物、水生植物及桶栽植物等。除此之外，各种甬道上还设有栖息地，这也为园林增添了自然的情趣和生气。甬道上覆盖着葡萄等藤蔓植物形成的棚架和绿廊，起到了遮阴、减少地面蒸发，以及为户外活动提供舒适场所的作用。

其三，古埃及的景观设计十分重视水体的作用。古埃及由于所处的地区气候炎热，因此在景观中十分重视水体的建设，无论是宅邸、圣苑还是墓园中，大多建有水池。水池不仅是造景的重要因素，还可供法老和贵族们在水上泛舟或垂钓，具有较强的娱乐功能，是古埃及贵族娱乐享受的奢侈品。除此之外，水池作为蓄水设置，还能够为灌溉提供水源。水池中不仅养有鱼、水禽以及鳄鱼等动物，还种植有睡莲、芦苇等水生植物，在宅邸等景观中增添了许多趣味和生机。除此之外，由于古埃及气候干燥，农业种植中需要大量灌溉水源，这在一定程度上促进了古埃及的农业灌溉技术的发展。而水体灌溉中所必需的渠道则成为古埃及景观中的重要组成部分，因此形成了古埃及对称或规则式、几何式的植物景观。

二、古西亚景观的特色

古西亚位于亚洲、欧洲和非洲的交界地带，具体则处于阿拉伯海、红海、地中海、黑海和里海之间，其境内地形主要为高原，气候干燥，河网稀疏，境内有幼发拉底河与底格里斯河以及较多短小河流。从季节看，古西亚季节变化显著，境内植物多为耐旱的矮生和垫状灌木。古西亚地表大多裸露，在沿海低地以及干河床沿岸建有绿洲。

古西亚的美索不达米亚文明与古埃及基本处于同一时期，该文明主要位于幼发拉底河和底格里斯河之间的两河流域。幼发拉底河和底格里斯河常常暴发洪水，使人们生活在恐惧之中，为此苏美尔人制定了汉谟拉比法典，使人们在不安的自然环境中体验到了人类社会的稳定与秩序。苏美尔人为对抗和改善自然环境，建设了大规模水利设施，促进了城邦的建设，之后分散的城邦结合成了单一帝国，即巴比伦。

古西亚的景观主要可分为三种类型，即猎苑、圣苑和宫苑。其中，猎苑是古西亚一种特有的园林景观。猎苑多位于两河流域，由于这时气候温和，雨量充沛，形成了茂密的天然森林，原始社会时期人们在此进行渔猎生活。进入农业社会后，为了怀念之前的渔猎生活，贵族建立了以狩猎为目的的猎苑。猎苑主要的功能即娱乐功能。根据古西亚的文字、壁画以及浮雕等史料记载，可以看出古西亚的猎苑中不仅包含大面积的天然森林，还有大量人工种植的香木、意大利柏木、石榴、葡萄等植物，这些植物不仅具有营造气候、调节环境的作用，还具有较强的使用功能。此外，在猎苑中还豢养着一批供帝王和贵族们狩猎的动物，且建有人工水池，以供动物饮用。除此之外，猎苑中一般还建有神殿和祭祀用的祭坛等景观建筑。

圣苑是古西亚重要的景观组成部分。古西亚所处的自然环境使得古西亚人十分喜爱树木，并对树木抱有崇高的敬意。古西亚人曾在裸露的石头上建设神殿，以祭祀守护神。神殿前的土地种植着成行的树木，并设有灌溉用的沟渠。而大量树木和神殿共同构建成了独特的圣苑。

宫苑是古西亚景观群中的重要组成部分，其中的巴比伦空中花园（Hanging Garden）最为著名，被誉为世界七大奇迹之一。根据考古发现，空中花园是尼布甲尼撒二世为其出生于伊朗西北部山区米底王国的王妃建设的。据传王妃出嫁后思念家乡，因此尼布甲尼撒二世在幼发拉底河畔为王妃建造了类似于在高山上的屋顶花园，图

2-1为巴比伦空中花园复原图。

图 2-1 巴比伦空中花园复原图

整个屋顶花园并非悬浮在空中，而是采用立体叠园手法，建在海拔 120 多米，高度约为 25 米的台地基上的数层层叠的花园。花园的每层均种植有奇花异草，并埋设了灌溉用的水源和水管。花园四周由镶嵌着许多彩色狮子的砖制高墙环绕，并设有带拱券的外廊。台地底部的高墙外部涂有油沥青，防止河水泛滥对墙体的破坏。花园每层建有房间、洞府和浴室等，各个台层之间以台阶作为连接。台地层上种植的植物可能为种类丰富的植物群落。为了防止渗漏，有关专家推测空中花园的土层由重叠的芦苇、砖、铅皮和泥土组成。每个台层的角落处还设有提水辘轳，方便将河水一层层地提到顶层的台层上，再从顶层开始逐层浇灌植物，从而形成活泼而独具特色的跌水。从远处看，整个空中花园仿佛绿色的金字塔一般。而由于台层上种植的各种蔓生或悬垂植物和其他树木花草等遮住了花园的部分柱廊和墙体，从远处观看，花园仿佛立在空中一般，空中花园也因此而得名。空中花园作为古西亚最著名的宫苑，于公元前 3 世纪时被毁。

从整体上来看，古西亚景观具有堆叠土山、重视树木种植等特点。

其一，古西亚景观具有堆叠土山的特点。古西亚所在的两河流域大多为平原地带，为了营造地势起伏的景观，古西亚常常通过堆叠土丘的方法营造出主要景观。这种营造景观的方法既具有较强的实用价值，又具有较强的审美价值。例如，在猎苑中使用堆叠土丘的方法营造主景，不仅可以登高瞭望，观察动物的行踪，而且当洪水泛滥时，登上土山还有利于避险。除此之外，猎苑中多建有祭祀的神殿和祭坛等，古西亚人认为，山是神的居所，也是人和神沟通的媒介，因此堆叠土山还有利于建构精神信仰。另外，从审美意义上来看，堆叠土山能够在平原上营造出起伏的景观。

其二，古西亚景观重视树木种植的特点。古西亚所处的地理环境有利于树木的生长，因此在古西亚生长有郁郁葱葱的森林。森林不仅可以改善周围的气候和环境，还是人类赖以生存、躲避自然灾害的理想场所。古西亚人对树木十分崇敬，甚至将树木神化。无论是猎苑、圣苑还是宫苑，均种植了大量成行的树木，甚至以空中花园为代表的宫苑还采用了屋顶花园的结构和形式。古西亚景观中广种树木不仅能够起到遮阴和避免阳光直射的作用，还有利于通风，能够营造神秘氛围。

三、古希腊景观的特色

古希腊的区域包括希腊半岛、爱琴海诸岛和小亚细亚半岛西岸，这里是欧洲文明的发源地。希腊半岛三面环海，海岸线曲折悠长，岛屿众多，而爱琴海诸岛和小亚细亚半岛西岸均为临海或四面环海。这种独特的地理环境使得古希腊人与外界联系依赖航海技术，而发达的海上贸易不仅给希腊人带来了富裕的生活，还使希腊人开阔了眼界，增长了见识，在外邦文化和本地的文化的结合、碰撞下，创造了瑰丽的古希腊艺术。

古希腊艺术和文化主要以爱琴海文化为先驱，并先后以克里特岛和迈锡尼为文化中心。克里特岛位于地中海东部，岛上的希腊人通过海上贸易，引进了美索不达米亚文化和埃及文化，并将这些外邦文化与本地岛屿文化相结合，形成了独特的景观文化。除此之外，迈锡尼文明是爱琴海文明的一个重要组成部分，同时是对克里特文明的继承和发展。纵观古希腊景观艺术，可将古希腊景观大致划分为宫廷庭院、宅院、公共园林三种类型。

古希腊文明中的宫廷庭院作为帝王和贵族进行休闲和娱乐享受的地方，其景观极具特色。受航海文化的影响，古希腊宫廷庭院的设计受到了东方文化的影响。例如，《荷马史诗》中即对迈锡尼文明之后的宫苑景观进行了详细介绍。《荷马史诗》对阿尔卡诺俄斯王宫的富美景象进行了介绍。其中指出，阿尔卡诺俄斯王宫的围墙和大门使用青铜铸造，围墙上饰有蓝色的挑檐，柱子则用白银铸造，门环为金色。进入院落中后，则是一个巨大的花园，周围使用绿篱环绕，下方则为秩序井然的菜圃。花园中建有两座喷泉，其中一座喷泉的水流一直流出宫殿并形成水池，其内的水供市民饮用；而另一座喷泉的水流则汇入水渠中作为灌溉用水。此外，宫廷庭院中还种植有丰富多样的果树和花卉，这些果树和花卉不仅具有一定的观赏功能，还有较强的实用功能，兼具观赏性、装饰性和娱乐性功能。

宅院出现在公元前 5 世纪之后的古希腊景观设计中，并且呈现出繁荣昌盛的局面。此时，古希腊人在波希战争中取得了胜利，这进一步推动了古希腊的繁荣昌盛。这一时期，古希腊的宅院设计开始朝着有突出娱乐性和装饰性的特点过渡。早期古希腊人的住房面积较小，住宅中多设雕塑和大理石喷泉等装饰性景观。之后，随着古希腊城市的发展，古希腊宅院景观设计中开始种植多种类型的花草，从而形成了美丽的柱廊园。这种柱廊园即在宅院中庭建造水池和喷泉，四边配置方形的花坛，花园周围围绕一圈宽敞的柱廊，使住宅和花园相互渗透。这种风格的宅院景观设计在古希腊十分盛行，并且影响了罗马时代的景观设计。

公共园林是供民众享用的公共活动场所。古希腊时期的民主思想较为发达，因此建有较多公共建筑物和公共园林。古希腊的公共园林包括圣林、竞技场和文人园三种类型。其中，圣林是古希腊人在神庙外围种植的树木，古希腊人与古埃及人和古西亚人一样对树木怀有崇敬之心，早在荷马时代，古希腊人就在神庙四周种植了大片树木，以起到围墙的作用。之后，神庙中的树木不但具有围墙等使用功能，而且观赏价值也越来越高。圣林不仅具备祭祀的功能，还能够起到供休息、聚会、散步的功能。此外，大片圣林还能够改善周围的小气候，并且为神庙增添独特的神圣气氛。竞技场是一种独特的体能竞技的地方。古希腊时期战火连连，国家为了培养人民捍卫国家的崇高精神，同时为了锻炼人民的体魄，不仅举办了大型运动竞技会，如奥林匹亚运动竞技会，还建设了供人们进行体育训练的场地和竞技的场所，即竞技场。竞技场一开始只用于运动员的训练和休息，因此在场地旁边种植了一些遮阳类的树木。之后，随着时间的推移，古希腊竞技场周围种植了大片林地，并设有林荫道、凉亭、柱廊、祭坛以及座椅等设施，供人们休息、祭祀和观看竞技。古希腊的竞技场多设立在山坡上，并且与神庙结合起来。例如，德尔斐（Delphi）城阿波罗神殿旁的体育场中就设有供奉神像的壁龛，该体育场建造在陡峭的山坡上，分为上下两个台层。又如，帕加蒙城的季纳西姆（Gymnasium）体育场分为三层台层，上层台地四周环绕着柱廊，并设有生活间和装饰漂亮的中庭；中间台层为庭院；下层为游泳池。文人园是一种供文人和学者集会演讲的地方，文人园中常设有林荫道、凉亭、神殿、祭坛、座椅、纪念碑、雕像等。

从整体上来看，古希腊景观具有善用几何原理和图形，以及完美和崇高的特点。古希腊的景观中建有高大的柱式神庙，如多立克柱式（Doric Order）、爱奥尼柱式（Ionic Order）和科林斯柱式（Corinthian Order）等，这些柱式建筑不仅体现出了和谐、完美、崇高的风格，还运用了完美的比例，显现出了完美和崇高的特点。除此之外，古希腊景观设计中还十分善于利用几何图形，无论是园林景观还是建筑内部空间景观，均呈现几何形式，空间布局具有较强的规则性与协调感。这一特点是因受到古希腊数学和几何学以及哲学家的美学观点的较大影响。古希腊景观的这一特点也奠定了西方规则式园林的基础。

四、古罗马景观的特色

古罗马地跨欧洲、亚洲和非洲三大洲，其国土十分辽阔，东起小亚细亚和叙利亚，西到西班牙和不列颠，北面包括高卢，南面包括埃及和北非。公元前500年左右，罗马发展成为独立的城邦，之后的短短几年中，罗马征服了周围的民族，将势力一直延伸到亚平宁山脉到海岸的整个拉丁平原。古罗马帝国的版图内聚集了多个民族和不同的风土人情，也包含了多种不同景观。

在古罗马发展的鼎盛时期，其版图内包括数以千计的大中小城市，这些城市分属于不同的民族和文明，形成了多样化的城市景观。城市中居住着数以百万计的人口。例如，古罗马城人口超过了100万。城市中的贫富差距较大，其中富人建有阔大的别墅，并且附带精心设计的庭院。此外，古罗马还建有富丽堂皇的广场以及公共园林等。从类型上来看，古罗马的景观设计主要包括古罗马庄园、宅院、宫苑、公共园林和公共广场。

古罗马庄园是指古罗马贵族效仿古希腊贵族建设的乡居宅邸。古罗马作为古希腊的征服者，在接受了古希腊文化后，开始效仿古希腊贵族的生活方式。古希腊贵族喜爱乡居生活，因此古罗马贵族在城市郊区建设了别墅庄园。其中，典型的庄园有洛朗丹别墅庄园（Villa Laurentin）和托斯卡纳庄园（Villa Pliny at Toscane）等。洛朗丹别墅庄园背山面海，交通便利。庄园中设有前庭、小型柱廊式中庭，布置有遮阳柱廊和园亭等，既有供人休憩的空间，也有可供娱乐的场所。托斯卡纳庄园位于群山之中，别墅前设有花坛、林荫步道以及运动场，并且遍布造型多样的植物，环境极其优美。

古罗马的宅院又称柱廊园，由三进院落构成，包括用来迎客的前庭、列柱廊式中庭和露坛式花园。其中的中庭作为家庭成员的主要活动场所，一般三面开敞，一面辟门，光线充足，如维蒂住宅。花园中设有花坛、常春藤棚架、雕像和喷泉等，整个宅院中遍布草地，以及由马鞭草、水仙和罂粟等组成的花草，从而营造出清凉宜人的环境。

宫苑是古罗马凯撒大帝等建立的庄园。

古罗马的公共园林不同于古希腊人的公共园林，古希腊人十分钟爱体育运动，然而古罗马人对竞技的热情却不似古希腊人，因此古罗马人接受古希腊文化中竞技场文化后，将竞技场发展为一种供休闲的场所。一般来说，古罗马时代公共园林一般为椭圆形或者一端是半圆形的场地，场地边缘建有宽阔的甬道，供人们散步，道路两旁还种植有大量绿植以形成遮阳绿荫。古罗马还建有众多公共浴室。古罗马人十分爱好沐浴，公共浴室的种类十分丰富，包括冷水、热水、温水和蒸汽浴。古罗马的公共浴场是一种极具特色的建筑景观，其规模十分庞大。除多种类型浴室外，还设有图书馆、音乐厅、体育场以及室内花园等场所供人们娱乐、休憩和交际等。古罗马剧场也建设得十分奢华。古罗马剧场多建在山坡上，形式上为露天剧场，剧场外面则设有大片供观众休息的绿地。

古罗马还十分重视广场建设。以古罗马城为例，古罗马广场（如图2-2所示）是古罗马城的重要组成部分。广场上建有庙宇、宫殿、会议场所、政府机构等，规模庞大，利用柱廊、记功柱、凯旋门等元素营造出了威严而富丽堂皇的氛围。

图 2-2 古罗马广场

古罗马景观艺术具有重视台层建设、植物造型以及水体装饰的特点。

其一，古罗马景观艺术具有重视台层建设的特点。在古罗马景观设计中，起初主要重视其使用功能，如菜园、果园、香料园的种植等，之后逐渐在景观设计中加入了观赏性、娱乐性和装饰性的元素。无论是公共园林还是公共剧场、竞技场，以及有花园的景观设计，均十分重视台层建设。以古罗马城为例，古罗马城本身就建设在几个山丘上，具有一定的坡度，因此在建设各种景观时常常将坡地建设成为多个台层，并在台层上面布置了具有特色的景物。而且与平地相比，坡地顶端的气候更加宜人，视野更加开阔，因此人们喜欢在山坡上建造景观，并且将自然坡地切成规整的台层。除此之外，古罗马景观艺术中的剧场、竞技场等多利用自然坡地来设置座位，充分体现出了自然地势的优势。

其二，古罗马景观艺术具有善于利用植物造型的特点。植物是古代西方各个时期均十分重视的景观要素，古罗马景观艺术中也具有十分善于利用植物造型的特点。古罗马景观设计中处处体现出对植物造型的重视。例如，公共浴场中也设有植被丰富的公共花园；剧场外围和竞技场中多设有大片绿荫和草地；宅院和庄园中更是十分重视绿植的种植。古罗马景观设计中常用的植物包括蔷薇等各种花卉，古罗马园林中常见的植物有乔木、灌木，以及悬铃木、山毛榉、白杨、丝杉、桃金娘、瑞香、夹竹桃、梧桐、柏、月桂等。此外，还有人专门从事植物造型工作，用植物构建出各种几何图形，以及蔷薇园等专类园，后来还有牡丹园、杜鹃园等专门的花卉园。即便是冬季，花卉十分缺乏的时期，古罗马人也会从南方运来花卉，并以在北方建造暖房的方式来种植花卉。花卉与造型别致的花坛和花池、绿篱等呈现出了独特的几何造型，展现出了人工景观设计之美。

其三，古罗马景观艺术具有重视水体装饰的特点。古罗马景观艺术设计还十分重视水体装饰，古罗马景观艺术设计中的水体的装饰包括水渠、喷泉、水池等。古罗马景观设计十分擅长使用水体进行造型装饰。一般来说，水池是古罗马景观中十分常见的造型，水池中一般饰有雕像，雕像置于绿荫下，花坛和花池与绿篱呈几何形，体现了古罗马景观受古希腊景观影响的特点。除水池外，水渠作为具有灌溉作用的水体景观，在景观设计中也十分常见。另外，喷泉宫也是古罗马水体景观中常见的要素。

五、中世纪欧洲景观的特色

公元 330 年，罗马皇帝君士坦丁将都城迁至东部的拜占庭，并将其命名为君士坦丁堡。公元 395 年，罗马分裂为东西两个帝国，东罗马帝国以君士坦丁堡为中心，西罗马则定都拉文纳，东西罗马帝国几经盛衰后，西罗马帝国被日耳曼人所灭亡，随后东罗马帝国被土耳其人所灭亡。从公元 476 年西罗马灭亡后直到公元 1000 年左右的 500 余年间，整个欧洲笼罩在宗教的统治之下。此时，欧洲实行政教合一的制度，宗教主宰一切。教会宣扬竭力禁欲主义，且不允许一切异己的东西存在，反映人类美好的艺术和真理被严重压制和打击，这个时期被后人称为"黑暗年代"。而自西罗马帝国灭亡直到文艺复兴运动开始的这段时期被称为中世纪。

中世纪时期，宗教在社会政治、经济、文化中占据了绝对统治力量，具有极强的影响力，因此中世纪欧洲景观受宗教的影响极其深远。中世纪欧洲景观可大体分为教堂和修道院，以及城堡景观。中世纪时期，教育只存在于社会精英群体中，大部分人均为文盲。中世纪极强的宗教氛围也赋予了景观多重象征意味。中世纪城市学校是最主要的公共建筑，这些建筑体现了当时主要的建筑景观艺术。宗教教堂自公元 4 世纪开始，在罗马帝国君士坦丁大帝庇护下发展。古罗马时期的教堂主要建立在各个城市居民点上，而随着古罗马帝国的崩溃，中世纪时期教堂主要建于乡村修道院的穷乡僻壤之间。这一变化与中世纪时期的动乱有关，是为了便于在动乱中为欧洲文明的火种提供庇护所。12 世纪中叶以来，欧洲兴起了轰轰烈烈的城市化运动，哥特式教堂成为当时最具代表性的建筑景观。

中世纪哥特式教堂的特点是尖塔高耸，在设计中利用十字拱、立柱、飞券以及新的框架结构支撑顶部的力量，使整个建筑高耸而富有空间感，再结合镶嵌有彩色玻璃的长窗，使教堂内产生一种浓厚的宗教氛围。哥特式教堂以其高超的技术和艺术成就，在建筑史上占有重要的地位。最著名的哥特式教堂有巴黎圣母院大教堂（如图 2-3 所示）、意大利米兰大教堂、德国科隆大教堂等。

图 2-3　巴黎圣母院大教堂

　　中世纪哥特式教堂建筑的特点可以用三个字概括，即为光、高、数。其中，"光"是指教堂是神的居所，是创造万有之光源所在，因此使用高耸的彩色玻璃取代了罗马式教堂厚实的承重墙，使得教堂内部更加明亮。"高"是指哥特式教堂正厅与大的古罗马教堂相比，更加高耸，西立面塔楼更加巍峨壮观。从整体上来看，整个教堂表现出向上腾飞之势，整个建筑越向上墙体和塔的划分越细，修饰也愈加多而玲珑。教堂顶部排列着无数有序的券顶，表现出直刺苍穹的张力。中世纪的教堂钟塔的尖顶以其罕见的高度而著称。"数"是指哥特式教堂建筑中处处体现了对圣数的追求。例如，教堂大门为三门，祭坛画为三组联画，西立面山墙也以三为分割，彩色玻璃则划分为七段等。

　　除哥特式教堂外，中世纪的寺院也极富特点。中世纪早期的寺院多建于乡村或人迹罕至的山区，其中的僧侣的生活十分清贫。随着 12 世纪中叶后的城市化运动，寺院进入城市后，中世纪寺院的景观设计发生了一定的变化。中世纪的寺院庭园的主要部分是教堂及僧侣住房等建筑围绕着的中庭，中庭周围设圆柱廊，墙上绘有各种宗教壁画。中庭内部设有十字形或交叉道路，内置喷泉、水池或水井，这些水可作为饮用水使用。除此之外，中庭地面铺有草坪，其中点缀着果树和各种灌木与花卉，并且建有专门的果园、菜园和药草园。除城堡庭园之外，中世纪时期的贵族多修建城堡住宅，其中设有喷泉、凉亭以及泉池、植物装饰等。

　　中世纪时期的城市运动发起后，城市和乡村之间的距离逐渐变近，差距逐渐缩小。人们十分热爱户外运动，并对室外环境提出了较高要求。刘易斯·芒福德曾在其研究中指出："中世纪城镇可用的公园和开阔地的标准远比后来任何城镇都要高，包括 19 世纪的一个具有浪漫色彩的郊区，这些公共绿地保持得最好的，如莱斯特（Leicester），后来就成为能与皇家苑囿媲美的公园……人们在屋外玩球、赛跑、练习射箭。"[①] 刘易斯·芒福德的研究表明，中世纪时期的人们对公园等户外景观设计十分重视。

中世纪景观设计主要具有象征性强、重视景观设计细节的特点。

其一，中世纪景观设计具有象征性强的特点。中世纪景观设计是为宗教而服务的，因此中世纪景观设计具有较强的象征意义。例如，哥特式教堂景观艺术设计中彩色玻璃窗画的运用。彩色玻璃窗画中表现的多为圣经故事，这成为了不识字信徒们的圣经。而教堂采用的圆形的玫瑰窗象征天堂，其与绚彩的玻璃窗共同组成了丰富多彩的圣经故事画面。彩色玻璃画能依光线的穿透而生艳，产生一种较强的装饰美感，也以其光色的奇妙而引人入胜。当朝圣者走在教堂的地板上时，会产生一种独特的沐浴天国圣洁之光的感觉。此外，教堂入口还设有以圣经故事为主要内容场景的浮雕，教堂内部的墙上建有圣经人物雕塑和圣经故事壁画，这些均具有较强的象征意义，起到了向民众普及宗教知识、营造浓烈的宗教氛围的作用。此外，哥特式教堂对圣数的追求以及高耸的塔尖、飞扬的券顶和修道院庭园道路的设计等均体现出强烈的宗教象征意义。

其二，中世纪景观设计具有重视景观设计细节的特点。中世纪景观设计中还十分重视细节的展现，如中世纪的学校中随处可见的圣经故事壁画和浮雕以及雕像等。又如，城市公共园林建设和寺庙以及庄园景观设计中常常使用大理石、草皮、精心修剪的绿篱、花坛、凉亭以及水池和喷泉等精心建造各种迷园，以供人们欣赏。

第二节　文艺复兴时期的西方景观设计

文艺复兴是指发生在 14—16 世纪的一场反映新兴资产阶级要求的欧洲思想文化运动，其揭开了近代欧洲历史的序幕，被认为是中古时代和近代的分界。文艺复兴时期的西方景观设计受人文主义的影响，展现出了与中世纪景观设计不同的特点。

一、文艺复兴运动对西方景观设计的影响

文艺复兴运动在欧洲文明史上具有极其重要的意义。文艺复兴运动不仅唤醒了处于黑暗中世纪的欧洲人，还对整个世界的文化发展产生了巨大影响。

文艺复兴是 14—16 世纪欧洲新兴的资产阶级掀起的思想文化运动。14 世纪，随

---

① 李开然.景观设计 [M].上海：上海人民美术出版社，2012：53.

着新兴资产阶级的萌芽与发展，欧洲的生产技术和自然科学得到了巨大发展，与此同时，欧洲思想文化取得了突飞猛进的发展。资产阶级以复兴古希腊、古罗马文化为名，提出了人文主义思想体系，以此反对中世纪的禁欲主义和宗教神学，大力发展科学、文学和艺术。欧洲文艺复兴运动起源于意大利，之后迅速发展至欧洲各国，影响了整个欧洲。文艺复兴运动对西方景观设计的影响主要表现在以下几个方面。

（一）人文主义自然美的价值观对景观艺术的影响

人文主义是文艺复兴时期的重要思想体系，人文主义从人的视角出发，以人为衡量一切的标准，重视人的价值、人的自由意志和人对自然界的优越性，从而对中世纪时期的禁欲主义和宗教观提出了反对，期望以此摆脱宗教和传统教条对人的思想的束缚。这一时期，哥白尼提出了"日心说"，哥伦布和麦哲伦等人则通过航海不仅取得了地理大发现，还证明了地球是圆的，为"日心说"提供了实践依据。此外，伽利略在数学、物理学方面的创造发明取得了较大成就。但丁、薄伽丘、达·芬奇等人则在文学和艺术方面取得了巨大成就，这些成就为人文主义的发展起到了重要的推动作用。

人文主义对人的价值的重视，以及对中世纪时期的禁欲主义的反对使得文艺复兴时期人们在景观艺术设计中崇尚自然美的价值观。而自然美也成为文艺复兴初期对景观艺术产生最重要影响的艺术理念。

意大利作为文艺复兴的发源地，在文艺复兴的发展中起着极其重要的作用。而这与意大利独特的地理位置有关。意大利位于欧洲南部亚平宁半岛，境内的山地和丘陵占全部国土面积的80%。其中，阿尔卑斯山脉呈弧形绵延于北部边境，亚平宁山脉纵贯整个意大利半岛。受山脉的影响，意大利境内气候变化十分明显，其中意大利北部山区属于温带大陆性气候，而意大利岛及其岛屿则为亚热带地中海气候。这种独特的气候为意大利景观设计的独特性奠定了基础。意大利半岛位于地中海北部，有着长达1 000公里的海岸线，其上建设了一批影响较大的港口城市。佛罗伦萨位于意大利的阿诺河畔，是意大利重要的水陆交通要道，并且手工业和商业贸易发达，出现了以毛织、银行、布匹加工业等为主的七大行会。除经济因素之外，从文化因素上来看，佛罗伦萨有着浓厚的古罗马、中世纪文明基础。当时以佛罗伦萨统治者美第奇家族为代表的贵族十分提倡和推崇艺术创造。在经济和文化的双重发展推动下，佛罗伦萨成为意大利乃至整个欧洲文艺复兴的策源地和最大中心，对意大利的复兴运动产生了重要作用。

意大利文艺复兴初期，随着人文主义的发展，自然美重新受到人们的重视。无论是美术创作还是其他艺术创作，均开始朝着自然美的方向发展，形成了自然美的思潮。在这一思潮的影响下，景观艺术设计也开始朝着恢复古罗马时期景观艺术的自然美方向发展。一些居住在城市中的富豪和贵族为了恢复古罗马时期的传统，从城市搬到乡间建造园林别墅居住。

佛罗伦萨附近费索勒（Fiesole）的美第奇家族建立的别墅（如图2-4所示）成为当时极具代表性的庄园建筑。

图 2-4 美第奇家族别墅

佛罗伦萨的执政者科西莫·德·美第奇首先在卡来奇建造了第一所庄园，之后其子孙在此基础上建造了多处园林别墅。美第奇庄园独特的台层式景观设计是意大利甚至整个文艺复兴时期独具特色的景观艺术设计。所谓台层式景观，又被称为台地园雏形，是指意大利文艺复兴初期庄园在选址时多位于风景秀丽的丘陵坡地上，并且依地势高低开辟台地，各层台地之间既相互独立，又自然连接，并且设置有贯穿各台层的中轴线，形成了"台地园"特征。主体建筑则在最上层的台地上，在其上可以俯瞰周围景色。例如，美第奇庄园依山建有三级台地，其中最上层的台地上建有别墅以及供瞭望和观景的山坡。第二层台地较为狭长，用以连接上下两层台地，该台地以绿廊覆盖，主要起过渡作用。最下层的台地正中布置有圆形水池，左右两边设有图案式剪树植坛，显得富于变化。整个建筑和庭园显得十分简朴、大方，这说明设计者对整个庄园别墅的比例和尺度进行了较好的把握。

台地园在意大利中期更加成熟，整个园区具有明确的中轴线贯穿全园，并且联系各个台层，布局十分严谨。园区的中轴线上通常设有水池喷泉，两侧置有对称式排列的雕像，此外，台阶和坡道等极具透视效果，最上端的台层上则建有别墅等建筑。这一时期的建筑已取得了较高水平，建筑师们纷纷通过台地园的建设来大显身手。许多庄园的设计师均为当时社会上著名的建筑师，而庭园则被视为建筑的室外延续，被建筑师运用建筑原则来设计和布置。

文艺复兴早期，除庄园别墅外，意大利还建设了欧洲最早的植物园，以对古代植物学和药用植物进行研究，同时在此基础上产生了用于科研的植物园。例如，建于

1545 年帕多瓦植物园即是当时整个意大利以及欧洲影响较大的具有综合功能的园林。其中种有多种珍贵植物，其内景观独具特色。

在人文主义自然美的景观设计中，还十分注重水景设计和植物造景艺术。这一时期的水景设计取得了较大发展，不仅强调水景与背景在明暗与色彩上的对比，还十分注重水的视觉光影和音响效果，形成了水风琴、水剧场、秘密喷泉、惊愕喷泉等许多丰富多彩的水景观。而在植物造景艺术方面，则通过绿篱、绿墙、绿荫等形成舞台背景和侧幕，形成了富于变化的各色景观。

（二）人文主义几何学对景观设计的影响

几何学起源于古埃及时期，经由地中海传入希腊，之后经过欧几里得、阿基米德、阿波罗尼奥斯等数学家的努力，得到了较快发展，并被应用于实际。然而之后，几何学的发展基本停滞，直到文艺复兴时期，几何学才取得了较快发展。

文艺复兴运动为几何学的发展创造了条件。文艺复兴时期，绘画艺术的发展取得了突出的成就，其中最突出的成就之一即是关于透视法的研究。中世纪时期，宗教控制着一切艺术的发展，而绘画艺术也以宗教内容为主题。而文艺复兴时期，由于人文主义的发展，绘画艺术的主题不再是虚无缥缈的宗教主题，而是转向了现实社会。为了更好地将现实三维世界呈现在二维画布上，艺术家和数学家对此进行了大量深入研究，创造了透视法。文艺复兴时期的达·芬奇、布鲁内利希、阿尔布雷特·丢勒等均对透视艺术进行了详细研究。

除绘画艺术中的透视法外，航海、光学等方面的数学应用也在一定程度上促进了几何的产生和发展。文艺复兴时期的几何又可细分为射影几何和解析几何。绘画中的透视对射影几何的发展起到了重要的推动作用。早在 15 世纪，意大利人布努雷契即对透视法进行了认真研究，并且运用几何法进行绘画。1436 年，阿尔贝蒂出版了《论绘画》一书，对投影线、截影等概念进行了详细阐释，这成为射影几何学发展的起点。法国工程师和建筑师德沙格从数学上对透视法所产生的问题进行了解答，并于 1636 年发表了关于透视法的论文，1639 年，出版了《试论锥面截一平面所得结果的初稿》一书，这本著作成为射影几何的主要著作。书中对 70 多个射影几何术语进行了详细解释，并提出了著名的德沙格定律。1648 年，鲍瑟发表了一本透视法著作，并对透视概念进行了阐释。除此之外，法国数学家帕斯卡于 1640 年完成了著作《圆锥曲线论》，并提出了"帕斯卡定理"。此外，1685 年，拉伊尔出版了射影几何专著《圆锥曲线》。

解析几何的创立与发展是数学史上的一次重大突破。在解析几何创立以前，几何与代数是彼此独立的两个分支，而解析几何则实现了几何方法与代数方法的结合，使形与数统一起来。文艺复兴时期，解析几何的创立与法国数学家笛卡儿和费尔玛有关。笛卡儿是著名的法国数学家、物理学家、哲学家，他公开发表的唯一一本数学著作《几何》中就将几何与代数完美结合在一起，创立了解析几何。笛卡儿的解析几何将传统数学中对立的两个研究对象"形"与"数"统一起来，使数学的发展进入了变量阶段，迎来了数学史上的时代新开端。恩格斯曾高度评价笛卡儿的成就："数学中的转折点是笛卡儿的变数。有了变数，运动进入了数学；有了变数，辩证法进入了数学；有了变数，微分和积分也就立刻成为必要的了，而它们也立刻就产生了……"① 除笛卡儿外，费尔玛于 1629 年完成、1679 年出版的《平面和立体的轨迹引论》一书中也将代数与几何结合在一起，推动了解析几何的发展。

文艺复兴时期，几何学的发展对当时的艺术产生了巨大影响。这一时期，欧洲景观艺术受几何学的影响，也呈现出新的特点。具体表现在建筑景观艺术和园林景观艺术中。

1. 几何学与文艺复兴时期的建筑景观艺术

文艺复兴之前的中世纪时期，哥特式建筑成为此使其建筑景观艺术的主要风格。哥特式建筑为了体现其独特的宗教威严，以高、尖为特点。而文艺复兴时期，建筑的主题不再着眼于宗教，而是从宗教走向人生，将寺院转变为宫室。建筑设计师们普遍追求一种宏伟的建筑艺术风格，回归古希腊和古罗马时期的建筑风格。在建筑景观构图中，广泛利用方形、三角形、立方体、球体、圆柱体等几何体创造出了理想的建筑比例。除此之外，在建筑景观设计中，增加了高低拱券、壁柱、窗户、穹顶、塔楼等元素，使得文艺复兴时期的建筑景观呈现出了一种新颖而生动的活力。1482 年，欧几里得的《几何原本》一书被一些学者从阿拉伯语翻译成拉丁语，极大地推动了几何学的普及，为几何学的研究，以及黄金分割理论的提出奠定了基础，同时推动了几何学在艺术领域的应用。例如，圆、方、比例和几何图案被广泛应用于各种设计艺术之中。文艺复兴时期，受人文主义的影响，人们普遍以人体匀称作为完美的典范，并从中分析出了完美比例的几何图形，这些几何图形被应用于建筑景观设计中。例如，欧洲文艺复兴时期盛行的古典柱式建筑风格所呈现出的稳定感与完美比例即包含着对几何学的应用与实践。

2. 几何学与文艺复兴时期的园林景观艺术

从整体上来看，欧洲文艺复兴时期的景观有两个十分突出的特点：一方面，景观均体现出完整的圆形、方形、三角形等几何图形，体现出强烈的立体感和透视感，以此反映景观艺术设计中对秩序和真实人文精神的追求；另一方面，欧洲文艺复兴时期的建筑和景观呈现出相互渗透的特点。

早在古希腊与古罗马时期的景观艺术中，就广泛应用了几何图案。文艺复兴时期，随着几何学的发展，以意大利园林景观为代表的园林景观艺术中也广泛应用了几何学理论。例如，意大利台地园中即广泛应用了圆、方、比例和几何图案，以及透视

---

① 闵军，等.文艺复兴时代科学巨匠及其贡献[M].北京：中国青年出版社，2015：189.

理论。又如，建于 1564 年的意大利朗特别墅体现了文艺复兴时期园林的主要特点。朗特别墅既应用了意大利台地园的设计元素，也体现出了鲜明的罗马花园特点。整个别墅采用规则式布局，而不突出轴线。别墅中的园林分为花园和林园两个重要部分。其中的花园别墅采用了台地园设计，形成了几层台地。最下层台地上按中轴线对称布置几何形的水池和用黄杨或柏树组成花纹图案的剪树植坛。此外，还广泛应用了圆形、半圆形、方形等多样化的几何图案。台地园中布置有跌水和喷泉，形成了极其活跃的景观。林园则以体现天然景观为主，种植有茂密的林地。整个朗特别墅十分讲究整体空间的布局与秩序，体现了几何学在文艺复兴时期的园林景观艺术中的应用。

（三）人文主义绘画艺术对景观设计的影响

欧洲文艺复兴运动从时间上可划分为初期、盛期和晚期，不同时期的绘画艺术中的代表人物不同。文艺复兴初期的绘画艺术代表为乔托·迪·邦多纳。文艺复兴初期，绘画艺术仍然以宗教故事为主题，然而乔托在绘画中开始从世俗现实社会的角度来表现神的形象，把神拉下神坛，使其变成了有血有肉、有思想情感的凡人。除此之外，乔托将解剖学、透视学和光学原理运用到艺术创造中，从而清晰地展现了真实的人物和真实的空间之间的关系，通过明暗的素描造型和对称、均衡的构图特点对艺术语言进行了创新。例如，乔托创作的壁画不仅在平面构图上表现了立体空间的深度，还塑造了圣母躬身望着刚刚出世的基督的形象，体现了伟大而温柔的母爱。又如，乔托创作了阿雷纳教堂的 37 幅耶稣故事壁画，这 37 幅壁画分布于教堂的左中右三面墙上，被后人誉为"14 世纪意大利艺术的重要纪念碑"。而这些壁画通过巧妙的人物排列加强了空间深远关系，展现了富有生活气息的现实氛围，突出了主要人物的形象。这些壁画中以《金门之会》《逃亡埃及》《犹大之吻》和《哀悼基督》最为著名，也体现了乔托高超的绘画技巧。例如，《哀悼基督》中的人物随着不同的空间变化而进行大小变化，表现出了人物之间独特的透视关系。又如，在《逃亡埃及》中，乔托抛弃了中世纪的清规戒律，摒弃了中世纪时期绘画中金碧辉煌的装饰趣味和飘然若仙的人物罗列，描绘了一幅充满世俗人情意味的作品：母亲抱着孩子骑在驴背上，在丈夫和同行人的伴随下在乡间小道上行走，表现出了一幅质朴、清新、庄严、厚重的画面。

文艺复兴盛期的绘画艺术代表为达·芬奇、米开朗基罗、拉斐尔。文艺复兴运动中的西方传统绘画艺术发挥了先导和旗帜的作用。文艺复兴盛期，出现了以文艺复兴美术三杰——达·芬奇、米开朗基罗、拉斐尔为代表的审美观念、审美趣味和审美理想，对绘画艺术产生了较大影响。尤其是绘画艺术中的镜像、光影、透视、取景、比例等对景观艺术的发展具有重要推动作用。文艺复兴美术三杰在艺术创作中不仅直接描绘现实生活的真实人物，还借宗教神话故事表达了自己的社会理想、美学理想和思想感情。

文艺复兴晚期的绘画艺术又被称为矫饰主义或风格主义，体现为意大利文艺复兴盛期艺术向巴洛克艺术转变的过渡时期的特殊现象。这一时期，绘画艺术的主要特征是以具有古怪和扭曲的体态和发达而夸张的肌肉的裸体人物为表现主体，绘画的主题较为隐晦，情节则处于次要地位。

文艺复兴时期的景观设计中也体现出绘画艺术的影响，主要体现在风景画对景观艺术的影响方面。

文艺复兴时期，为了表现人文主义色彩，绘画艺术中出现了大量的肖像画，同时风景画得到了较大发展。文艺复兴时期的透视方法和几何学得到了发展，在客观上推动了风景画的出现。另外，绘画艺术中对光、色、形的追求，以及绘画空间和时间世界的再现，推动着风景画进一步发展成熟。例如，贝诺佐·戈佐利在《三圣贤之旅》中就将人物的背景设置为佛罗伦萨的丘陵地貌。除贝诺佐·戈佐利外，文艺复兴时期的美术三杰之一——达·芬奇在创作中也对风景画进行了探索，并提出了绘画史上著名的"镜子论"。在风景画取得了突破性的发展时，绘画艺术中光影和色彩的技法创新使风景画的创作艺术更加成熟。

在文艺复兴运动中，风景画的创新成为风景设计的"镜子"，将构图、光影、虚实等绘画理论充分运用到风景艺术设计之中。例如，意大利台地园景观设计就充分利用了绘画艺术中的透视学和视觉原理，从而达到了理想的景观艺术效果。

二、巴洛克风格的景观设计

公元 15 世纪时期，由于政治局势变化，佛罗伦萨被法国侵占，美第奇家族覆灭，意大利的商业中心和文化中心由佛罗伦萨转移至罗马。进入公元 16 世纪后，欧洲政治局势越发紧张。公元 1517 年，德国宗教改革家马丁·路德发表了斥责销售赎罪卷的《九十五条论纲》，导致天主教在罗马的权威遭到质疑。此外，神圣罗马帝国皇帝查理五世和法兰西国王弗朗西斯一世之间的长期对抗导致两国战争频繁，使欧洲的政治局势动荡不安。公元 1525 年，法兰西国王弗朗西斯一世在战争中失利。教皇克雷芒七世与亨利八世、弗朗西斯一世和威尼斯人为了反对神圣罗马帝国皇帝查理五世的统治，组成了神圣联盟，并于 1527 年洗劫了罗马城，之后教皇克雷芒七世被囚禁。在动荡不安的政治局势中，意大利人躲避在固定的居所中，沉溺于"幻想的世界"，在艺术创作中追求细节装饰，使一种新的设计思潮——风格主义设计思潮悄然兴起。

风格主义设计思潮萌发于公元 1515 年至公元 1520 年间的佛罗伦萨，流行于 16 世纪中后期。其在设计风格上，常自如运用古典元素和视觉效果，通过非理性的或富于戏剧性的构图追求新奇，最终走向程序化，并且偏离了文艺复兴美术的现实主义方向。风格主义设计思潮是在特殊时期兴起的一种设计思潮，反映了 16 世纪时期的政治和经济动荡为人们带来的动荡不安的情绪。风格主义设计思潮表现在景观艺术设计方面则是在花园中设置高大的围墙，并在围墙内装饰壁龛、雕像、岩洞、喷泉、流水和洞府等。除此之外，风格主义设计思潮还十分推崇设置丰富的水景，达到了令人应接不暇的视觉效果。风格主义设计思潮发展到极致后产生了巴洛克艺术风格。

（一）巴洛克艺术的源起及其特征

巴洛克（Baroque）此词源于西班牙语及葡萄牙语的"变形的珍珠"（barroco），原词具有奇异古怪之意。巴洛克艺术是 1600 年至 1750 年间在欧洲盛行的一种建筑、雕塑和绘画艺术风格，产生于意大利，发展于欧洲信奉天主教的大部分地区，后随着天主教的传播，其影响远及拉美和亚洲国家。巴洛克艺术风格反对墨守成规的僵化形式，追求自由奔放的格调[①]。巴洛克艺术风格不似古典主义风格追求简洁明快以及整体美，而是倾向于追求繁琐的细部装饰，并且常常用曲线的技巧来加强立面效果，偏好以雕塑或浮雕作为建筑物华丽的装饰。

巴洛克艺术兴起于文艺复兴晚期，这一艺术风格的命名带有一定的贬义色彩。文艺复兴运动的兴起源于资产阶级的萌芽与发展，然而资产阶级在文艺复兴运动后期与封建文化进行斗争时开始脱离群众。资产阶级中一些知识分子故意将文化塑造成普通大众无法接近的空中楼阁。另外，越来越多的知识分子、艺术家、建筑师开始向贵族和教皇寻求庇护，这使得新兴的文化成为专门为封建统治者和教会服务的工具，而巴洛克的命名就表现了这种艺术风格的缺陷和虚伪、矫揉造作。

从总体上来看，巴洛克艺术的主要特征体现在以下几个方面。

其一，追求新奇，标新立异。巴洛克艺术并不是为平民服务的，而是服务于教会上层和宫廷贵族的，具有较强的宗教特色和享乐主义色彩。巴洛克艺术的设计师常常为了追求新奇的效果，而对传统的绘画、建筑、雕刻进行创新，通过打破不同艺术形式之间的界限，将这些艺术形式以一种不同于以往的形式组合在一起。从整体上来看，巴洛克艺术十分强调动感和透视，无论是绘画、建筑还是雕刻，均体现出一种空间倒错和运动感十足的效果。例如，巴洛克时期的建筑艺术在原来罗马人文主义文艺复兴建筑的基础上，加入了华丽、夸张和雕刻的风气，十分强调色彩和光影以及曲线要素，从而赋予了建筑一种别具特色的动感。

其二，追求豪华雕饰。巴洛克艺术由于服务的对象是教会和宫廷贵族，十分追求奢华，通常通过奢侈、豪华的设计吸引来访者的眼光，营造了夸张的舞台气氛，让人们分不清天堂与现实。巴洛克艺术中大量使用贵重材质，体现出了珠光宝气般的豪华，并且十分注重雕饰。巴洛克风格的建筑处处充满华丽且艺术气息浓厚的雕饰。例如，拉菲特城堡、罗马耶稣会教堂、罗马圣卡罗教堂等处处体现了巴洛克艺术重视豪华雕饰的特点。其中，罗马耶稣会教堂的拱顶满布雕像和装饰，除此之外，教堂正门上部的分层檐部和山花还特意做成了重叠的弧形和三角形，大门立面上部的两侧还做了大涡卷雕饰，十分富丽堂皇。这种教堂大门的装饰方法后来引发了广泛效仿。罗马圣卡罗教堂的殿堂平面和天花板上使用了多条曲线以强调线条的动感，立面则使山花断开，檐部水平弯曲，墙面凹凸度较大，装饰十分丰富，表现出了强烈的光影效果，从整体

---

① 　陈教斌 . 中外园林史 [M]. 北京：中国农业大学出版社，2018：94.

上来看，其雕饰十分豪华，然而却难免给人以矫揉造作之感。

其三，追求自然趋向。巴洛克艺术具有浓厚的享乐主义色彩，在追求艺术的新奇与华丽的同时，表现出了鲜明的自然趋向的特点。这里所指的自然趋向并非指巴洛克艺术具有纯朴的自然之风，而是指在景观艺术设计中，人们在城市中建设了大量敞开式的巴洛克风格的广场和建筑。同时，人们在城市郊外兴建大量园林、别墅以供贵族享乐，这些景观常被赋予较强的自然色彩。例如，17世纪罗马建筑师丰塔纳建造的罗马波罗广场，开阔奔放，体现出了与众不同的特点，为众多欧洲国家所效仿。又如，罗马圣彼得大教堂前的广场由杰出的巴洛克建筑大师和雕刻大师贝尼尼设计，整个广场环绕着罗马塔斯干柱廊。柱廊上雕饰十分丰富，整个广场的布局十分豪放，且极富动态，体现出了独具特色的光影效果。

（二）巴洛克景观艺术及其特点

巴洛克景观艺术主要体现在巴洛克建筑和巴洛克园林的景观设计中。

从时间上来看，巴洛克景观艺术兴起于文艺复兴晚期，因此巴洛克景观艺术吸收了文艺复兴时期的景观设计特点。例如，将园林作为建筑的延伸，注重水景的打造，以及对称性的花圃纹饰艺术等。这一时期的巴洛克景观艺术具有以下几个鲜明特点。

1. 注重运用轴线将园林、建筑与景观整合为一体化的几何布局

文艺复兴时期的几何学得到了长足发展，而几何学在景观设计中的应用也越来越深入。例如，布拉曼特将几何学中的中轴线引入景观设计中，使其成为巴洛克园林景观的主要特征。轴线在景观艺术中应用较早，早在16世纪初期，在众多园林景观设计中就应用了轴线。例如，1505年，梵蒂冈美景宫花园中就应用了单轴线；1538年建设的卡斯特罗别墅和1568年建设的埃斯特庄园应用了横向轴线；1582年和1585年建设的马太庄园和蒙塔尔托庄园中就使用了纵向轴线；1589年建设的阿尔多布兰迪尼花园和1621年建设的托洛尼亚别墅中使用了长轴贯穿景观；1549—1620年建设的波波利花园、1612年建设的卢森堡花园、1656年建设的沃勒维孔特城堡、1665年后建设的巴黎凡尔赛宫等均使用了放射状轴线。轴线和不同的焦点透视能够将园林、建筑与景观融合为一体化的几何布局。具体来说，通过不同方向的轴线可将林荫道、运河、花圃、树篱形成的绿色构筑物，以及位于轴线上的建筑、水景和雕塑等共同融合为一种特定的几何型的景观。

例如，蒙塔尔托别墅景观设计中的具有系统贯穿作用的林荫大道一直延伸出别墅园林的边界，指向罗马的地标建筑物。林荫大道有着明确的起始点，起着鲜明的轴线作用，周围分布着各种建筑和雕塑。这一林荫大道的景观设计不仅使得人们在蒙塔尔托别墅内部可以享受和观看到独特的美景，还具有较强的实用功能，可以供别墅中居住的人散步、纳凉或休憩。除此之外，在蒙塔尔托别墅外部的建筑物也可以借助林荫大道而形成独特的景观。除林荫大道外，蒙塔尔托别墅还打破了轴线设计常规，设计

了一条水上轴线，通过路径安排来使人们感受空间和水流变化所带来的强烈视觉感受。16 世纪中期，蒙塔尔托别墅式的中轴线又称巴洛克轴线，其景观设计被推广到整个罗马城。

又如，位于意大利的阿尔多布兰迪尼别墅（Villa Aldobrandini）以宫殿作为透视焦点，在轴线上依次分布着花园、水上戏剧院、瀑布等，并以弗拉斯卡蒂小镇作为前景，以罗马作为后景，使整个别墅具有一种十分壮观和戏剧性的空间感。

再如，位于佛罗伦萨皮蒂宫后的波波利庭园建于 16 世纪中期，该庭园的设计师利用皇宫后面的一条小峡谷的地形构筑了一个半圆形类似剧场看台的凹地，庭园中贯穿着一长长的中轴线，中轴线的一端始于皇宫，另一端则通向峡谷最高处，从而使得整个庭园的布局呈现出规则的对称形状。园中有宽阔的卵石林荫道、奢侈的雕塑与喷泉等。

2. 注重雕饰与微型景观的设计

巴洛克景观艺术设计中除了有利用中轴线形成的几何图案，还十分注重雕饰与微型景观设计。通常在设计中使用大量岩洞、雕塑、壁龛、石柱、柱廊、喷泉、水池等点缀性的小品。以水景的塑造方法为例，巴洛克景观艺术中的水景设计突破了以往简单的喷泉、瀑布和水池等设计手法，形成了独具特色的水剧场、水风琴、惊愕喷泉以及秘密喷泉等多种形式的水景。

例如，阿尔多布兰迪尼别墅是一种典型的台地园结构的别墅。该别墅中的水景观十分丰富。别墅在入口西北方设立了穆尼西彼奥广场，该广场上的三条放射性林荫大道通向园亭前的底层露台，其中位于中央的一条林荫道穿过园亭的中心，其后设有阶梯式瀑布。林荫道一直通向第一层台，层台外墙上设有小型喷泉洞府，第二层露台台座壁上设有大喷泉，并且设有露台，露台一侧为规则排列的绿树，另一侧则为规则庭院，东侧花园中则设有绿廊和船形喷泉。除此之外，庭院还设有著名的水剧场，水剧场依山而建，是整个庭院的中心。水剧场右侧还设有水风琴，发出如鸟鸣或雷鸣的声音。水剧场后则为水台阶，水台阶上还设有一系列小型瀑布。最上层的露台上则设有田园牧歌式的泉池，池边设有两个农夫的雕像，顶层台地的中央还设有乡村野趣式的泉池。除此之外，该庭院中还设有洞府和壁龛，壁龛内设有丰富的水景和塑像。在该别墅中步步行来，微型景观设计处处可见，且极为精巧和华丽。

又如，伊索拉·贝拉别墅也是典型的巴洛克风格设计，该别墅也是意大利巴洛克设计的卓越代表。伊索拉·贝拉别墅建于一处岛屿上。该岛屿上分布着参差错落的别墅建筑群和多层园林平台，远观就如同一艘花船一般。小岛的西北角建有圆形码头，从此处登上台阶即可到达别墅的前庭。别墅建筑面朝东北方的湖面，建筑群既包括侧翼，又包括收藏艺术品的长廊。整个别墅建设成两层台地，上层台地上建有剧场，有瓶饰和雕塑点缀。剧场正中设有赫拉克勒斯雕像，两侧设有壁龛，其中设置了各式希腊神话雕像。下层则为丛林，通向台地花园。此外，别墅中还设有弧形巴洛克水剧场，剧场中设有三层连续拱形壁龛，中间置有古代神像。整座别墅的雕饰与微型景观十分丰富。

第三节　17—18 世纪的西方景观设计

文艺复兴时期，欧洲资本主义得到了较快发展，由于资本主义发展的不平衡，相应的资本主义文化在各个国家的表现也不相同。意大利的资本主义萌芽较早，然而受到战争等外界影响，意大利的经济与政治动荡不安，民生凋敝，整个国家陷入了四分五裂的状态。进入 17 世纪后，英国和法国两国的资本主义取得了较快发展，经济的发达带来了文化的繁荣，这两个国家的景观设计也呈现出新的发展特点。

一、17 世纪的法国古典主义设计

古典主义是 17 世纪时期在法国以及整个欧洲流行的资产阶级文化思潮。文艺复兴运动结束后，欧洲景观设计进入了新的发展时期。这一时期，随着古典主义艺术思潮的崛起，古典主义成为法国文化艺术生活的主流，并且戏剧、美学、绘画、雕塑、建筑和景观艺术均受到古典主义艺术思潮的影响，尤其是景观艺术，呈现出了全新的特点。

（一）古典主义艺术思潮的兴起与特点

17 世纪，欧洲国家普遍遭受了战乱与纷争，意大利也在内乱中耗尽了精力。反观法国则在路易十四时期巩固了国家统一，并实行中央集权制度，将君主专制制度推向最高峰。这一时期的法国经济繁荣，国力强盛，并且通过不断对外扩张成为了欧洲世界的霸主，开创了法国历史上的"伟大时代"。这一时期的法国在文化上形成了古典主义，而欧洲造园和建筑的中心也从意大利转移到了法国。

法国古典主义艺术受君主专制政治和笛卡儿理性主义哲学的影响，宣扬个人利益服从封建国家的整体利益；一切艺术形式都在歌颂路易十四，都为君主专制服务。它们都体现了一种基本特征——伟大风格[1]。法国古典主义哲学的基础是唯理论主义。17世纪，法国出现了两位十分重要的哲学家，即伽桑狄和笛卡儿。伽桑狄认为感觉是知识的唯一来源，国家只是一种分工，而这种分工应建立在一种社会契约的基础上。笛卡儿在法国古典主义的发展中起着十分重要的作用。笛卡儿是法国理性主义的奠基人，他认为真理的标准存在于理性之内。他反对宗教权威，主张人们应该用理性代替盲目信仰。笛卡儿曾指出理性的美的特点："这种美不在特殊部分的闪烁，而在所有各部分总体看，彼此之间有一种恰到好处的协调和适中，没有哪一部分突出压倒其他部分，以致失去其余部分的比例，损害全体结构的完美。"[2]伽桑狄和笛卡儿的哲学观决定了

---

① 张健健.20 世纪西方艺术对景观设计的影响 [M]. 南京：东南大学出版社，2014：2.
② 孙惠柱.戏剧的结构与解构 [M].上海：上海人民出版社，2016：6.

法国古典主义以理性主义为旗帜，对法国乃至欧洲产生了较大影响，成为法国古典主义的思想基础和理论基础。此外，17世纪，随着自然科学的进步，人们对世界的看法发生了一定的变化，尤其是数学、生物、天文学、力学、化学以及生物学和解剖学的发展，使人们的思想产生了较大的解放。因此，17世纪的理性主义思维在文化艺术上表现十分突出。17世纪中叶至18世纪初期，法国的专制王权进入极盛时期，这一时期，为了体现法国强大的君主制专政体的新秩序，以及专制王权下的文化艺术的伟大风格，路易十四设立了一批专门的文化艺术学院。这些学院包括1655年成立的绘画与雕刻学院、1661年成立的舞蹈学院、1666年成立的科学学院、1669年成立的音乐学院、1671年成立的建筑学院等。在这些专门性学院的教育下，法国艺术在宫廷文化的倡导和引领下，建立和制定了严格统一的规范，并对各行各业提出了相应的理论，奠定和推动了法国古典主义艺术的发展。

法国古典主义艺术风格主要体现在绘画、文学、戏剧、建筑、景观等等各个方面。古典主义所崇尚的理性美表现在绘画中，则体现为在画面的结构、比例以及光线的明暗等方面表现出独特的特征。

文艺复兴后期的美术艺术出现了明显的衰落现象，文艺复兴晚期，并没有出现继美术三杰后的较为出色的代表画家。继意大利文艺复兴中美术三杰之后，西方的绘画艺术演变成了两大派别：一个是巴洛克和洛可可风格的绘画艺术；另一个则是古典主义学院派。早在15世纪，意大利就出现了专门的美术学校。到了16世纪，意大利卡拉奇兄弟在博洛尼亚开办了相对正规的美术学院，一边教授学生，一边为宫廷和贵族创作大型壁画。这些学院在授课时十分严格，对学生进行扎实的基本功训练。进入17世纪后，意大利的美术学校中所流行的古典主义学院派风格逐渐在英国、法国和俄国流传开来，尤其是在法国，这一绘画风格受到了法国官方的支持，因而势力和影响最大。古典主义美术的基本特征主要表现在以下几个方面。首先，古典主义绘画十分重视规范性。这里的规范性是指题材、技巧以及艺术语言的规范。例如，以古典神话、宗教、人物等作为主要题材。其次，重视典雅，即对粗俗的艺术语言进行批判与排斥，要求艺术语言有高尚端庄、温文尔雅的特点，反对激烈的有个性特点的艺术语言，追求理性与共性。再次，古典主义绘画重视传统，即学习传统绘画题材、手法和艺术语言，反对绘画改革。最后，重视技巧。古典主义绘画十分注重对基本功的训练，强调素描的重要性。17—18世纪，法国古典主义美术的代表人物有普桑、克劳德·洛兰、拉图尔以及勒南兄弟等。其中，普桑是17世纪法国最伟大的古典主义画家，同时是法国古典绘画的奠基人。普桑的绘画作品多以神话、历史和宗教故事为题材，在绘画艺术中表现出了一种严谨的、建筑性几何结构原则，具有较强的象征性、秩序性，对法国的古典主义绘画艺术产生了深远的影响。除此之外，普桑还是法国风景画的奠基者，主要作品包括《台阶上的圣家族》《圣母升天》《牧羊人的朝拜》等。克劳德·洛兰与普桑处于同一个时代，二人均多次在罗马近郊的古代废墟和自然丛林中写生作画，追求共同的理想境界。与普桑相比，洛兰对古典主义氛围的感受十分强烈，在自然中寻求古典黄金时代田园牧歌的世界，从而表现出了强烈的古典主义风格。其主要代表作品包括《示巴女王上船》等。除了普桑与洛兰，雅克·路易·达维特也是法国古典主义画家。路易·达维特出生于巴黎的中产阶级家庭，青年时期曾认真研究过法国画家普桑、布歇、格勒兹、意大利画家卡拉瓦乔等人的创作，从而形成了独具特色的法国古典主义绘画风格。

法国古典主义戏剧作品也以古典主义理性原则为基础，这一时期的剧作家的代表有莫里哀、高乃依和拉辛等人。法国古典主义戏剧歌颂王权，强调以理智战胜感情，以及整个剧本严格在一个情节、一个场面中表现出来，故事的时长不超过 24 小时。法国古典主义戏剧还将古希腊、古罗马戏剧奉为典范，在戏剧创作中，所有的故事和人物均来自古代传说、古代文学艺术作品等，这些作品和故事反映了独特的个人倾向和自由倾向。同时，古典主义戏剧理论家制定了一整套需严格遵守的戏剧戒条，即"三一律"。总体来说，法国古典主义具有理性、典雅、逼真、遵循"三一律"、悲喜剧之间的分别明显等特点。法国古典主义的代表作家与作品主要包括以下内容：高乃依的《熙德》《贺拉斯》《西娜》等剧本，以及莫里哀的《伪君子》《悭吝人》等作品，拉辛的《亚历山大大帝》《安德洛玛克》等戏剧作品，这些作品均是严格遵循古典主义戏剧规则的典范。

法国古典主义音乐艺术表现出较为鲜明的崇尚理性、音乐语言朴素精练、形式严谨和谐以及表达淳朴而真挚的情感的特点，在题材上表现出较强的人性解放和英雄主义崇拜色彩。从整体上来看，古典主义音乐与文艺复兴时期的音乐相比，差异主要表现在从宫廷走向社会大众；强调主调音乐形式，加强旋律与和声的对应；确立了曲式分段式结构原则；追求音乐的客观美，拓宽了音乐的表现范围和表现力，以及使用交响曲、协奏曲、奏鸣曲、四重奏的方式演奏音乐等。

无论是绘画、戏剧还是音乐，均表现出较强的理性主义特点，强调艺术规则与规范。

（二）法国古典主义景观设计及其特点

法国古典主义建筑继承了法国古典主义的风格，即崇尚理性主义，强调秩序与规则，通常表现出较强的封建王权色彩，政治色彩浓郁。

法国古典主义建筑的典型特点为恪守古罗马规范，排斥民族传统和地方性特点，尤其是崇尚古典柱式建筑，崇尚理性主义。法国古典主义理论家 J·F·布隆代尔曾说："美产生于度量和比例。"因此，布隆代尔认为，意大利文艺复兴时期的建筑师通过测绘研究古希腊罗马建筑遗迹得出的建筑法式是永恒的金科玉律，并指出古典主义柱式为构图的基础，同时崇尚意大利文艺复兴时期的轴线的运用，强调建筑的对称美、注重建筑的比例以及主从关系。

早在古希腊时期，一批古典哲学家，如毕达哥拉斯和柏拉图等人，就创立了理性主义的美学观。法国古典主义建筑的发展按时间划分主要可分为三个阶段：第一阶段为 16 世纪上半叶到 17 世纪中叶，即法国古典主义发展的早期阶段；第二阶段为 17 世纪下半叶，即法国古典主义发展的盛期阶段；第三阶段为 17 世纪末至 18 世纪初，即法国古典主义发展的衰退阶段。在古典主义的早期阶段，法国建筑师受意大利文艺复兴时期建筑的影响，建筑活动集中于世俗建筑，这一时期的建筑景观主要包括 1137 年开始修建的枫丹白露宫、1204 年开始建造的卢浮宫，以及 1564 年开始建造的丢勒里宫等。17 世纪，法国经历了宗教混战，之后逐渐趋于安定，法国的经济也相应进入了稳定发展时期。这一时期，王宫和府邸建筑活动重新开始活跃，并且强调纪念和歌功颂德的功能。这一时期的代表性建筑包括 1656 年的维康府邸、1642 年开始修建的麦松府邸等。除宫殿建筑外，法国早期古典主义建筑还有一种类型，即象征君权至高无上的城市广场，如巴黎皇家广场、凯旋门广场等。法国古典主义盛期阶段的主要代表性建筑为宫廷建筑。例如，凡尔赛宫是这一时期的重要的标志性建筑。在法国古典主义衰退阶段，法国君主专制政体出现了种种危机，这一时期的古典主义建筑主要为私家住宅、构筑沙龙，追求生活的品位和享乐。

法国古典主义建筑以宏大的规模、庄严尊贵的气势、理性的构图和匀称的比例象征着王权的荣耀和神圣不可侵犯，这一风格的建筑迎合了欧洲其他君主政权国家对宫廷建筑的要求。因此，法国卢浮宫建成后，引发了欧洲各国的效仿之风。

17 世纪，路易十四领导的法国进入强盛时期，这一时期，法国出现了景观设计师安德烈·勒诺特尔（André Le Nôtre），其设计的沃·勒·维贡特庄园（Vaux-le-Vicomte Castle）和凡尔赛宫（Palace of Versailles）是法国古典主义景观设计中最具有代表性的设计。

凡尔赛宫是欧洲最大的王宫，也是法国古典主义建筑的代表作品。凡尔赛宫的修建开始于 1661 年，源于当时的法国国王路易十四对当时所住宫殿的不满，他计划将原来的皇家狩猎场凡尔赛开辟为庞大的王宫。1667 年，勒·沃·哈尔都安和勒诺特尔为凡尔赛宫设计了花园与喷泉，1674 年，建筑师孟莎接手了工程的修筑。1688 年，凡尔赛宫主体部分建筑完工。早在凡尔赛宫主体完成之前的 1682 年 5 月 6 日，路易十四就迫不及待地将法兰西宫廷从巴黎迁往凡尔赛。1710 年，整个凡尔赛宫殿和花园的建设全部完成，并成为欧洲规模最大、最雄伟、最豪华的宫殿建筑，也成为法国和欧洲贵族的活动中心，一大批贵族与艺术家云集于此，使这里迅速成为法国新的艺术中心和文化时尚的发源地。之后经过法国历代国王的扩建与修整，1762 年，法国王室迁往凡尔赛宫定居。从凡尔赛宫的建筑本身来看，该建筑左右对称，造型和轮廓显得整齐、庄重而雄伟，处处体现出理性美。凡尔赛宫的整体可分为三个部分，即宫殿建筑本身、花园和林园。宫殿建筑以东西为轴，南北对称。室内的装饰极其华丽，主要装饰风格为巴洛克风格和洛可可风格。凡尔赛宫的正前方是一座具有法兰西式风格的花园（如图 2-5 所示）。

图2-5　凡尔赛宫花园

　　凡尔赛宫西侧的花园是法国著名设计师勒·沃·哈尔都安和安德烈·勒诺特尔设计的，体现出了鲜明的勒诺特尔式景观设计风格，即整个花园的平面布局主从分明、秩序严谨，呈现出了铺展式延伸，并且综合运用轴线与水景、植物等打造出了极具特色的几何图案。凡尔赛宫在整体建设中采用意大利园林轴线对称的手法，从建筑物开始沿着一条主要轴线向前延伸，并以轴线为中心，对称布置其他部分，花坛、雕像、喷泉等元素分布和贯穿整个凡尔赛宫。这一景观成为凡尔赛宫花园的主要景观，在这条主轴线上分布的植坛、喷泉和雕像则构成一个个微型景观，成为主景观线上的一颗颗闪亮的珍珠。凡尔赛宫花园的主从分明的构图体现出了绝对君权的政治思想。除此之外，凡尔赛宫花园布局还呈现出空间疏密有度的特点。凡尔赛宫苑的轴线上呈现一种开敞的形式，两旁密植着郁郁葱葱的树林，形成了整个轴线的空间，同时成为花园的背景。在这些树林中，还布置了林间空间和丛林园，这种开放性的设计使得整个凡尔赛宫花园的空间大小、疏密有致，空间对比十分强烈。在凡尔赛花园的整体空间中，运河将地块分为4个部分，其中北部为皇家广场，东部为特里农区，南部和西部的景色则较为密集。整个花园充分利用地形的差异，布置了多条小轴线，形成了一个个几何体构图。此外，整个凡尔赛花园的水体装饰景观和雕像较多，其中包括泉、瀑、大运河、瑞士湖和大小特里亚农宫、水池或沟渠以及美丽的喷泉雕塑等。

　　整体空间上利用宽阔的道路形成贯通的透视线，布局上显得整齐、均衡、对称，前后一线贯穿，左右成双成对，组织和规律性较强，构造出了前所未有的恢宏景观。

二、18 世纪的英国学派景观艺术设计

　　"学派"一词是指由思想、方法相同或相近的思想家、学者或者风格相似的艺术

家所组成的群体[①]。进入18世纪后，随着欧洲的经济和政治中心逐渐向英国转移，景观艺术设计中的英国学派崛起。这里所谓的英国学派即英国风景园林学派，指在英国特定的自然气候条件、地形和地质特色以及社会特征中体现出来的特有的景观设计方法[②]。

（一）英国学派兴起的背景

英国学派兴起的背景包括启蒙运动的影响、自然风景画的影响、中国景观艺术的影响等几个方面。

1. 启蒙运动的影响

18世纪上半叶，英国的文艺思想得到不断深化，这一时期，人类在科学、哲学、政治等方面取得了重要发展。欧洲启蒙运动是指从14世纪的文艺复兴运动开始，至16—18世纪的作为资产阶级革命前导的反封建、反宗教的思想解放运动。欧洲启蒙运动持续了约400年，于18世纪中期从法国传入英国。法国启蒙运动根植于各种沙龙。启蒙运动在欧洲各国的表现并不相同，纵观整个欧洲启蒙运动，主要产生了两种不同的思潮和文化：一种是以笛卡儿为代表的哲学家以人的意识为对象进行研究并提出的理性主义的逻辑方法；另一种是以英国哲学家约翰·洛克、培根以及英国科学家牛顿等为代表的学者提出的经验主义的逻辑方法。经验主义认为，经验是所有知识的基础，相信人类是自然的主宰而不再是牺牲品，人类可以通过经验和科学治疗疾病。与此同时，自然科学在18世纪时取得了巨大进步。其中，法国自然学家乔治·布封在《自然史》（*Natural History*）一书中对自然界已知事物进行了详细描写，这部著作发表后引发了上流知识分子对自然史的关注，并且使他们开始关注自然生物。现代植物分类学之父林奈出版了一系列植物学的重要著作——《植物种志》《植物属志》，创立了植物双名法，对世界各地的植物进行了详细分类，并且进一步规范了植物命名的规则。自然科学的新发现推翻了众多欧洲长久以来约定俗成的传统理念，科学的进步促使人类进一步从全新的角度来认识自然，并重新认识人与自然的关系。尤其是植物学的研究发现与成果为园林中植物的应用与发展奠定了基础。

18世纪，启蒙运动的发展与成果进一步打破了迷信与宗教思想，推动了人类思维进一步发展。尤其是英国经验主义的兴起为英国景观艺术打破法国古典主义思潮的局限，开创全新的景观艺术学派奠定了良好的基础。

2. 自然风景画的影响

自然风景画是一种以描绘自然景观为主的绘画题材，在文艺复兴时期取得了较快

---

① 吴泽民.欧美经典园林景观艺术（近现代史纲）[M].合肥：安徽科学技术出版社，2015：57.

② 徐茜茜，王欣国，孔磊.园林建筑与景观设计[M].北京：光明日报出版社，2017：220.

发展。其中，英国景观艺术的发展也受到自然风景画的较大影响。例如，沃尔波尔在1780年发表的《论现代园林》一文中指出，风景画画家克劳德·洛兰影响了英国风景园林的发展。克劳德·洛兰是法国古典主义风景画家，其在风景画上取得了较大成就。

16世纪至17世纪，自然风景画法在欧洲画坛崛起，自然风景画以忠实地描绘自然的做法表现欧洲北方辽阔的远景和地貌全景，备受关注和赞誉，然而自然风景画的绘画方法在当时也遭到了一些画家等艺术家的嘲讽或异议。尽管如此，自然风景画仍然受到了大多数人的推崇与喜爱。自然风景画是对自然景色的一种理性认识，既可以是对自然真实景色的写生，也可以对自然景色按照记忆或需要进行重新编排。自然风景画主要涉及绿草、田野、树木、山石、河流等元素，而风景园林的设计中也主要涉及这些因素，并对这些因素进行了重新编排，从而呈现出了赏心悦目的艺术效果。

克劳德·洛兰的绘画中并没有出现当时常见的风景画中的带有围墙的城镇和宫殿的庭院，以及美丽的花床，而是多以自然荒野为题材，着重表现和描绘了半荒野的乡村田园风光。他的画作中常常出现的并不是精致的房舍或宫殿，而是简陋的农舍，以及想象中的古代寺庙。除此之外，克劳德·洛兰还十分擅长还原神话中的场景，如古希腊阿卡迪亚的田园牧歌式的生活情景。克劳德·洛兰的古典田园风格的风景画对西方风景画创作产生了极其重要的影响。19世纪，英国著名的浪漫主义风景画家约翰·康斯坦博尔十分推崇克劳德·洛兰："他是至今世界上最完美的风景画家……在他的画中，所有的景物都是秀丽优美的、都是可爱的、都是舒适宜人和宁静的，是让人内心平静的阳光。"① 这些画作突破了文艺复兴时期以宗教、神话或宫廷生活为主的限制，在当时的英国备受推崇，许多贵族和庄园常常在国外旅行时购买风景油画，并且希望以这类风景画重新建设他们的花园景观。

3. 中国景观艺术的影响

1687年，中国景观艺术设计的理念传入法国，引发了欧洲景观艺术设计师的关注。最先将中国景观艺术尤其是中国园林艺术介绍到欧洲的是欧洲的传教士和画家。例如，法国传教士兼画家王致诚出生于法国的多尔，其于1733年成为中国清朝时期的宫廷画家，并创作了传世名画《十骏图》等。其在给法国友人的信中介绍了中国圆明园的景观，这些信件在欧洲各国广为流传，引发了较大反响。

1697年，莱布尼茨出版了《中国近事》（*Novissima Sinica*）一书，该书对中国孔子的伦理观进行了赞赏，并在对中国哲学家的思想进行赞同的同时，对以中国为代表的东方景观艺术进行了介绍。这一时期，法国反专制及教会的思潮兴起。受中国艺术和文化的影响，法国凡尔赛宫廷景观设计中也加入了一定的中国元素，作为对古典主义的逃避。中国的景观艺术设计并不是以一种全新的景观理念的形式对西方景观艺术设计产生影响，而是与西方17世纪时出现的洛可可风格融合在一起，共同影响西方景

---

① 吴泽民. 欧美经典园林景观艺术（近现代史纲）[M]. 合肥：安徽科学技术出版社，2015：58.

观艺术设计。

　　17世纪，中国景观艺术传入英国，英国学者威廉·坦布尔爵士在1687年出版的《伊壁鸠鲁的花园》（*The Garden of Epicurus*）一书中，对中国花园的非规则之美进行了赞誉，他将那些美感突出但无秩序可言，而且极易被观赏到的地方命名为"霞拉瓦吉"。进入18世纪后，中国景观艺术对英国景观设计产生了更加深入的影响。1728年，贝蒂·兰利在其著作《造园新原理》（*New Principles of Gardening*）一书中对中国作风与理论进行了详细阐释。1757年，威廉·钱伯斯爵士出版了《中国建筑设计》一书。这些书籍对中国景观艺术设计进行了或概括或详细的介绍，为中国景观设计对英国景观设计的影响奠定了基础。

　　17世纪时期，当意大利和法国景观设计流传欧洲时，英国景观艺术的发展则受到了中国景观艺术的较大影响。英国著名的政治家威廉·坦普尔爵士曾在《论埃皮克鲁园林》一文对中国建筑和园林之美进行了毫无保留的赞誉，他称："我们的建筑和园林之美主要靠一定的比例，对称统一、整整齐齐，而中国人瞧不上这种做法，他们最用心的地方在于把园林布置得极其美丽动人，而不易看出各部分是怎样糅合在一起的，虽然我们对这类的美毫无所知，但是它们一眼看上去对劲，就会说绝妙，或者其他的词汇。"[①]当时法国古典主义景观设计理念以规则性而著称，在当时的西方人看来，中国景观设计理念突破了法国古典主义景观设计的规则性，从而为欧洲景观设计带来了一种极新鲜的景观设计理念。威廉·钱伯斯也是当时极其推崇中国景观设计的学者之一，其在《寺庙、房屋、园林及其他》的文章中指出，中国园林的艺术精华是师法自然，范本就是自然，目的是要模仿自然的不规则之美。这对中国景观艺术的概括可谓十分精准[②]。1772年，威廉·钱伯斯出版了《东方园林概论》一书，其中对中国的园林景观艺术家给予了极高评价，同时强烈推崇中国园林景观艺术中的自然化、不规则、浪漫的景观设计风格。在这些学者的大力推广和宣传下，英国景观艺术设计开始借鉴中国景观艺术设计的师法自然的特点，这为英国景观艺术设计突破法国古典主义景观设计、开创全新的景观设计流派奠定了基础。

（二）18世纪的英国学派景观设计及其特点

　　18世纪的英国学派景观设计受到中国园林景观设计等因素的影响，开始打破当时风靡欧洲的意大利景观和法国景观艺术的设计方法，借鉴中国园林的设计方法，开始打造自然风景园。18世纪中叶，自然风景园开始风靡英国。

　　英国自然风景园充分利用地貌特点，以及英国温湿气候下生长着丰富植物的特点，营造了以一种风景或植物为主题的专类园，如蔷薇园、芍药园等。英国自然风景园林的特点是表现自然美、追求田野情趣，因此摒弃了古典主义风景设计中的几何图

---

①　吴阳，刘慧超，丁妍.景观设计原理[M].石家庄：河北美术出版社，2017：62.

②　李开然.风景园林设计[M].上海：上海人民美术出版社，2014：125.

形，而是采用自然圆滑的曲线作为园林的轴线或道路。园中设有大片草地以及自然水池，并且以小型建筑点缀其中，表现出了独特景观。

随着英国自然风景园的出现，英国涌现出了一批自然风景园林的理论家与实践者，他们在英国自然风景园林的发展中起着十分重要的推动作用。根据英国学者特纳的观点，可以将英国风景园林的发展划分为三个阶段，这一观点得到了大多数学者的认同。其中，第一阶段为奥古斯汀风格时代。这一时期，英国风景园林主要受到古典主义、风景画和诗歌的影响，这一时期的主要风景园林设计师的代表有威廉·肯特、史蒂芬·史威兹尔、查尔斯·布里奇曼等，代表作品包括百灵顿大屋、克莱尔蒙特、罗沙姆园林、斯道园等。第二阶段为蜿蜒风格时代，体现出了古代浪漫主义的特点，这一时期的代表性设计师包括兰斯洛特"能人"布朗、约翰·伍德等人，代表作品包括布伦海姆宫、佩特沃斯庄园以及伯莱尔林园等。第三阶段为如画意的自然美园风格时代。我国学者吴泽民在其《欧美经典园林景观艺术（近现代史纲）》一书中将英国自然风景园的主要风格与流派概括为五种，主要包括森林风格、奥古斯汀风格、蜿蜒风格、如画意的自然美园风格、风景风格。

森林风格出现于 18 世纪初期，这种风格从巴洛克风格的景观设计发展而来，因此保留了巴洛克风格的放射状图案布局，并且以田园性和实用性设计为主。森林风格的主要代表人物为史蒂芬·史威兹尔，"森林风格"这一术语也是其提出的，其在著作中指出："乡村宅邸、庄园的设计归之于花园、树林、林园（Park）及围场等，因此统称为森林，或是一种更为方便的乡村园林风格。"[①] 史蒂芬·史威兹尔认为，森林风格园林较之巴洛克风格更加经济和美丽。比如，森林风格园林在天然森林中开发出了林荫道，不喜欢高大的围墙，并推倒围墙，从而创造出更加开阔的自然景色。史蒂芬·史威兹尔在推动英国园林风格改革中起了主要作用。

森林风格十分注重植被建设，在道路两侧种植乔木构成林荫道，除此之外，森林风格的围墙十分低矮，越过低矮的围墙可以观看到远处的乡村景色，并且一般在园林围墙的转角处设有棱堡。18 世纪前半叶的英国自然风景园林展现出了鲜明的森林风格。例如，格洛斯特郡的赛伦塞斯特林园为森林风格的设计。除此之外，特威肯汉姆宅邸中的林园也具有典型的森林风格特点。森林风格的设计特点还影响了之后英国的自然风景园的设计风格。

奥古斯汀风格出现于 18 世纪初期，这一风格源于早期罗马帝国诗人以及文学作家们追思西方文化的起源及古典主义建筑学、英雄偶句诗体。这一时期的英国贵族宅邸常常按照田园风格设计，并且采用了十分简单而经典的建筑风格。奥古斯汀风格的代表性设计师主要为亚历山大·波普、伯灵顿勋爵、威廉·肯特等人。其中，亚历山大·波普是一位伟大的新奥古斯汀诗人，其在奥古斯汀风格的自然风景园景观设计中起着十分重要的推动作用。英国伯灵顿勋爵是一名业余建筑师，同时其在当时的英国

---

① 吴泽民.欧美经典园林景观艺术（近现代史纲）[M].合肥：安徽科学技术出版社，2015：61.

文学艺术圈中也有十分重要的影响。伯灵顿勋爵在伦敦建造了新古典主义风格的奇西克庄园，这座庄园被部分学者誉为伦敦保留最完好的新古典主义风格建筑实例。该庄园是由伯灵顿与威廉·肯特共同设计改造的。奥古斯汀风格的主要特点是增加了农舍、柱式寺庙、雕塑、仿制的埃及物品、岩穴、蜿蜒的步道、瀑布、水体等隐垣景观建筑。威廉·肯特是奥古斯汀风格的主要代表性景观设计师，其设计的主要原则是园林景观之间的透视关系、树冠的浓淡对比以及不同程度的空旷与遮蔽关系。威廉·肯特十分喜欢在景观设计中装饰古代雕塑或景观，这一点与18世纪的其他英国风景设计师有着相同之处。奥古斯汀风格的代表性建筑设计包括奇斯维克大屋（Chiswick）、克莱尔蒙特（Claremont）、罗沙姆（Rousham）、斯道（Stowe）等，这些景观中的林荫道设计带有较强的森林风格特点，除此之外，在湖泊以及沼泽等水体的设计上，则表现出蜿蜒风格特点。

　　蜿蜒风格出现于18世纪中叶，该风格的主要代表性设计师为兰斯洛特·布朗，即"能人"布朗，因此该风格又被称为"布朗风格"。该风格的主要特点是在设计中广泛运用流畅自由的各类曲线，以及铺到屋前的草坪、环形的树丛、蜿蜒曲折的湖泊、环绕的林带、环形的四轮马车道等，这种风格较少运用于园林建筑。该风格的典型设计代表作品大多由布朗主持或参与设计，如布伦海姆宫苑、佩特沃斯花园等。其中，伯伍德宫苑是蜿蜒风格景观设计中至今保存较好的景观设计之一。伯伍德宫苑占地约8.1平方千米，在该宫苑的设计中，"能人"布朗将原有的池塘扩大并改造成了岸线复杂曲折、长约1千米的大湖，并且设计了从屋前沿缓坡伸展的大草坪，其中遍布成丛的大树，并且布置了专门的针叶树种园和希腊多立式装饰性小寺庙建筑。蜿蜒风格的景观设计主要从奥古斯汀风格发展而来，尽管"能人"布朗是蜿蜒风格的代表性设计师和集大成者，但在过渡时期仍然出现了一些杰出的景观设计师，如约翰·范布勒、霍金斯姆、劳德·卡莱尔等。例如，霍华德城堡中的亨得斯可夫路径即采用了弯曲的草地式园路设计，初步具有了蜿蜒风格的特点。除此之外，霍华德城堡中还实施了一系列具有改革性的举措，这些举措在一定程度上打破了几何形的对称和平衡的局限，并开始朝着不对称并运用蜿蜒曲线的摆动的方向发展。蜿蜒风格的自然景观设计的代表还有斯塔德利皇家园林、罗沙姆、斯特海德等。

　　如画意的自然美园风格出现于18世纪末期，这一时期，英国自然风景园林的设计进入瓶颈期，英国园林风景理论学者已经过了4代。1793年，三位英国人危达勒·普拉斯、理查德·耐特和汉弗莱·雷普顿对之前的英国自然风景园林设计理论进行了改革，改革后的英国自然风景园林设计风格被称为如画意的自然美园风格。他们反对精心设计的蜿蜒风格，而主张花园应该模拟自然，较少装饰，本着自然特色，凸显出荒芜、粗野、无装饰的特点。如画意的自然美园风格特点是强调景观设计如同风景画一样，推崇荒芜的、粗糙的与草木丛生的园林美学，以满足人们对于风景画、旅游、冒险和科学知识的渴望。在如画意的自然美园风格设计中，可以见到大量的曲折的线条以及大量树木，这里的曲折不同于蜿蜒风格中平坦圆滑的曲折，而是一种不规则的曲折。如画意的自然美园风格设计理论家认为，蜿蜒风格是一种"单调光秃的""修剪过的""不自然的"景观设计。如画意的自然美园风格不是将园林作为居家游憩、公众聚集等地，而是将其作为一种收集外来植物的场所，通过引进种植外来植物，将园林改造成为"如画"的林园圃。如画意的自然美园风格的典型代表包括斯科特尼城堡、皇家邱园植物园、卡拉威花园、伦纳德斯利花园、谢菲尔德林园内的花园等。其中，谢菲尔德林园虽然是如画意的自然美园风格，但最初由英国蜿蜒风格的代表设计师——"能人"布朗设计，之后由汉弗莱·雷普顿接手，在园中引进了大量来自北美的紫树等外来树种，构建了秋季变色树林，形成了极具自然特色风格的景观。

风景风格是来源于英国当代园林史学家特纳在其著作《英国园林设计：1650 年以来的历史与风格》一书中提及的风格，之所以将其命名为风景风格，是因为他认为其是一种过渡风格，这一风格将 18 世纪英国风景运动的诸多创新结合在一起。在 1793 年至 1947 年前后，该风格成为英国自然风景园林设计的主要影响因素。风景风格的特点是整个园区的景观按照建筑物距离的远近划分为近景园、中景园和远景园，其中近景园多为规则的几何花园，花园中种植了各类花木和彩叶树木，以供人们游憩；中景园则为大块的农牧森林地块，主要为蜿蜒风格的林园；远景园则为如意画的设计风格，以供人们远眺，在景观设计中尽量保持其自然风格，多包括自然森林、山地、河流或野生植被等因素。这种组合风格最初由英国学者威廉·吉尔平在《森林风景评说》一书中提出，由危达勒·普拉斯、理查德·耐特和汉弗莱·雷普顿等园林理论家进行了继承与发展。风景风格的典型代表包括哈雷伍德府邸园林等。

纵观英国自然风景园林的特点，英国自然风景园林经过了多个阶段的发展，在各个阶段诞生了许多著名的风景园林设计师和理论家，他们的景观理论与实践对西方景观设计的整体发展产生了重要影响，极大地推动了西方景观设计的进步。

第四节　19 世纪的西方景观设计

进入 19 世纪后，西方风景设计的发展开始步入综合发展的时期，19 世纪前期，西方传统园林景观中以法国勒诺特尔式和英国风景园为两大主流，两者一直处于此消彼长的发展状态。进入 19 世纪中叶后，西方景观设计中的花卉配置成为重点，从而带动了西方花园景观的发展。19 世纪末期，随着工业的飞速发展以及城市的扩张，出现了城市环境恶化的现象，这使得西方景观设计开始朝着花园城市和别墅园林两个方向发展。

一、19 世纪的西方景观设计的影响因素

19 世纪，随着工业革命的发展，社会生产力水平迅速提高，工业经济的发展推动了城市化建设。19 世纪的西方景观设计的影响因素主要包括政治因素、经济因素、文化思潮因素等多个方面。

（一）政治因素

1789 年，法国爆发了资产阶级革命，推翻了在法国统治了多个世纪的波旁王朝及其统治下的君主制。1789 年 8 月 26 日，法国大革命通过了《人权宣言》，宣布"人们生来是而且始终是自由平等的"，不久成立了制宪议会。1790 年 6 月，制宪议会废除了亲王、世袭贵族、封爵头衔，并且重新划分了政区，成立了大理院、最高法院，建立了陪审制度。制宪议会还没收教会财产，宣布法国教会脱离罗马教皇统治而归国家管理，实现了政教分离。1791 年，制宪议会制定了一部以"一切政权由全民产生"、三权分立为主旨的宪法，规定行政权属于国王、立法权属于立法会议、司法权属各级法院。不久，制宪议会解散，1791 年，法国正式成为君主立宪制国家。1792 年 8 月，巴黎人民起义，波旁王朝被打倒，君主立宪派的统治被推翻。巴黎人民起义后，吉伦特派取得政权。同年 9 月 22 日，成立了法兰西第一共和国。法兰西第一共和国成立后，没收了教会的财产，同时强迫贵族退还非法占有的公有土地。1793 年 1 月 21 日，路易十六被国民公会审判后判处死刑。1793 年 2 月，法国大革命的战火引发了欧洲各国封建社会的恐慌。1793 年 2 月，普鲁士、奥地利、西班牙、荷兰、萨丁尼亚、汉诺威、英国成立了反法同盟，对法国革命进行干涉。1793—1815 年，法国人民在拿破仑一世的指挥下开展了对抗反法同盟的一系列战争，即拿破仑战争。拿破仑战争前期，战争的目的主要是反对封建统治，战争巩固了资产阶级革命成果。

19 世纪时期，除拿破仑战争外，西方还爆发了普法战争、美国南北战争等一系列战争。19 世纪中期，普鲁士同法国因争夺欧洲大陆霸权和德意志统一问题，长期处于关系紧张之中，1870—1871 年，两国爆发了战争。1870 年 9 月 4 日，法国巴黎爆发革命，推翻了拿破仑三世的统治，成立了法兰西第三共和国。1871 年 5 月 10 日，普法两国在法兰克福签署了正式和约。此次战争以德意志的胜利而结束。这次战争为德国统一奠定了基础，同时结束了法国在欧洲的霸权地位。普法战争还直接促进了德意志国内市场和独立的经济体系的形成，为德国工业革命的发展奠定了基础。尤其是战争促进了德意志重工业的发展，推动德国资本主义经济呈现跳跃式发展。

1861 年 4 月至 1865 年 4 月，美国北方的资产阶级与南方封建的种植园主之间，自由劳动制度与南部奴隶制度之间的矛盾发展到了不可调和的地步，从而爆发了战争。此次战争为美国第二次资产阶级战争，战争以南方联盟炮击萨姆特要塞为起点，最终以北方联邦胜利告终。这次战争巩固了美国的国家统一，同时确立了北方大资产阶级在全国的统治地位。最终，南北战争消灭了南方的奴隶制，从而为美国的资本主义迅速发展扫清了道路。

西方社会一系列战争巩固了资产阶级革命成果，推翻了封建统治，为西方景观艺术的创新与变革奠定了政治基础。

（二）经济因素

18 世纪 60 年代，英国爆发了以蒸汽机的广泛使用为标志的工业革命。此次工业革命首先出现于工厂手工业最为发达的棉纺织业，"飞梭""珍妮纺织机"等的发明引发了英国纺织技术革命的连锁反应，揭开了英国工业革命的序幕。随着英国棉纺织业的发展，又出现了螺机、水力织布机等先进机器。与此同时，英国的采煤、冶金等许多工业部门也开始进行机器生产。机器生产的大规模普及引发了生产动力需求的挑战。1785 年，瓦特制成的改良型蒸汽机的投入使用为英国机器生产提供了更加便利的动力设施。动力问题的解决使得英国各行业中的机器应用得到了迅速推广，英国进入了"蒸汽时代"。机器生产的大规模普及又促进了交通运输行业的发展。随着瓦特改良型蒸汽机的发明成功，蒸汽技术被广泛应用于各个行业和领域之中。1807 年，美国人富尔顿制成的以蒸汽为动力的汽船试航成功。1814 年，英国人史蒂芬孙发明了"蒸汽机车"。1825 年，蒸汽火车试行成功。1840 年前后，英国的大机器生产基本上取代了传统的工厂手工业，工业革命基本完成。英国因此成为世界上第一个工业国家。英国工业革命的成功全面推动了英国资产阶级的发展。18 世纪末，工业革命逐渐从英国向西欧大陆和北美传播，之后传播至整个西方世界乃至全世界。

进入 19 世纪后，工业革命在西方社会流传和发展开来，因此对于西方世界来说，19 世纪可以称为"工业革命的世纪"。19 世纪初期，英国工业革命已经完成，然而整个欧洲大陆除比利时和法国少数大城市外，绝大部分地区仍然处于农业经济时期。这是因为受英国法律法规的种种影响，英国的先进技术并不能在第一时间传遍欧洲大陆。1824 年，英国取消了阻止熟练工人迁移国外的法律；1843 年，又取消了禁止出口机器的法律和法规，使英国资本主义发展中的大量资本以及技术流入欧洲其他地区。

欧洲大陆的工业革命较英国大约晚了半个多世纪，而同为欧洲大陆上的国家，比利时由于地缘优势，距离英国最近，因此最早受到英国工业革命的影响。1802 年，英国人威廉·科克里尔在列日附近的瑟兰创办了一家纺织机械厂，该纺织厂充分利用了英国工业革命时期的各种新技术和新手段，从而带动了比利时工业革命的发展。之后，工业革命迅速蔓延至法国、瑞士、德意志、俄国等欧洲大陆上的其他国家，而各个国家由于受政治体制以及国内资源的限制，工业革命的发展速度和发展阶段也不相同。18 世纪末和 19 世纪初期，法国受英国的影响，开始利用蒸汽动力进行机器生产，全面推动了法国经济的发展。法国国内的煤炭资源和铁资源之间存在一定差距，因此导致法国工业革命的发展受到了一定影响。19 世纪中期，法国工业革命基本完成，成为当时仅次于英国的工业国家。然而，19 世纪 70 年代后，由于受到普法战争的影响，法国作为普法战争的战败国将铁资源丰富的阿尔萨斯－洛林地区割让给了德国，在一定程度上减缓了法国工业革命的进程。

继法国之后，瑞士和德国的工业革命也发展起来。德国工业化的方式不同于法国。19 世纪，当时的德意志处于分裂时期，且受到交通工具与行会的影响，德国的发展开始加速。普法战争后，德意志不仅取得了战争的胜利，还实现了国家统一，得到了法国资源丰富的阿尔萨斯－洛林地区，得到了法国的大量战争赔款，这推动了德国工业革命的发展。除以上国家外，俄国的工业革命也发展起来。俄国的工业革命始于19世纪40年代，至19世纪80年代末基本完成。

美国工业革命开始于18世纪90年代，直到19世纪90年代才结束。具体可分为三个阶段：18世纪90年代至19世纪20年代是美国工业革命发展的第一阶段，这一时期是美国从商业资本主义向工业资本主义的过渡阶段；第二阶段为19世纪20—40年代，这一时期，美国工业迅速发展，工厂制造业进入繁盛阶段，砸棉机、缝纫机、拖拉机和轮船等新机器接连出现，极大地促进了美国机器制造业的发展，推动了新机器的普及；第三阶段为19世纪50—90年代，这一阶段是美国工业革命的完成阶段，随着美国工业革命的完成，美国也从农业大国发展为工业大国。

纵观19世纪西方工业革命的发展，主要表现出以下几个重要特点：第一，西方国家人口迅速增长；第二，西方国家城市化建设迅速发展；第三，工业革命引发产业结构、就业结构以及消费结构发生了变化。综上所述，19世纪的工业革命极大地推动了西方经济的发展，为西方景观艺术设计改革奠定了经济基础。

（三）文化思潮因素

在19世纪文化思潮的发展中，最重要的是浪漫主义思潮理论。"浪漫"一词来源于南欧一些古罗马省府的语言和文学。浪漫主义这一概念出现较早，时间跨度较长。其中，尤其是19世纪的浪漫主义思潮所产生的影响最大。浪漫主义思潮的产生建立于资本主义萌芽和发展的基础之上。浪漫主义思潮涉及文学、美术、音乐等艺术领域，在政治学、哲学等学科上都有所体现。浪漫主义包含了十分复杂的含义，其内容丰富且矛盾重重。

浪漫主义思潮的产生、存在与发展是由其所处的社会发展状况来决定的。18世纪，科学技术的发展与进步推动着工业革命在欧洲创造了一个又一个经济奇迹，为西方各国带来了极为丰富的物质财富，推动着人民生活水平的提高。而经济的发展、生活水平的提高以及科学的进步对西方人的物质和精神世界产生了重要影响，从而为浪漫主义思潮的产生奠定了良好的基础。

西方学者 R·塞耶和 M·洛维二人在《论反资本主义的浪漫主义》中对浪漫主义一词的释义为"浪漫主义既是革命的又是反革命的；是世界主义的又是民族主义的；是现实的又是虚构的；是复古的又是幻想的；是民众的又是贵族的；是共和国式的又是君主制的……这些矛盾不仅贯穿整个'浪漫主义运动'，还贯穿于一个作家的一生和他的全部著作。受工业发展和城市规模扩张的影响，甚至在他的同一本著作里也能看到这种矛盾"[①]。西方学者海涅认为，浪漫主义是一种生活态度，它"重主观而轻客

---

① 王林．西方宗教文化视角下的19世纪美国浪漫主义思潮 [M]．北京：中央民族大学出版社，2010：4．

观，贵想象而贱理智，诉诸心而不诉诸脑，强调神秘而不强调常识，既反对新古典主义的清规戒律，也反对后来兴起的现实主义的直白"①。

浪漫主义思潮产生于18世纪末和19世纪初的西方资产阶级革命高涨时期，并一直延续至今。英国哲学家罗素曾说："从18世纪后期到今天，艺术、文学和哲学，甚至是政治，都受到了广义上所谓的浪漫主义运动特有的一种情感方式积极的或消极的影响。连那些对这种情感方式抱反感的人对它也不得不考虑，而且他们受它的影响常常超过自知的程度。"②浪漫主义思潮的开启改变了18世纪以来的西方文艺思潮，以及人们的价值观和生活。

浪漫主义分为积极浪漫主义和消极浪漫主义两种类型，其中积极浪漫主义是社会进步的潮流，而消极浪漫主义则不利于社会的进步与发展。浪漫主义思潮最初起源于德国，是从古典主义思潮的斗争中产生的。1730年，莱比锡大学教授高特舍特在其《批判的诗学》中指出，德国文学应走法国古典主义的道路，即一切要合乎理性。然而这一主张却引发了一些其他西方学者的反对，掀起了思潮界的"莱比锡人"和"瑞士人"的论战。最后，浪漫主义思潮取得了胜利，并在德国思想界获得了发展，德国浪漫主义思潮由此产生。德国浪漫主义思潮认为，更新不利于人类感知觉能力的提升，只有在浪漫的梦幻和童话世界中才能真正找到人类的精神家园。德国浪漫主义以谢林和叔本华的思想为代表。德国浪漫主义思想主要渗透于哲学和文艺领域之中，以向往中世纪时代的文艺特点为主要特征。例如，海涅指出："德国的浪漫派究竟是什么东西呢？它不是别的，就是中世纪文艺的复活，这种文艺表现在中世纪的短歌、绘画和建筑物里，表现在艺术和生活之中。这种文艺来自基督教，它是一朵从基督的鲜血里生长出来的苦难之花……在这点上，这朵花正是基督教最合适的象征，基督教最可怕的魅力正好是在痛苦的极乐之中。"③

与德国浪漫主义不同，法国浪漫主义在发展之初是对革命理性主义的一种反响，随中世纪文化的复辟而出现，试图重新树立中世纪式的基督教权威，在文艺上积极倡导基督教神学的指导作用。法国浪漫主义思潮在文学上的代表为雨果等作家。进入19世纪20年代后，随着法国民主共和主义思想的发展，以及封建贵族的骄横所引发的民怨和民愤，法国文学家雨果等人最终走上了积极浪漫主义的道路，反对浓厚的宗教色彩。纵观欧洲浪漫主义思潮，它建立于反对古典主义思潮之上，发展特点主要为强调自我，追求自由，倡导思想自由和艺术个性自由。

从阶级属性上来看，浪漫主义思潮是一种资产阶级思潮。虽然英国的资本主义萌芽和发展早于欧洲其他国家，但浪漫主义思潮在英国产生的时间晚于德国和法国，且

---

① 冯契. 哲学大辞典（修订本）[M]. 上海：上海辞书出版社，2001：905.

② 岛子. 后现代主义艺术系谱 [M]. 重庆：重庆出版社，2001：81.

③ 王林. 西方宗教文化视角下的19世纪美国浪漫主义思潮 [M]. 北京：中央民族大学出版社，2010：42.

深受德国和法国浪漫主义思潮的影响。英国浪漫主义思潮的代表人物和代表作品为诗人拜伦和他的诗剧《该隐》。

美国浪漫主义思潮深受欧洲浪漫主义的影响，首先表现在文学领域。美国历史较短，远远没有欧洲历史文化那么悠久，因此在美国浪漫主义思潮起源之初，美国文学家在创作时常常游历欧洲以及对欧洲文学进行模仿。进入 19 世纪 30 年代后，美国浪漫主义思潮开始摆脱欧洲文化的影响，朝着美国本土浪漫主义文学等艺术方面发展，开始不再关注欧洲的历史、文化与荣耀，而是开始探求人生的价值，人与自然、社会的关系等问题。1836 年，爱默生出版了《论自然》一书，把美国浪漫主义文学思潮推向了一个新的阶段，即新英格兰超验主义阶段，为美国浪漫主义思潮走向高潮做了充分的准备。1837 年 8 月 31 日，爱默生发表了题为《美国的学者》的演讲，这篇演讲被认为是美国浪漫主义文学思潮的"独立宣言"。之后，梭罗、惠特曼等文学家也极大地推动了美国浪漫主义文学思潮的发展。美国浪漫主义思潮自文学领域开始后，在美国政治、哲学上蔓延开来。从政治上来看，美国浪漫主义思潮表现在对乌托邦理想的追求，以及对自由民主的追求、平等的思想观念等方面。美国浪漫主义思潮在哲学方面表现为反对唯理主义，提倡个人主义思想。从艺术上来看，美国浪漫主义主要体现在对个人主观情感和对艺术的革新方面。

二、19 世纪的西方景观设计的发展及特点

19 世纪，工业革命为西方社会带来了天翻地覆的变化。从经济上来看，由于生产力发展，生产效率提升，社会财富迅速积累；从政治上来看，资本主义的兴起使得西方传统封建专制体制瓦解，新兴的资产阶级成为国家和社会的领导者；从文化上来看，随着西方传统封建贵族的没落，传统封建文化和宫廷文化也日趋没落，资产阶级审美趣味迅速取代皇室贵族的审美，成为引领公众审美的唯一标准，从而引发了艺术领域的大革新。19 世纪的西方景观设计发展的特点如下。

（一）折中主义园林的兴起

在西方传统封建专制体制下，艺术家为封建君主和贵族服务，同时受到他们的资助，因此其艺术表现的题材和手法均受到一定限制。而封建专制体制瓦解后，失去了宫廷和教会资助的艺术家们可以自由使用所有表现题材和艺术手法，这为艺术的革新提供了良好契机。艺术风格的变化体现在建筑与园林领域则是出现了折中主义风格。

折中主义风格体现在建筑上是指不拘格式，任意模仿各种古代的风格，甚至自由组合不同时代风格的建筑形式。随着封建专制体制的瓦解以及宫廷文化的没落，新兴的资产阶级不再满足于一味沿袭传统的建筑风格，而是开始通过建筑和装饰炫耀财富。这一时期，科学技术的进步、交通工具的发达，以及出版和摄影技术的进步，为不同国家和地区之间的艺术交流和文化交流提供了便利条件。因此，19 世纪的折中主义建筑风格即模仿各个时期、各个国家的建筑风格的建筑，包括古希腊、古罗马、拜占庭、

中世纪以及文艺复兴时期的种种风格。西方学者贡布里希在其《艺术发展史》中对这一时期的建筑艺术进行评价称："看起来往往像是工程师立起一个适合功能要求的结构，然后从一本论'历史风格'的范本中找出一种装饰形式，在建筑立面上粉饰一点'艺术'。"① 由此可见折中主义建筑艺术的特点。

除建筑艺术外，19 世纪的园林艺术也呈现出鲜明的折中主义风格。19 世纪的园林景观的折中主义风格主要表现在以下两个方面。

1. 园林景观中集中了各种园林植物，呈现出世界各地植物混用的特点

植物是园林景观构建中不可或缺的重要元素，自古以来就在西方景观艺术中占有极其重要的地位。例如，古埃及、古希腊以及古罗马时期的园林景观中均种植有大片由区域特色植物形成的圣林。除此之外，在西方景观艺术设计中，植物自古以来就以绿篱、林荫大道等多种形式成为构成各种几何图案的不可或缺的要素。世界各个国家和区域由于所处的地理处置不同、气候不同，所生长的植物品种也不相同。19 世纪之前，各个国家和地区的园林艺术景观均以本国或本地区的特色植物为主。18 世纪，英国的自然风景园成为西方园林景观艺术的引领者。18 世纪末期，英国的自然风景园风格达到鼎盛，植物学的发展也取得了重大成果。1759 年，英国建立了皇家植物园——邱园，该园林原本是英皇乔治三世的皇太后奥格斯汀公主的一所私人皇家植物园，因园中种植了世界上已知的多种不同国家和不同区域、适应不同气候生长的植物而闻名于整个西方乃至整个世界。整个园林中设立了多个专门的花园和温室园，如水生花园、树木园、杜鹃园、杜鹃谷、竹园、玫瑰园、草园、日本风景园、柏园等。邱园的成立又反过来促进了英国植物学和园艺学的发展。

1804 年，园艺学会在英国伦敦成立。园艺学会成立后，即派人到全世界搜集各种植物品种。19 世纪 30 年代，随着科技的发展，尤其是"沃德箱"的发明，为海外植物的搜集和运输提供了便利。尤其是自 19 世纪以来，越来越多的植物品种被发现，再加上植物园艺技术的进步、出版业的兴盛、园艺出版物的发行，这些部极大地增强了人们对于园艺的热情。这一时期，出现了一批园艺设计师。例如，西方园艺景观设计师劳顿开始对植物在园林中的形式进行创新。劳顿认为，通过"标本陈列"的方法栽种植物，既可以实现植物的观赏价值，也可以创新园艺景观。这种"标本陈列"的园艺方法在园林艺术中加入了独特的地毯式花坛因素，即在温室中培育了各种花朵鲜艳的海外植物，当其开花时，则移栽入草地上各种形状的花坛中，并且根据这些花卉植物的花期、形态以及色彩进行不同搭配。当花坛中的花朵即将凋谢时，即将这些植物移出，更换为其他正值花期的花卉。这种植物景观逐渐取代了传统西方园林景观中的植物，成为西方流行的园林景观艺术创造方法。这种园林景观中集合了世界上各个国家和地区的植物，因此体现出较强的折中主义风格。

① [英]贡布里希. 艺术发展史[M]. 范景中，译. 天津：天津人民美术出版社，2006：299.

2. 景观艺术设计中的装饰风格呈现出跨时代跨区域并置的特点

景观艺术中的装饰因素是景观艺术中必不可缺的因素。早在古典主义风格的园林艺术中，就通过雕像或小品的形式进行景观装饰。不同时期的景观装饰风格不同。例如，文艺复兴晚期出现的巴洛克景观艺术风格即是一种注重繁复景观装饰的风格。18世纪末期，英国一些景观艺术家通过引入世界各地各个时期的装饰艺术以丰富园林景观，最终达到了创新园林景观装饰的目的。例如，英国园艺装饰设计师钱伯斯就对中国的建筑风格和园林风格十分感兴趣，他在进行景观装饰时，加入了中国式的塔景观元素。19世纪初期的景观设计师莱普顿也是一位擅长在同一个景观中放置不同风格、不同时代特征和不同尺度的装饰艺术的学者。他们的景观设计装饰艺术均体现出强烈的折中主义风格。这种折中主义装饰风格使得英国园林艺术具有了世界各个国家的园林艺术风格。

19世纪的奥尔顿·陶沃斯庄园即体现出典型的折中主义风格。从景观装饰来看，奥尔顿·陶沃斯庄园中的装饰艺术既包括哥特式干砌桥梁、英国史前巨石柱的仿制品、玻璃穹顶温室，也包括中世纪时期的哥特式塔、希腊神庙，以及印度的寺庙等装饰风格。奥尔顿·陶沃斯庄园鲜明的折中主义风格并非源于当时的景观艺术家的创造，而是由于该庄园园主在对庄园进行设计时，咨询了许多艺术家，听取了大量艺术家的意见后，又没有完全采取他们的意见，而是将各种意见综合在一起形成了独特的景观。19世纪的英国景观设计中的折中主义装饰风格体现了新兴资本家炫耀财富和满足猎奇心理的独特特点。除奥尔顿·陶沃斯庄园外，建于1842年的比达尔夫庄园也体现出了鲜明的折中主义园林特点，其中包含着意大利风格、埃及风格、中国风格等多个国家和区域的不同时期的园林景观设计风格，不同的园林景观风格通过树木、道路和假山等分隔开来。

总而言之，折中主义风格的景观艺术设计体现了19世纪时期处于新旧交替时代的西方景观艺术设计师的创新探索。

（二）公共园林景观的兴起

工业发展和城市化建设在短时间内对周围的环境进行了颠覆性的改变，工业污染和城市垃圾对环境造成了较大破坏，面对这种情况，社会和民众对环保的诉求日益迫切。

城市公园是指在城市中建设的，供人们游玩、休憩的公共园林绿地。19世纪60年代，美国南北战争结束后，一些城市居民开始到城市郊区建设宅邸，由于郊区人口稀少，人们在建设的宅邸的房后、宅前布满了大片森地以及草坪，形成了一种极具田园风格的乡村景观。19世纪后期，由于城市中的环境污染问题越来越严重，而且随着工业革命的发展，人们的生活节奏越来越快，这使得处于城市这一"钢铁森林"中的人们疲惫不堪，开始对城市生活产生厌倦心理，向往乡村田园风格，渴望在绿色、开阔的活动空间中进行游玩、休憩，因此一些景观设计师将城市郊区宅邸园林风格转换为了城市公园形态，推动了西方城市公园运动。西方城市公园最先出现在欧洲地区，其后被正在发展中的美国引进，掀起了城市公园运动，极大地推动了美国的城市公园建设，为城市中生活的居民提供了一个暂时从繁忙工作和生活中解脱的场地，满足了城市居民在自然中寻求慰藉与欢乐的愿望，为人们提供了心灵休憩的空间。

这一时期，美国的景观设计师弗雷德里克·劳·奥姆斯特德成为19世纪最具代表性的西方景观设计师。奥姆斯特德是美国历史上最伟大的景观艺术设计师之一，也是美国历史上最具传奇色彩的景观艺术设计师之一。奥姆斯特德从小受父亲的影响，经常在节假日与家人一起到欧美等地进行"寻找美丽风景的旅行"。然而在15岁时，奥姆斯特德由于意外视力受损，无法按照原来的计划进入耶鲁大学读书。之后，奥姆斯特德开始从事布料交易工作，这一工作为他提供了到世界各国旅行的机会，也使他对景观艺术产生了极大兴趣。自1848年开始，奥姆斯特德先后学习了测量学、工程学、化学、科学种田等学科，为其之后步入景观设计领域奠定了学科基础。此外，奥姆斯特德还经营了一家农场。1850年，奥姆斯特德与友人一起进行为时半年的欧洲徒步旅游。在这次旅游中，他不仅充分领略了欧洲各国的田园风光，还参观了多个国家的众多公园和私人花园。1852年，奥姆斯特德出版了《一个美国农夫在英格兰的游历与评论》一书，其中阐述了其对英国园林景观的评价。同年，奥姆斯特德以记者身份到美国南方工作，并借机在南方旅行，领略了南方特有园林风景。此后，奥姆斯特德成为一名成功的杂志主编，在文学领域获得了较大成就。期间他还曾在英国伦敦暂住，并多次在欧洲各国开展旅行，游览了各个国家的公园。此外，奥姆斯特德还大量阅读了尤维达尔·普赖斯、汉弗莱·雷普顿、威廉·吉尔平、威廉·申斯通和约翰·拉斯金等景观设计师的著作。数十年来的经历和旅行使奥姆斯特德积累了大量景观设计理论知识，同时形成了独特的景观设计理念，建立了明确的景观艺术设计的社会和政治价值观。自19世纪50年代开始，奥姆斯特德开始以景观艺术设计为生。

西方城市公园运动中的代表性公园以纽约中央公园等为主。纽约中央公园原址是一处垃圾场。1821年至1855年间，纽约市人口规模迅速扩大了四倍，由于城市人口迅速扩张，原有城区无法容纳飞速攀升的人口，城市生活越来越拥挤。许多人为了避开城市中心的拥挤、嘈杂、混乱，主动搬迁到开放的空间中居住，使得纽约市不断向外扩张。19世纪50年代，纽约市一些知识分子精英希望在市区建立一个如同欧洲城市广场和公园一样供人们露天休闲的场所。1851年，纽约州议会通过了《公园法》，促进了纽约中央公园的发展。1857年，奥姆斯特德与合作伙伴沃克斯参与纽约中央公园设计竞赛，他们提出的"大绿地"主题设计赢得了竞赛大奖。奥姆斯特德因此成为纽约市中央公园负责人，开始对纽约中央公园进行景观规划和设计。

奥姆斯特德认为，纽约市中央公园作为城市公园需要满足三个方面的要求，即为城市各阶层居民室外休憩而创造优美环境，满足社会各阶层的娱乐要求；满足人们对自然美和良好生态环境的要求，尽量将各种设施融入自然环境之中，呈现出和谐的自然面貌；满足管理和交通便利的要求。这三个方面的要求被美国园林界归纳为"奥姆斯特德原则"。纽约中央公园的建设历时 16 年，期间跨越了南北战争，于 1873 年最终建成，内设溜冰场、露天剧院、网球场、美术馆、动物园等活动场所，有郁郁葱葱的小森林、蜿蜒的林间小径、跳跃的喷泉、宽阔的湖面、洁净的草坪，创建了极富自然之趣的良好的生态环境，成为繁华而拥挤的城市中一处休闲游憩、放松身心的避风港。

纽约市中央公园建设成功后，引发了美国大量新型城市公园的建设，奥姆斯特德则成为美国城市公园运动的领导者。除美国纽约市中央公园外，奥姆斯特德还为美国布鲁克林、康涅狄格州的新不列颠、加利福尼亚州的旧金山、伊利诺伊州的芝加哥，以及其他多个城市制订了大量城市公园建设方案。此外，受奥姆斯特德城市公园建设理念的影响，美国全面进入了城市公园时代。大量城市公园建设为改善城市生态环境和城市气候起到了重要作用。

在西方城市公园运动发展时期，天然公园也发展起来。从景观资源角度来看，自然式风景造园可分为私人地产和城市公园以及天然公园。天然公园包括国家公园、国家森林、国家纪念地、州立公园、州立森林和史迹名胜地。

美国是世界上最早建立国家公园的国家之一，1872 年，美国在怀俄明州西北部建立了最早、最壮观的国家公园之一——黄石公园。国家公园是为对人类还没有进行重大干扰的特殊自然景观和天然动物植物群落、特色地质和地貌进行保护而建立的天然公园。此后，美国天然公园逐渐影响了西方各国天然公园的发展。

受奥姆斯特德的影响，西方城市公园建设具有以下鲜明特点。

其一，西方城市公园建设注重保护自然景色，对自然景色进行了增补和夸张；其二，城市公园的建设保持灵活多变，避免呆板无趣；其三，城市公园中设立了大面积开放草坪与草场，营造了良好的自然生态环境；其四，植物种植中选择当地的植物；其五，在城市公园中设立了曲线形的洄游道路与多条小路；其六，城市公园中景观建设主路可以通往公园的任意一个区域。

与城市公园相伴兴起的是公墓园，它也是城市公园的组成部分，共同推动了美国的城市公园，以及城市园林绿化系统的建设。

第五节　20 世纪的西方景观设计

19 世纪中后期，大部分西方国家相继完成了工业革命，生产力的极大提高为西方各国经济的发展奠定了良好的基础。20 世纪，西方的经济取得了快速发展。受社会经济、文化思潮的影响，20 世纪的西方景观设计与之前相比，发展更加快速，变化也更加多样化。

纵观 20 世纪的西方景观设计的发展，其主要表现出以下几个重要特点。

一、多元化发展特征

20世纪，西方景观设计在继承19世纪景观设计风格的基础上，从复古走向现代。20世纪的西方景观设计按照时间可划分为早期、中期和晚期，不同时期所表现出来的景观设计风格也不尽相同。从总体上来看，20世纪西方景观设计呈现出多元化发展的特征，具体体现在20世纪早期、中期以及中后期三个阶段。

20世纪的西方景观设计受当时社会文化思潮和社会艺术思潮的影响，朝着多元化的方向发展。20世纪初期，西方景观设计的发展在较大程度上仍然延续着19世纪西方景观设计的发展。例如，在19世纪发起、20世纪初延续的工艺美术运动和新艺术运动中，尽管出现了许多具有现代化新风格的景观探索，但是从根本上来看，这一时期的景观风格仍然以传统景观为主。尤其是随着第一次世界大战的爆发，20世纪早期的一批颇具创新性的景观设计师纷纷转向为第一次世界大战中牺牲的战士们设计士兵公墓，从而在一定程度上打断了景观新风格的探索。

第一次世界大战结束后，欧洲各国获得了暂时的和平，各国经济和各项建设相继恢复，欧洲资本主义世界重新进入相对稳定的发展时期。这一时期，欧洲各国的经济获得了飞速发展，相继达到甚至超越了战前水平。经济繁荣带来了文化和艺术领域的繁荣。这一时期，许多欧洲发达国家的学者和景观艺术家纷纷再次开展景观设计风格的探索。从这一时期直到第二次世界大战的开始前夕，景观新风格朝着多元化的方向发展，涌现出了克里斯托夫·唐纳德、詹斯·詹森、弗莱切·斯蒂尔、古埃瑞克安等一系列景观艺术家，他们各自通过自己的理解对景观设计的风格进行探索。

第二次世界大战结束后，尤其是20世纪60年代以来，西方景观设计受各种艺术思潮的影响，开始朝着多元化的方向发展。与西方社会的各种艺术思潮相比，西方景观设计艺术的多元化变革相对落后，具体与西方景观艺术的材料、场地和工程的技术、景观设计所承载的价值、景观的观赏方式、景观设计所受到的社会条件制约等有着直接关系。景观设计的多元化变革则表现在景观设计观念的变革、形式革新等多个方面。总体上来说，20世纪中后期，现代景观设计历经现代主义、后现代主义、生态主义、解构主义等各种社会艺术思潮，体现出了较强的多元化景观设计发展趋势。

二、国别性特征

20世纪的西方景观设计的多元化发展还表现在西方各国景观设计的多元化发展方面。纵观西方景观设计的发展历程，直到18世纪末期，均表现出鲜明的统一性。例如，古埃及时期、古希腊时期、古罗马时期、意大利台地园风格、法国园林风格、英国自然风景园风格等均体现出较强单一发展性特点。一个时期的景观设计风格极易被一种独特的景观风格所影响。然而，自19世纪开始，随着社会经济、交通以及传播方式的变化，西方景观设计风格开始不再呈现一种风格独大的现象，而是呈现出多种风格纷呈的特点，具体在国别性景观风格的体现上表现得十分明显。到了20世纪，西方国别性景观设计风格表现得更加明显。下面主要以 20 世纪英国景观设计、美国景观设计、拉丁美洲景观设计、欧洲其他国家景观设计等为例，对景观设计的国别性特征进行分析。

1.20 世纪英国现代景观设计的代表性艺术家及其特点

20 世纪英国景观设计的主要代表性设计师克里斯托夫·唐纳德、杰弗里·杰里科等。其中，克里斯托夫·唐纳德是 20 世纪最伟大的现代景观设计师之一，早在 1938 年，克里斯托夫·唐纳德就出版了《现代景观中的园林》一书，书中提出了现代景观设计的功能性、移情性和艺术性三个方面的特点。从功能性的角度来看，克里斯托夫·唐纳德吸收了建筑师卢斯、柯布西耶景观设计的经验，认为现代景观设计应当注重休息、消遣等功能性特点。从移情性的角度来看，克里斯托夫·唐纳德的现代景观设计吸纳了日本园林文化的特点，尤其是日本园林中的移情性特点，尽管克里斯托夫·唐纳德一生从未对日本园林风格进行过实地考察，但其却通过对日本枯水园林的领会，学习园林中的组石布置的均衡构图手段，从中表现出独具特色的移情精神。从艺术性角度来看，西方景观设计师在景观设计时，在形态、平面和色彩等方面多次使用现代艺术手段，使西方景观呈现出良好的艺术性特点。克里斯托夫·唐纳德在景观设计中，借鉴西方传统景观设计中的框景和透视线，设计了名为"本特利树林"的住宅花园，该花园住宅中的露台的设计将功能性、移情性和艺术性三个特点完美地结合在一起，体现出了克里斯托夫·唐纳德所代表的英国景观的特点。

除克里斯托夫·唐纳德外，20 世纪英国现代景观设计的代表还有杰弗里·杰里科。杰里科是英国景观设计师学会的创建者之一，还曾担任国际景观设计师联合会的首任主席。他的设计具有较强的哲学意味，是通过对西方历史上各个时期的现代景观设计的手法和主要设计要素进行总结，从而创造出独具特色的景观。他的景观设计对西方各国的景观设计师均产生了十分重要的影响。杰里科十分注重水景的设计与应用，其与夫人共同出版了《水——景观中水的应用》《人类的景观》等专业景观书籍。其中《水——景观中水的应用》一书对水景设计进行了详细说明与分析。杰里科一生中所创建的重要作品有肯尼迪纪念园和舒特住宅花园，均体现出鲜明的水景设计特点。杰里科晚年所做的景观设计显得丰富、成熟，且更加炉火纯青。例如，杰里科巅峰时期的作品莎顿庄园即体现了杰里科的景观设计特点。莎顿庄园中包括苔园、秘园、伊甸园、厨房花园和围墙角的一个瞭望塔等一系列小花园，这些花园的形状、布局以及绿植、水池等均不相同，呈现出缤纷多彩、丰富迥异之美。尤其是水景，既有池塘、瀑布，又有跌水、水池、喷泉等多种水景观，这些水景往往是整个花园的视觉中心，为园林增添了许多亮点。杰里科的景观艺术作品十分重视场所精神，将建筑融于景观之中，以达到建筑与园林相结合的特点。除水景之外，杰里科的作品中还十分擅长使用绿篱、雕塑、链式瀑布、远景等西方古典景观要素，对景观进行强化，因此杰里科的作品中带有强烈的古典色彩。

2.20 世纪美国现代景观设计的代表性艺术家及其特点

美国景观设计受欧洲景观设计的影响较大，并且在第二次世界大战后开始引领西方景观设计的潮流。美国景观设计中的代表性设计师包括托马斯·丘奇、劳伦斯·哈普林等人。

托马斯·丘奇是美国 20 世纪西方现代景观设计的奠基人，曾多次前往欧洲旅行，并且对地中海园林以及一些西方景观设计师和现代画家、雕塑家等人的作品进行了深入研究，并从中汲取了多种景观艺术的特点，在景观艺术作品中摒弃了中轴线，而使用了流线、多视点以及简洁平面，从而营造出了具有新的动态平衡的景观形式。托马斯·丘奇的景观设计曾获得多项美国大奖，如 1951 年获得美国建筑师学会艺术奖章，1976 年获得美国景观规划设计学会金奖等。托马斯·丘奇的景观设计思想均包含在其所撰写的《园林是为人的》一书中，并且他还培养了一大批美国年轻的景观设计师，促进了第二次世界大战之后美国加利福尼亚设计学派的崛起与发展。其所创作的一系列花园被称为"加州花园"，这些花园中常将空间设计为不规则外形，空间中所有景观的形状均十分简洁，整个花园空间与花园外的空间相互联系，强调花园的社会性、功能性、艺术性等特点。

托马斯·丘奇的代表性作品为唐纳花园，这一花园由入口院子、游泳池、餐饮处和大面积的平台所组成。其特点是使用了较多的流线性艺术。平台由两部分组成，一部分是以美国杉木拼装而成的地面，另一部分则为混凝土铺设的地面。庭院的轮廓由两种流线共同组成，其中一部分为锯齿线，另一部分为曲线，两者相连，与花园中的游泳池和雕塑的曲线相呼应，同时遥遥与和花园相隔较远的大海海湾的曲线相互映衬。除此之外，院中的水面上还充满了各种曲线性的倒影。

劳伦斯·哈普林是第二次世界大战后美国著名景观设计师，其受美国现代景观设计的影响较深。他的现代景观设计体现出较强的学科性特点，即注意从音乐、舞蹈、建筑学以及心理学、人类学等多个学科中汲取营养，使其景观艺术作品具有一种与众不同的创造性和前瞻性特点。劳伦斯·哈普林早年曾受"加州花园"的影响，设计了一系列"加州花园"景观，之后又受到超现实主义、立体主义和结构主义的景观设计理念和设计手法的影响，在现代景观设计中进行了大量探索，逐渐成为加利福尼亚学派的代表，并且推动着加利福尼亚学派的发展。劳伦斯·哈普林还曾于 20 世纪 50 年代参与设计了包括波特兰系列、西雅图高速公路公园、曼哈顿广场公园等一系列公共喷泉广场，体现出了鲜明的景观使用和参与的思想。这些公共空间的设计通过使用绿地广场将多个不同的街区联系起来，并且创造了人车分流的、具有人性特点的城市空间。劳伦斯·哈普林在景观设计中十分擅长使用水景，创造了多种模仿自然界水的运动的喷泉、跌水和瀑布。其代表性景观设计为罗斯福总统纪念园，该纪念园通过空间的划分，表现出了罗斯福总统一生中的四个重要时间段，并以含蓄的手法表现出了其在四个不同时期的成长，以起到纪念作用。除此之外，劳伦斯·哈普林在作品中十分重视内部空间与整体空间的结合，使得该纪念园与周围的景观融合在一起。

3.20世纪拉丁美洲现代景观设计的代表性艺术家及其特点

20世纪拉丁美洲现代景观设计的代表性艺术家包括布雷·马克斯、路易斯·巴拉甘等。布雷·马克思是20世纪西方最具才华的现代景观设计师之一，其早期曾为一名抽象画家，同时对巴西花卉有着浓厚的兴趣，其绘画创作风格受立体主义、表现主义、超现实主义等的影响。布雷·马克斯的景观设计风格受到其绘画艺术的影响较深，其将植物、砂砾、卵石、水、铺装等景观设计所必需的元素视为绘画的材料，尤其是植物叶子的色彩和质地的对比。他常使用植物在景观中形成大片不同色彩的区域，如同绘画一般将这些色彩拼接、搭配在一起，形成了独特的现代景观设计特色，即"我画我的花园"。这一景观设计手法具有较强的创新性，最终为布雷·马克斯赢得了声誉。除对景观新风格的摸索外，布雷·马克斯在西方现代景观设计中的一大贡献是开发了热带植物园的价值，精心培育了被当地人喜爱的美丽景观，充分发挥了植物在花园中的作用。布雷·马克斯的现代景观设计十分注重装饰，而在装饰上大多通过对植物的大面积应用而创造出独具特色的马赛克铺装。除此之外，布雷·马克斯在景观设计中还常常使用植物进行空间分割。从整体上来看，使用草地、砾石和水面等组成一个巨大的空间，然后充分利用乔木和灌木等高大的树木与低矮植物形成对比，对空间进行分割，创建出了独特的立体式景观。布雷·马克斯的景观设计风格在20世纪对西方各国的景观设计产生了重要影响，他被誉为20世纪最杰出的造园家之一。

巴拉甘是墨西哥著名的建筑师，其作品曾荣获普利策建筑奖。除建筑上的成就之外，巴拉甘在现代景观艺术设计中也取得了较好的成就。其现代景观设计作品的规模不大，且多以住宅为主，然而其在进行景观设计时，常常将建筑、园林以及家具结合起来，从而形成了一种极具特色的景观风格。1925年，巴拉甘曾在欧洲游历，当时恰逢巴黎国际工艺美术展的召开，巴拉甘被展览上的作品所影响，受到了极大的震撼和启发，尤其是法国作家费迪南德·巴克的作品对巴拉甘的艺术生涯和职业生涯产生了极其重要的影响，使其对地中海传统建筑以及建筑与庭园之间的关系进行了深入而广泛的思考。之后，巴拉甘开始将兴趣转移到建筑和园林方面。除此之外，1931年，巴拉甘还曾到北美、法国、摩洛哥、意大利、瑞士等地进行长途旅行，这次旅行使其进一步认识到了建筑、园林景观与当地气候以及文化之间的关系，加深了其对地中海精神的理解，对巴拉甘的现代景观设计产生了重要影响。巴拉甘在景观设计中十分注重使用色彩构建美丽的风景，常常以明亮色彩的墙体与水、植物和天空形成强烈反差，构建了宁静而富有诗意的心灵的庇护所。例如，巴拉甘为墨西哥城卫星城设计的位于高速公路旁的标志物，以一组鲜艳的红、蓝、黄、白组成的高低错落的塔体为主，这些塔体直直地插入天空，营造了极具特色且引人注目的景观。

4.20 世纪欧洲其他国家现代景观设计的代表性艺术家及其特点

20 世纪初期，德国现代景观设计受意大利、法国、荷兰及英国的景观设计风格的影响，形成了独特的景观设计风格。然而在两次世界大战期间，德国的一些景观艺术家被迫移民海外，直到第二次世界大战之后，联邦德国为了恢复本国的现代化景观设计，同时促进德国现代化景观设计的创新，开始举办两年一次的"联邦园林展"。"联邦园林展"是一种历时半年的观赏项目，不仅极大地推动了德国景观设计的更新与发展，还对改善德国的城市环境建设起到了极其重要的作用。与其他西方国家相比，德国的景观设计师往往十分强调景观的使用功能、经济功能和生态功能的结合，具有严谨务实、理性以及追求秩序等特点，他们工艺精湛，技术高潮，且十分注重景观的生态环境保护功能，因此德国现代景观设计成为西方国家独树一帜的现代化景观艺术。

瑞典作为欧洲大陆上与其他国家相距较远、人口稀少的国家，早在 17—18 世纪时期就曾以德莱汀候姆园和哈加园而闻名于世。20 世纪，瑞典的现代化景观设计受到德国景观设计的重要影响。20 世纪三四十年代，由于没有受到战争的影响，瑞典的经济获得了较快发展，同时瑞典在城市中设立了公园局，大力推行城市公园绿地的规划设计与建设，并且在西方现代景观设计中形成了著名的"斯德哥尔摩学派"。该学派主张城市公园不仅是城市中具有地区性特点的景观，还能够为城市中不同年龄的市民提供散步、休息、运动、游戏的消遣空间，此外，强调公园作为公共场所，应当具有聚会功能，为市民提供必要的空气与阳光，使其成为独特的自然与文化的综合体。斯德哥尔摩学派的出现极大地推动了瑞典的现代景观设计进入黄金时代。斯德哥尔摩学派的景观设计代表作品为诺·玛拉斯壮德湖岸公园，其沿湖成立了多座公园，这些公园共同构成了一条长绿化带，贯穿着乡村与市中心。这些公园所组成的绿化间中布满了曲线小路、雕塑、座椅、码头、池塘、小桥、游泳场、日光浴场、小咖啡馆以及供人们聚会的花园等，在满足多种功能的同时，体现出了强烈的自然特性。

丹麦在 20 世纪的现代景观设计中，由于与瑞典的气候、社会经济和文化状况较为相似，受到瑞典的现代景观设计中"斯德哥尔摩学派"风格的影响较深。20 世纪时期，丹麦也十分注重城市公园建设，在引入"斯德哥尔摩学派"后，其很快在丹麦的景观设计中占据了主导地位。虽然丹麦与瑞典同属于高纬度国家，但与瑞典相比，丹麦的国土面积相对较小。在现代景观设计中，丹麦的景观设计师常常在小尺度的环境空间中，通过简洁而清晰的手法，构筑极具特色的景观，以达到景观的社会功能与美学功能的结合。这一时期，丹麦的著名景观设计师主要包括布兰德特、索伦森、安德松等人，他们在丹麦现代化景观设计的进程中起着十分重要的推动作用。

三、生态性特征

生态性特征是 20 世纪的西方景观设计的总体特征之一。20 世纪以来，随着西方社会工业革命的基本完成，西方经济得到了迅速发展，而随着人们经济水平的提高，人们不再满足于物质生活的需求，而是开始追求良好的精神文化，重视生态化和生物多样性的发展。尤其是自20世纪60年代以来，随着世界资源的枯竭，人们普遍开始重视生态化的发展。西方现代景观设计开始重视生态环境的可持续发展和共生与再生的统一。20世纪的西方景观设计的生态性特征主要表现在以下几个方面。

其一，重视景观设计中的人与自然的和谐统一。人与自然的和谐是20世纪西方现代景观设计的重要理念之一，在现代景观设计上注重结合自然环境，以及具体的地形地貌，以便进行因地制宜的规划设计，从而在整体上反映自然生态中的生物多样性特征。为了实现人与自然的和谐发展，20世纪的西方现代景观设计十分重视城市公园以及天然公园的建设，在城市中，景观设计为城市居民提供了良好的生态环境。除此之外，20世纪的西方现代景观设计还十分注重创新生物技术，使用生态化材料，以减少人类活动对自然生态系统的干扰，强调生态环境的可持续发展。

其二，重视景观设计中的生态修复。20世纪西方现代景观设计的生态性特征还体现在景观设计中的生态修复方面。人类社会在历史发展中对自然生态造成了较大破坏，尤其是自18世纪西方工业革命以来，随着各种地下不可再生资源的开采，以及重工业的发展，自然生态环境遭到了毁灭性的打击。而随着20世纪自然保护运动的发起与发展，世界各国均开始重视生态环境的修复问题。各国通过各种技术对被污染的土壤、水源以及被破坏的生态系统进行修复，使遭到破坏的土地重新焕发生机，已经受到污染的水源再度恢复洁净。例如，在废弃的旧厂址上重新建立起各种城市公园，通过种植大量植物重新建立生态系统。

其三，重视景观设计中生态与文脉的结合。进入20世纪后，随着西方各国对文化遗产和生态环境的重视，西方现代景观设计呈现出生态与文脉相结合的特点，即在对生态进行修复的同时，须对文脉进行保护。例如，古希腊雅典卫城等地在对其周围的生态景观进行保护的同时，采取种种措施对该地的文化遗产进行保护。又如，20世纪的西方现代景观设计十分重视在原来的重工业基地旧址或旧有的重工业厂房所在地等受到严重污染的地区进行景观生态修复，如埃姆瑟公园、杜易斯堡景观公园、埃森设计产业园区、美国西雅图煤气厂公园、海尔布隆市砖瓦厂公园、萨尔布吕肯市港口岛公园等。设计师们通过对被污染的水体、土壤以及被破坏的生态系统进行自然生态修复，重新建立生态系统，使被污染的生态环境重新焕发生机。

第三章　西方现代景观设计的主要理念和特点

第一节　西方现代景观设计的主要理念

西方现代景观设计的发展受社会政治、文化和艺术的影响，形成了多种发展理念。

一、西方现代景观设计理念革新的滞后性特点

现代景观设计作为一种艺术门类，具有一定的艺术性特点，然而，由于景观设计本身的特点，景观设计的革新常常落后于其他艺术的革命。西方现代景观设计理念革新的滞后性特点主要来源于以下几个方面。

（一）景观设计的材料载体决定了景观设计理念革新的滞后性

任何一种艺术均需借助一定的载体才能实现。例如，绘画艺术需借助画笔、色彩以及画布来呈现；雕塑艺术需借助山石、水泥等各种雕塑材料来呈现；文学艺术需借助文字来呈现；舞蹈艺术需借助人类的形体来呈现；音乐艺术需借助乐器来呈现等。景观设计作为一种视觉空间艺术，需借助一定的材料来呈现。

景观材料大体上可划分为传统的材料和新材料两大类型。传统景观材料大多取材于自然界，如山、石、水体、植物等。其中，植物的独特形态、味道以及色彩具有较强的审美功能，因此植物自古以来就是西方景观设计中的重要景观材料，也是西方景观设计中最常用的材料之一。然而，对景观设计艺术来说，植物自身特有的美学特征具有正反两方面的作用。一方面，植物自身的美学特征被应用于景观设计中时，能够创造出千变万化的景观，体现出独特的景观艺术特点。例如，西方景观设计自古以来就将植物作为景观设计中的重要因素，通过行植、片植、丛植等手法将其作为区分各个景观区域的天然界线，用以划分景观区域，并且作为水体、雕塑等主要景观的辅助景观，从而创造出全新的、规则性景观。除作为其他主要景观的陪衬景观之外，植物还可单独使用，从而构建出别致美丽的景观。将单一植物按照一定图案进行排列，可以营造出独特的景观，如林荫大道等。或者可将多种植物按照一定的规则进行搭配，使之呈现出错落有致、色彩和谐搭配的景观面貌。

另一方面，由于植物自身的美学特征，当其作为景观设计的重要材料被使用时，

人们往往过于关注植物自身的美学特征，而忽视了景观作品整体的美学特征，将景观设计简单地等同于园艺绿化工作，而忽视景观设计本身所具有的艺术性，因此导致景观设计艺术理念的革新落后于其他艺术形式。

除传统材料之外，西方现代景观设计越来越重视新材料的重要作用。有的艺术形式，如绘画艺术、音乐艺术、舞蹈艺术、文学艺术等，其艺术理念的革新与新材料的关系不大。然而景观设计作为一种视觉空间艺术，一些艺术理念的革新必须依赖新材料。而新材料的革新并不是一蹴而就的，必须依赖科技的革新，如钢铁技术的革新、分子技术的革新、塑料技术的革新等，这些技术的革新周期在一定程度上限制了新材料的产生与推广，导致景观设计艺术理念的革新落后于其他艺术形式。同时，在使用材料时，景观艺术常常离不开对传统材料，如植物、水体等的依赖，因此景观艺术即便发生变革，也不会如同建筑设计一般剧烈。

（二）景观设计的场地属性决定了景观设计理念革新的滞后性

按照不同的标准划分，艺术可以划分为不同的类型，有的艺术门类属于专门艺术类型，如绘画、雕塑、文学等；有的艺术门类属于综合性艺术门类，如建筑艺术、景观设计艺术等。专门艺术门类的革新与其他艺术门类的相关性较小，往往能够较快地响应社会文化思潮。以西方绘画艺术为例，无论是在文艺复兴运动中，还是在古典主义、浪漫主义、新古典主义、现代主义、后现代主义等社会思潮发生时，绘画艺术均在这些社会思潮兴起之际充当了急先锋的角色。继绘画艺术之后，雕塑艺术紧随其后，其他艺术形式陆续跟进。例如，文艺复兴时期，受社会科学发展的影响，绘画艺术领域最先引进透视学理论、几何学以及黄金比例等科学发展成果，最早掀起了艺术领域的文艺复兴运动，之后，透视学理论、几何学以及黄金比例等成果被应用到雕塑艺术中。景观设计是一门综合艺术，作为一种具有物理实物特征的空间艺术，景观设计具有较强的设计性特点，同时具有较强的施工性特点。尽管也产生了透视学理论、几何学以及黄金比例等成果，且这些成果在理性主义景观的建设中起着极其重要的作用，但与其他艺术形式相比，景观艺术在艺术理念革新时往往存在一定的滞后性。

除受限于景观艺术的施工性之外，景观设计还受到场地的影响。同样属于综合性艺术门类，景观设计与建筑艺术不同，建筑作为人类最重要的活动空间和功能场地，在人类的生产和生活中起着十分重要的作用。因此，建筑往往建立在地形平坦的场地上，整个建筑空间的变化性较小，地形较为单一。而景观设计则不同，景观设计既包括小型住宅景观设计，也包括占地面积较大的城市广场、城市公园，甚至天然公园、文化遗址等景观类型。因此，景观设计所涉及的场地一般面积大、地形复杂，常常包括多种地形，这在一定程度上阻碍了景观设计理念的革新，导致景观设计理念革新的滞后性。这一点可以从 20 世纪景观设计理念的革新中体现出来。20 世纪的西方在进行景观设计理念的革新时，常常从面积较小的家庭庭园开始，逐渐进行设计理念革新。例如，西方景观设计史上著名的"加州花园"风格的革新就始发于家庭庭园，并逐渐影响了公共园林的风格。除此之外，现代主义和后现代主义景观设计理念的革新最初也始于小面积的庭园景观设计。

（三）景观设计的价值意义决定了景观设计理念革新的滞后性

景观设计与建筑设计相同，均既具有一定的审美价值，也具有一定的使用价值。早在西方古典主义景观设计时期，景观设计师就非常重视景观空间的实际作用。尤其是在现代公共园林的景观设计中，对景观空间的划分更加明确，各个区域空间的功能性也越来越明确。例如，现代城市公园中既有供市民娱乐的娱乐区，又有供市民健身的空间区域，还有专供儿童娱乐的区域，以及供公众聚会的区域、供市民进行交际和休憩的区域等。然而景观设计的使用功能与建筑设计的使用功能不同，建筑作为人类生活和工作所必需的场所和空间，其使用价值远远大于审美价值。景观设计则正好相反。虽然景观设计的实用性价值在现代景观设计中起着越来越重要的作用，但与建筑设计相比，景观设计的审美价值远远大于其功能价值。这是由景观的价值属性所决定的。

景观设计并不是人类生产和生活中所不可或缺的空间。只有当人们的生活达到一定的经济水平时，人们才开始追求景观设计。因此，景观设计的审美价值及其所能引发的人类的精神愉悦，远远大于其为人们带来的功能便利。英国学者培根曾在其著作《说花园》一文中指出："园艺之事也的确是人生乐趣中之最纯洁者。它是人类精神最大的补养品，若没有它则房舍宫邸都不过是粗糙的人造品，与自然无关。再者，我们常常可以见到当某些时代进入文明风雅的时候，人们多是先想到堂皇的建筑而后想到精美的园亭，好像园艺是较大的一种完美似的。"① 正因为景观艺术与建筑艺术相比，其审美价值更为突出，所以每当社会艺术理念发生革新时，人们往往在建筑艺术上投入更大的精力和财力，而景观设计方面的艺术理念革新则相对滞后。

（四）景观设计的观赏方式决定了景观设计理念革新的滞后性

景观艺术作为一种面积较大的综合性艺术形式，其在观赏方式上与其他艺术有所不同。无论是绘画艺术还是雕塑艺术，抑或是建筑艺术，人们在观赏这些艺术形式时，常常不需要借助外物，仅仅凭借人类自身的视觉感官，即可以直接感受到这些艺术形式的美。因此，当社会理念发生革新时，这些艺术形式往往可以以最快的速度朝着新的艺术理念方向改革。而改革后的这些艺术往往能够被人们更直接地体察到，从而引发人们更多的关注。景观艺术则不同于这些艺术。一方面，景观艺术是一门综合性艺术，其不仅能够直接调动人们的视觉感官神经，还能够通过触觉、听觉等多种感觉刺激人类的神经，从而让人们产生独特的审美体验，引发人们的心灵共鸣。因此，在欣赏景观艺术时，人们不但要调动视觉神经，而且往往需要调动听觉、嗅觉等多种感官，

---

① 周武忠.庭园设计艺术 [M].南京：东南大学出版社，2011：12.

才能对景观进行综合判断。另一方面，景观艺术所占面积往往较大。尤其是公共园林景观，往往占地面积达数万平方米，甚至更大面积。这一特点导致人们如果仅仅站在地面上，通常是无法直接对景观艺术产生直观感受的。只有当人们对整个景观艺术空间进行俯瞰或身处其中时，才能全面调动自身的各种感觉器官，人们才能深切地感受到景观艺术之美。景观设计这种独特的观赏方式决定了景观设计概念革新的滞后性。

（五）景观设计的时代性和社会制约性决定了景观设计理念革新的滞后性

景观设计作为一门综合性艺术形式，其所受到的社会制约较大。绘画、雕塑、音乐、舞蹈等专门的艺术形式所受到的社会制约性较小，这些艺术形式的艺术家们在进行艺术创作时，个人自由度相对较大，因此当社会理念进行革新时，受到新的社会理念影响的艺术家即可着手朝着新方向对艺术进行革新。然而景观设计则不同。景观设计具有一定的时代性特点，不同时代的景观设计大多反映出一个时代特有的设计理念，除此之外，景观设计还受到政治、经济、文化以及业主的思维理念、工程预算、地质条件等多重影响。因此，景观设计师不能像绘画、雕塑、音乐、舞蹈等艺术家一样，可以自由地对艺术形式进行创新。景观设计的时代性和社会制约性特点决定了景观设计理念革新具有一定的滞后性。

二、西方现代景观设计理念的变迁

西方现代景观设计理念自 20 世纪以来经历了多次变迁，主要可概括为以下几种理念。

（一）机器美学

1925 年，在巴黎国际现代装饰与工业艺术博览会上，西方建筑设计师柯布西埃设计了一个名为"新精神馆"的小型住宅。这个住宅最大的特色是利用有限的场地，使用标准化的批量生产构件和五金件为人们提供现代生活的预想图。柯布西埃的这种设计构想颠覆了当时的传统建筑设计理念，反映出一种对机器的崇拜。建筑设计师柯布西埃的这种全新的设计理念即称为机器美学。

所谓机器美学包括三种含义：首先，建筑应该像机器一样，符合人们的实际功用，强调功能和形式之间的逻辑关系，反对在建筑上增加无关紧要的装饰品；其次，机器美学观点认为，建筑可以像机器一样被放置在任何一个地方，因此机器美学强调建筑风格应该具有普适性的特点；最后，机器美学理论指出建筑的生产应该像机器的生产一样高效，强调建筑的经济效益。

柯布西埃是建筑设计机器美学理念的提出者，主张用机器的理性精神来创造满足人类使用功能的完美住宅，认为建筑应该工业化。柯布西埃在倡导机器美学理念的过程中，对建筑材料进行了极大的革新，他常常在建筑设计中使用一些如轮船或飞机一样的部件造型，将这些造型独特的元素作为建筑的重要元素，而舍弃了这些造型的原有功能性，强调其造型本身的意义。经过建筑设计师柯布西埃的努力，机器美学的理念成为 20 世纪初期最重要的艺术理念之一，引发了规模宏大、影响深远的西方艺术革新运动。

机器美学理念产生于 20 世纪初期，以西方社会在工业进程中对功能效率以及较高精确性的追求为背景。西方学者刘易斯·芒福德在其所发表的《技术与文明》一书中指出："面对着这些新的机器设备，看着那轮廓分明的外表、生硬的体积和刻板的形状，一种全新的体验和愉悦感油然而生，而且这种新的体验成为艺术面临的新课题。"① 继刘易斯·芒福德之后，奥地利建筑师阿道夫·路斯在其发表的《装饰与罪恶》一文中指出，建筑应该以实用和舒适为主，把钱花在不必要的装饰上，是一种罪恶。之后美国建筑师沙利文在芝加哥艺术实践上，进一步提出了"形式追随功能"的主张。建筑设计师柯布西埃在前人思想的基础上，更进一步将住宅直接等同于居住的机器，它打破了传统的建筑材料的外在形态，在建筑实践上，将立方体、球体、椎体、圆柱等集合体组合在一起，成为一种全新的简洁、直率、充满现代感的风格。

机器美学理念的提出和形成引发了西方学者极大的关注。在机器美学的影响下，西方建筑艺术迅速进行了种种改革。

机器美学理念对功能性、简洁性以及精确性的追求迅速扩展到各个艺术领域，并且对现代景观设计产生了重要影响。例如，在古埃瑞克安设计的"光与水的花园"，以及景观设计师唐纳德的庭院设计中，均体现出鲜明的机器美学理念。

（二）大众设计理念

大众设计理念是指自 19 世纪中叶至 20 世纪中叶，在工业革命的影响下，西方现代主义艺术思潮逐渐萌芽与发展，在这一思潮的影响下，艺术家纷纷打破传统的艺术创作规则，脱离为大众服务的理念，开始充分展现个性，"自我意识"愈演愈烈，甚至开始发生某种扭曲，使艺术变成了一种高高在上的、仅仅有少数人参与的展示思想的舞台，与大众的文化消费严重脱节。20 世纪 60 年代以来，随着后现代主义的兴起，艺术家开始逐渐从"自我意识"中觉醒，开始重新回归大众，使艺术为大众服务。例如，20 世纪中后期，西方的工业文明达到巅峰，在商业文化和消费文化的影响下，一批艺术家开始借助现代机器生产促使文字、图像、音乐、符号像草丛般迅速地繁殖，并服务于大众，由此诞生了波普艺术。波普艺术最早是由西方学者劳伦斯·阿罗威提出的，他认为，大众创造的都市文化都可以成为艺术创作的绝好材料。在劳伦斯·阿罗威这一思想的引导下，1952 年，一群年轻艺术家在英国伦敦当代艺术学院拉开了波普艺术的序幕。

波普艺术诞生后，迅速成为西方艺术领域的新思潮，对西方各个国家的艺术革新

---

① ［匈］阿尔帕德·绍科尔采. 反思性历史社会学 [M]. 凌鹏，纪莺莺，哈光甜，译. 上海：上海人民出版社，2008：74.

与探索产生了重要影响。受波普艺术的影响，西方艺术家开始探索如何以商业文化形象和都市生活的日常事务为题材，充分借助各种废弃物拼贴出具有时代符号的波普艺术品。波普艺术首先以一种特立独行的方式在绘画领域发端，并迅速引发了公众的关注，随后蔓延至其他艺术领域。波普艺术改变了艺术长期以来高高在上的特点，开始朝着大众文化靠拢，并推动大众文化逐渐上升至美学范畴，使日常生活中处处可见的形象和事物成为艺术创作的重要载体，使平凡事物焕发了美学价值，从而形成了极具趣味性和大众性的艺术理念。波普艺术成为一种为大众服务、以大众为主体的艺术，其为生活中平凡的大众服务，而非为神话中高高在上的英雄服务。

波普艺术这种为大众服务、回归大众的设计理念反映在景观设计领域，则是借助日常生活处处可见的形象和材料，结合几何图案和艳丽的色彩，共同创造出有着强烈的视觉效果和通俗的观赏性的景观。例如，玛莎·苏瓦兹的面包圈花园即为典型的波普艺术的代表。

（三）自然为本的生态设计理念

20世纪中后期，西方在步入工业社会之后，开始逐渐从工业社会向后工业社会转型。这一时期，人们逐渐认识到，尽管工业发展可以提升生产力，推动社会经济迅速繁荣，但与此同时，工业生产对自然环境、自然资源和人类生存环境所造成的破坏是不可逆的。工业生产所造成的环境问题包括全球气候变暖、臭氧层的损耗与破坏、生物多样性减少、酸雨蔓延、森林锐减、土地荒漠化、大气污染、水污染、海洋污染、危险性废物遗弃等，这一系列环境问题也被遗留到后工业时代。如果不能及时解决这些严重的环境问题，尤其是工业生产所造成的环境破坏、能源危机等，将危及人类的未来发展。为此，艺术家们开始关注人类的生存环境、生存状态等，并且通过各种艺术实践来唤醒人们对环境的保护和重视。

以自然为本的生态设计理念摒弃了工业社会以人为本的社会发展方式，通过对自然生态环境的保护，以及对遭到破坏的自然生态环境的修复来推动人类的可持续发展。以自然为本的生态设计理念反映在现代景观设计上主要表现在三个方面。

其一，对自然生态环境进行保护。对自然生态环境进行保护是指在一些风景价值高、具有研究价值的地方，为了减少人为活动对自然环境的干扰，而设立各种专门的国家生态保护区、生态保护湿地、野生动植物保护区等。这些多样化的自然生态保护区中的景观应尽可能地少设置，尽量保持自然的原有状态，减少人为活动对这些地区的干扰和破坏。除此之外，在进行必要的基础景观建设时，应尽量采用自然界中的建材或使用对自然环境影响较小的建材。在景观道路的设计上，也应尽量减少对自然生态环境的干扰。除此之外，在特定的区域内，还可通过使用植物等元素或其他高科技手段对自然生态环境进行保护。

其二，注重材料循环使用，减少资源浪费。以自然为本的生态设计理念要求在进行景观设计时，应尽量注重减少对资源的浪费，加强对自然资源的再利用。例如，在进行景观设计时，利用各种垃圾回收物设计出具有深刻内涵的景观作品。又如，在对废弃的工地、厂房、车间遗址等地进行设计时，应尽量充分利用原有设备进行景观设计，减少资源浪费。

其三，对遭到破坏的自然生态资源进行修复。工业时代的经济繁荣是建立在大量资源开发和利用的基础之上的，而在工业时代对资源开发和加工的过程中，周围的环境遭到了巨大破坏，出现了周围山体滑坡，土壤、水体污染，生物多样性急剧减少等现象。这些问题反映到景观设计领域中，表现在为了对遭到破坏的自然生态资源进行修复，设计师常常遵循将景观作为生态系统的设计原则，对遭到破坏的水体、土壤以及生态系统进行重新修复。这一点通常需要借助多种生态技术或景观技术。例如，设置净水装置，对遭到污染的水体进行生态修复；利用植物景观的手法对遭到污染的土壤进行生态修复，从而达到修复与保护自然生态环境的良好效果。

第二节　西方现代景观设计手法的特点

景观设计手法是指在景观空间中依照景观美学的原则，运用一系列空间组织手法，综合处理景观空间中的几何元素（点、线、面等）、物质元素（色彩、肌理、质感等）与文化要素（文脉、风格、隐喻等）[①]。西方现代景观设计手法主要包括景观设计的艺术手法、景观设计的植物艺术手法以及景观设计的理水艺术手法。

一、景观设计的艺术手法

景观设计是一种艺术与技术相结合的方法，即在设计中包括大量的艺术手法。具体来说，景观设计分为主景、配景、实景、虚景以及前景、背景、内景、外景等多种景观，这些景观的搭配艺术不同，则呈现出来的实际效果也不相同。

（一）主景与配景

根据主次划分，景观设计的造景可分为主景和配景，其中主景是指景观设计中的主要景观，是景观构图的中心；配景则是指景观设计中的次要景观，是与主要景观相搭配的景观。在景观设计中，只有处理好主景与配景之间的关系，才能使整个景观达到主次分明、和谐有序的效果。在西方景观设计中，突出主景有多种途径，具体包括以下几种类型。

其一，主景升高或降低的方法。即利用自然地势或营造人工地势以通过将主景升高或降低的方法来突出主要景观。例如，意大利园林设计中的台地式景观设计方法即是通过主景升高的方法来突出主要景观。台地式景观设计将整个景观建筑分为几个台

---

① 吴忠.景观设计 [M].武汉：武汉大学出版社，2017：96.

层，其中主要建筑景观置于最上层，以使人们保持较为开阔的视野，余下的台层中的景观则为配景，每一台层中也设置同一台层的主景和配景。又如，在古希腊竞技场馆的设计中，常借助山地地势，将主要景观置于山地最低部，而看台和座椅则采用逐层上升的方法，即采用主景降低的方法来塑造主景，以达到聚集人们视线的作用。

其二，轴线对称法。轴线对称法包括绝对与相对的对称手法。在西方景观设计中，常采用轴线对称法进行设计，尤其是在文艺复兴时期以及17世纪法国园林景观的设计中，常采用轴线对称法来突出主要景观。例如，凡尔赛宫西面的花园就采用了纵轴与横轴相结合的设计，其中两条主要轴线上的景观为主要景观，而主要轴线之外的景观则为配景。主配景的结合使得整体的景观设计更加和谐与规整，形成了一个个规则的几何形状。

其三，"百鸟朝凤"或"托云拱月"法。这种突出主景的方法也称为动势向心法，即把主景置于周围景观的动势集中部位。例如，在西方景观设计中，常常使用雕塑与喷泉来打造动态化的景观，使得周围的绿植、树木、广场、建筑小景等静态景观在整体上呈现出了突出景观的动态化发展的特点。又如，西方景观设计中的水剧场就采取了通过周围景观突出水剧场景观的动态化主景的方法。每层水阶梯的高度及宽度随地形而变化，水声也富于变化。

其四，构图重心法。这种方法是指将主景置于整个景观空间的几何中心或相对重心部位，使全局规划稳定适中。例如，在西方景观设计中，法国现代园林景观就十分擅长使用构图重心法营造独具特色的主要景观，在这一类型的景观中，常常通过构建强烈的几何性图案来达到主景与配景的抽象统治下的静态平衡。

其五，园中之园法。这种方法是指在大面积风景区或园林的关键部位设置园中园，以局部之精髓而取胜。园中之园法是西方各个阶段景观设计中常用的一种突出主要景观的方法。例如，在凡尔赛宫花园景观中，除纵轴和横轴线上的主要景观外，还在各个区域通过独具特色的水景营造出园中之园的景观，以突出该区域中的主要景观，达到主景与配景和谐发展的目的。

（二）实景与虚景

建筑和景观往往通过空间围合程度和视觉虚实程度使人们在进行视觉观赏时形成清晰和模糊的视觉感受，并通过虚实对比、虚实交替与虚实过渡等创造丰富的视觉感受。其中，实景是指建筑、山石、水体、植物、园路广场，以及其所构成的景观，是一种实实在在的实体形成的景观；虚景则是指没有固定的色彩和形状的景观，如光影、声、香、云雾形成的景观。实体景观形成的空间呈现有限的特点，而虚景则具有能够营造出独特的无限空间的特点。在西方现代景观设计中，常常通过实景与虚景结合来营造出一种有序、理性的和自然的特点。西方景观设计常常使用独特的透视和水体来达到实景与虚景的结合。例如，西方景观设计自古以来就十分注重雕塑、喷泉在景观设计中的运用。尤其是喷泉，在各个时代的各种西方景观中均十分常见。雕塑、喷泉不仅能够通过具体的山石、水体和雕塑相结合营造实景景观，还能够通过水流的声音，以及阳光照耀下的水流所折射的光线营造出独特的虚景，以达到特有的虚实结合的景观。西方景观设计在虚景的营造上还常常通过独特的透视来呈现不一样的虚实空间。例如，当阳光穿过不同的建筑或植物、水体等实体景观时，阳光的不同折射角度会营造出独具特色的虚景，达到实景与虚景的结合、现实物质空间与艺术想象空间的结合。实景和虚景是相互的，没有了实景，也就没有虚景。实景是固定不变的，且较为理性；而虚景则是变化的，且较为感性。

（三）前景与背景

无论是哪一种景观空间，都是由多种景观要素组成的，为了突出主要景观，常常在景观设计中将主景放置于某个空间的前方，而将该主景背后以及其周围的建筑墙面、山石、林木、草地、水面、天空等作为背景。例如，在 18 世纪的英国自然风景园林景观设计中，风景风格景观设计常常根据景观距离建筑物的远近将景观分为近景、中景以及远景。在这种风格的景观设计中，以人的视线焦点为依据，在近景中设置由花卉、喷泉以及雕塑等构建的主体景观，而在中景与远景中则以大片的田地和自然风景作为背景，从而突出近景景观的精致性与人工性特点。除此之外，前景与背景是一种相对的景观概念，前景常常为花卉、喷泉以及雕塑、建筑等组成的几何图形的景观，而背景则为大片草坪或绿植等。前景与背景的结合能够起到烘托景观的重要作用。另外，前景与背景的结合还应该从颜色与形体上进行良好的搭配。例如，白色的喷泉或雕塑通常以绿植或花卉进行衬托，以便形成大小、远近等相结合的景观，以突出前景，或形成多层次的景观，而背景则不能喧宾夺主。

（四）内景与外景

内景是指景观空间中以内部观赏为主的景观，外景是指景观空间中以外部观赏为主的景观。例如，西方景观设计中常见的凉亭以及林荫道这两个景观既可以供游人驻足、远眺或休憩、交际，或者供游人纳凉、散步，又可以成为整体景观中的重要组成部分，起到内外景观的双重作用。每一种景观均是由一定的实体要素所构成的特定空间，其具有一定面积和体量的局限，而景观设计师在设计中巧妙地借用内外景观可以形成层次分明、丰富的景观空间。例如，在西方景观设计中，常常将林荫道作为一种独特的田园景观设计，在林荫道两旁高大的树木的围拥下，林荫道内部形成一个相对较为私密的空间，这个空间有两个出口，一个是林荫道的起点，一个是林荫道的终点，通过这两个出口，林荫道又与外部空间相连接，使得林荫道在整个较大空间中成为一种十分独特的景观。又如，在西方花园景观设计中，常常在一个较为宽阔的空间中打造较为私密的小空间，从而使得整个景观群形成错落有致的丰富空间。在西方林园设计中，常常在林园中设置一个个由特殊植物围成的私密花园，花园中设有亭台、雕塑或喷泉等，或者是全部由一种主要花卉构成的单一花卉园等。例如，蔷薇园在整个景观中形成一种独特的内部空间景观，成为整个空间景观中的一个亮点。

二、景观设计的植物艺术手法

西方景观设计十分重视植物造景的艺术手法，植物造景艺术的历史渊源十分久远。

（一）西方景观设计中植物造景简史

早在古埃及时期，景观艺术设计就十分重视植物的作用，这与古埃及独特的地理条件有关。古埃及地处自然环境恶劣的沙漠地带，自然植被和森林的分布极其稀少，气候干旱炎热，而植物则具较强的庇荫功能以及改善局部气候的功能，因此古埃及人在景观设计中使用大量树木形成大片绿荫，为人们提供了相对舒适的生活环境。另外，古埃及时期，人们的宗教意识较强，在宗教圣地等地栽种大片圣林能够营造神秘氛围，有利于巩固朝圣者的信仰。由此可见，这一时期，植物在景观设计中具有三重作用，不仅可以打造独具特色的景观，还可以形成大片阴凉，改善局部气候，此外，还能够营造神秘的氛围。这一时期的植物中的树木大多为具有实用功能的果树、葡萄架等藤蔓植物，以及兼具实用和观赏效果的蔷薇、银莲花、罂粟等植物。

古西亚时期，人们所生活的两河流域气候温和、森林茂密，当时最为著名的园林景观即空中花园，空中花园因栽种了大量植物而成为一座"长在空中的屋顶花园"，较为良好地营造了植物景观。

古希腊时期，人们在景观设计中仍然十分热衷运用植物，并打造了有圣林等的公共园林以及文人园。在这一时期的景观设计中，植物的使用开始由注重实用型的特点朝着注重装饰性的特点发展，开始在景观设计中运用大量花卉和绿植作为装饰，如桃金娘、山茶、百合、紫罗兰、三色堇、石竹、勿忘我、罂粟、风信子、飞燕草、芍药、鸢尾、金鱼草、水仙、向日葵、蔷薇、紫花地丁等。

古罗马时期，人们开始重视植物造景的作用，一方面，将常见的园林栽种的常绿植物修剪成篱笆，之后又将植物修剪成几何形体、文字、图案甚至一些复杂的人名或动物图案等；另一方面，古罗马花园景观设计中出现了专门的观赏植物园，如蔷薇园、杜鹃园、鸢尾园、牡丹园等专园。除此之外，罗马花园中还将绿色植物和花卉修建或布置成为方形、圆形、六角形的图案，花园内部则饰以图案复杂的小径。此外，还将低矮的灌木修剪成绿色的迂回曲折篱笆，从而构成各种迷园，以供人娱乐。此外，古罗马花园中还常常将绿色篱笆与花卉结合起来，从而组合成形态各异的植坛。这一时期，绿色植物花卉在景观中应用的种类也越来越多。

中世纪时期，花园中盛行大面积的草坪，其上则点缀着各式各样的花卉，以及用绿植构成的三面开敞的龛座。中世纪时期的西班牙盛行伊斯兰风格的园林，景观设计中常常用结满果实的椰枣树和其他果树进行装饰；用高大荫浓的树木和绿色植物来形成凉爽的绿荫，改善炎热的气候；用精心修剪的条带状的绿篱和纵横交错的水渠共同形成独具特色的景观。除伊斯兰风格的园林外，从整体上来看，中世纪景观设计中的植物景观还以实用植物为主，出现了草本园、蔬菜园等专门的植物主题庭院。此外，中世纪景观设计主要以植物作为材料，几乎囊括了当时宫廷庭园栽培的所有主要植物，包括 74 种蔬菜和草药、16 种果树，而所用花卉的数量则相当稀少，仅有百合和玫瑰两种类型。

文艺复兴时期，随着理性主义的发展，植物在打造景观中通常发挥着创造规则型景观的重要作用。在景观设计中，常使用草坪、灌木、树木以及花卉等构建极其规则的景观。1485 年，意大利建筑师和建筑理论家阿尔伯蒂在其《论建筑》中曾指出园林景观设计的理想原则为"在正方形的庭园中，用直线将其划分为几个不同的小块绿地，用修剪的黄杨等植物围合在绿地周边，中间种植草坪；树木栽植为直线的形式；在园路的端点，用月桂、杜松等编制为绿色的凉亭或小品；沿园路布置的绿廊应与攀援植物的使用结合；园路上点缀盆栽的植物；在花坛中用黄杨树种植拼写出主人的名字；间隔一定距离将树木修剪形成绿色的壁龛的形式，其内设置雕塑和大理石座凳；在主园路的相交处，建造月桂树的祈祷堂；在祈祷堂附近设置迷园，旁边建造拱形的绿廊，常栽植玫瑰等；在流水潺潺的山腰处设置洞窟，并在其对面设置鱼池、草地、果园和菜园"。[①] 由此可见，这一时期，植物在园林设计中的重要作用。除此之外，这一时期，意大利台地园设计中也大量使用植物建设丰富的景观。例如，将绿色植物修剪成绿篱、绿墙、绿色壁龛和洞府等。16 世纪末 17 世纪初，文艺复兴末期的巴洛克园林时期，绿植的使用更加登峰造极，出现了大量使用绿植建造的绿篱、林荫道以及绿丛植坛、迷园，并在露天剧场中，用绿植打造舞台背景、侧幕、入口拱门和绿色围墙等。除此之外，还形成了造型复杂多样的绿色雕塑等。

在 17 世纪的法国风景园林景观设计中，设计师为了适应法国地势、气候条件、民族风俗和时代特征，在景观建设中大量使用几何形状的花坛、茂密的林园，以及环绕花园整体的绿墙与丰富多样的雕塑和水体景观、建筑，共同形成独特的伟大风格景观。这一时期的景观建设中广泛建设林荫道，并将其作为重要的景观轴线，形成了线性林荫空间，使植物景观设计的审美更上一层楼，具有全新的特点。除此之外，这一时期，用绿植花卉打造的花坛样式丰富。例如，勒诺特尔式园林中将黄杨类的植物按刺绣图案进行修剪和栽植，形成了美丽的刺绣图案，即著名的刺绣花坛；以涡形为构图中心，将花带、绿篱等元素呈辐射型对称式布局，形成了组合花坛；以草地和花卉构成栽植带，形成了形式简洁的英国式花坛；以花卉作为装饰材料，以色彩艳丽的花卉和绿篱背景组合，形成了分区花坛；在草坪中设置盆栽或种满柑橘树，形成了在外观上与英国式花坛相似的柑橘花坛等。除此之外，还有以大量树林为绿色背景的丛林景观，以及以大面积修剪的规则型草坪形成的绿色地毯等。

在 18 世纪的英国自然风景园中，绿色植物的运用思路更加开阔，植物以群植、片

---

① 张瑞利.西方现代植物景观设计初探 [D].北京：北京林业大学，2007：14.

植和孤植点缀等手法形成了景观的焦点，同时植物种植与地形的变化达到了完美结合，植物景观组合遵循成带、成簇和点缀的原则，形成了空间中的视觉焦点。

进入 19 世纪后，景观设计着重展示花卉与树木等植物景观的组合，强调植物配置的高矮、形状、姿态、色彩和季相变化。与此同时，景观设计中植物的运用更加灵活和多样。

（二）西方现代景观设计中植物艺术手法特点

西方现代景观设计中植物艺术手法是在长久的历史中逐步形成的，主要包括以下三个典型特点。

其一，强调植物的地域特征。由于气候、水文、地理等自然条件的不同，不同地区形成了各具特色的地域特征，因此植物景观也具有较强的地域特征。植物是景观建设中的重要因素之一，植物造景受气候的影响较大，在不同的气候条件下形成了具有差异性的植物品种和植物群落。植物的品种和群落不同，植物的具体形状和色彩也不相同，从而形成了丰富多样的景观。西方景观设计中植物艺术手法的设计也具有较强的地域性特征。例如，巴西地处热带和亚热带地区，该地区的景物具有较强的热带风格，植物群体十分丰富。巴西景观设计师布雷·马克斯便利用高矮、形体以及色彩不同的热带植物打造出了具有巴西特色的热带风情植物园。又如，法国 17 世纪风景园林设计以法国本土的绿色植物和花卉为基础，同时大量引进适应法国气候和土壤条件的植物群，从而打造了丰富多样的植物花坛。再如，荷兰国土狭小，处于临海低地，为了扩大国土面积，荷兰从 13 世纪便开始进行围海造地，为此，荷兰人通过在不同的高程上修筑不同尺度的线状水渠，构建了完善的排水系统。这些线性的围海堤坝、水渠、堤岸、道路、农田及由于土地轮作和生产造就的色彩变化的块面构成了其国土的基本特征。在此基础上，荷兰风景设计师充分利用各种绿植的形状与色彩建造了独具特色的景观。

2. 规则性强，追求形式美

西方景观设计自古以来就具有规则性强、追求形式美的特点，西方景观中的植物景观设计也是如此。古希腊园林景观受当时数学及哲学美学发展的影响，认为美是有秩序的、有规律的、合乎比例的、协调的和整体性的，因此古希腊园林中植物景观的设计即呈现出较强的规则性特点。中世纪时期，西方景观设计主要使用植物建造各种形式的景观，而植物景观则呈现出规则性排列的特点。文艺复兴时期，随着几何学的发展，植物景观被充分利用起来，作为整体景观的重要组成部分，在整体景观设计中起着几何图形规范的作用。例如，绿色草坪以及绿色植物形成的篱笆、林荫道等均呈现出一定的几何图形和线条。而在文艺复兴后期的巴洛克风格设计中，景观设计中绿色植物的规则性被发挥到了极致。19 世纪以来，在城市广场和城市公园的设计中，绿色植物以多种形式出现，在这些形式中，绿色植物无一不表现出强烈的规则性和追求形式美的特点。

其三，展现生命的动态美。植物是有生命的，随着其生长变化，所形成的景观会变化，在一年内随着季节的不同也会产生不同的季相变化。因此，植物景观是一种动态性的、有生命的景观。植物景观能够展现生命的动态美。例如，在 18 世纪的英国自然风景园景观设计中，一些景观设计师通过种植特色性植物，打造了独具特色的植物带，从而展现出了植物景观的动态美。又如，法国风景园林大师吉尔·克莱芒在其于 1990 年出版的《动态花园》一书中提供了他的观点，他认为，植物在其发展的过程中在不断地迁徙，在一片废弃地上，自然将运用它的所有能力使之成为各种迁徙植物的竞争之地。荒地其实是极富生气的场地，是真正自然的场所，它始终处于充满活力的状态 ①。吉尔·克莱芒按照这一理念设计的雪铁龙公园中就有一个以"动态花园"命名的主题花园，该花园中种植了大量野生草本植物，这些植物并没有进行刻意的裁剪与管理，而是任其随季节变化自由生长，从而营造出了独具特色的优美独特的园林景观。除动态花园主题花园外，吉尔·克莱芒在法国南部地中海沿岸的一片海滨沼泽地上种植了桉树、棕榈、金合欢等外来植物，形成了一片展现植物生命动态变化的植物景观。

三、景观设计的理水艺术手法

西方景观设计十分注重水体设计的作用。自然界中的水体千姿百态，其风韵与形态、声音各不相同，为人们带来与众不同的美景享受。

（一）西方景观设计中水体设计的功能

西方景观设计中水体设计的功能主要有以下几种。

1. 动态造景功能

西方景观设计早在古希腊时期就已经开始注重水体建设，多在花园景观的设计中以水池或喷泉的设计为中心，打造特色景观。在西方景观设计中，大量运用喷泉和壁泉等增强水景的装饰效果，并且通过在喷泉中设置雕塑，打造了一种极具特色的层层跌落的水盘和阶式瀑布，以增强景观设计的动态效果。例如，在意大利庭院中，通过广泛利用各种各样的喷泉，形成流动性强的活泼景观。又如，英国查兹沃斯庄园（如图 3-1 所示）位于高原山丘上，德温特河从此处缓缓流过。查兹沃斯庄园的建设中就充分利用了水体打造动态的景观。17 世纪时期，该园进行修整，在花园中建设了各式各样的雕塑喷泉，包括著名的海马喷泉。除此之外，还在花园东部设计一条总长 200 米的梯式瀑布，这一瀑布由高低不同的 24 级台阶形成独特的水台阶，该水台阶在流动时，能够发出丰富而奇特的声响，进一步丰富了西方景观设计中的水体设计。除此之外，该花园中还修建了水渠以及装有喷水孔的水亭，使整个花园的水体景观呈现出丰富而极具动态

---

① 张瑞利. 西方现代植物景观设计初探 [D]. 北京：北京林业大学，2007：51.

的效果，形成了独特的动态景观，体现了景观设计中对动态水体景观的打造。

图 3-1 查兹沃斯庄园

2. 植物造景功能

水生植物按照植物的生长习性主要可划分为沉水植物、浮水植物与挺水植物三种类型。其中，西方现代景观设计中沉水植物多为狭长或丝状植物，植物的植株部分能够在弱光条件下吸收水体中的养分，这类植物一般多为自然生长在水中的植物。浮水植物是指根生长于泥土中、叶片漂浮于水面上的植物，如西方水体景观建设中常见的睡莲类植物等。浮水植物既可观赏叶片，也可观赏花朵。挺水植物是指根生长于泥土中、茎叶挺出水面之上的水生植物，如西方水体景观设计中常见的芦苇等。除以上三种类型之外，水生植物还包括漂浮植物。无论是哪一种水生植物，均具有较强的净化水体的作用。

西方景观设计常在各种水体中种植水生植物，以营造丰富的水体空间。早在古埃及时期，在西方景观设计中，就常常以水池、水渠等作为主要景观，这一方面出于水体的实用功能，即提供用于灌溉或用于饮用的水资源；另一方面，在埃及炎热的环境中，大面积的水体能够在区域范围内为人们创造相对较为清凉的气候。之后以水体作为主要景观的传统流传下来，并在西方各个国家中普及和流行。为了使水体景观不过于单调，人们通常在其上种植睡莲或芦苇等水生植物，以达到装饰水体的作用。

3. 动物造景功能

西方现代景观设计中水体设计的动物造景功能是指在水体中养育鱼类或水禽等，以达到营造动态景观的良好作用。但不仅仅是养鱼或水禽，甚至还会在水体景观中养育鳄鱼作为宗教吉祥物。一方面，在水体中养育动物可以达到增强信仰的重要作用；另一方面，在水体中养育动物可以充分发挥水体的使用功能。此外，在水体中养育动物还可以起到良好的装饰功能，以增强水体活泼的动感。

4. 倒影与娱乐功能

水体能够体现其他景观的倒影，如水生植物芦苇在水中的倒影、睡莲在水中的倒影、周围高大的树木或植物等在水体中形成的婆娑的倒影、天上的云朵以及蓝天在水体中形成的倒影等，均可以形成独具特色的水体景观，起到景观装饰的重要作用。除此之外，西方水体景观设计中的水库、宽阔的水渠以及水塘等还可以供人们在水面上开展各式各样的娱乐活动，如划船等。又如，凡尔赛宫的花园中还设置了一段长长的水库，法国国王路易十四曾在该水库上进行过水军训练。

（二）西方景观设计中的理水艺术手法

西方景观设计中的理水艺术手法包括水渠、水池、水塘、喷泉、水库、河流、沼泽等。

其一，西方水景体现出较强的人工美。西方理水艺术手法体现出较强的布局对称、规则、严谨性的特点，尤其是在 18 世纪之前，西方水景大多为水渠、水池、水塘、喷泉、水库等，这些水体的边缘通常为长直线形状或圆形，整体水景呈现出鲜明的几何形状，甚至就连水边的花草都修整得方方正正，这就使西方水体景观体现出强烈的人工美的特点。例如，古希腊时期，几何学得到了发展，反映在园林设计中，通常为主要水体景观与周围的景观一同组成了独具特色的几何图案。又如，文艺复兴时期，几何学取得了重要发展，对景观设计起到了较强的推动作用，使景观设计的水体景观也呈现出较强的人工塑造痕迹，展现了水体景观设计中的人工美。例如，法国勒诺特尔式园林在景观设计中擅长构建人工运河。人工运河长且直的岸线伸向远方，极大地扩大了园林的空间感，而运河的水面则反射着天光，人们目力所及在水天交界处，为人们带来一种空间无限深远的感觉。另外，自古埃及时期即兴起了水渠，不但其长且直的岸线能够作为景观的空间划分图形，而且水渠能够为景观设计中植物或田地等进行灌溉。除此之外，水渠的长直线岸线还可体现出鲜明的人工美。

其二，西方水景体现出较强的形式美。西方景观设计具有较强的形式美的特点，西方景观设计中的形式美是西方景观艺术追求的重点。早在古希腊时期，哲学家毕达哥拉斯就提出了黄金分割，以其严格的比例性、和谐性、艺术性，体现出了西方景观设计独特的美学特征。文艺复兴时期，达·芬奇等画家提出了比例与均衡的艺术特征，笛卡儿等数学家创造并大力推动了几何学的发展。之后黑格尔提出了平衡对称、规律和谐等形式美。因此，西方景观设计的形式美大多体现在几何构图、均衡布局、对称等方面。西方景观设计将形式美运用到了极致，其在园林设计中不但布局严谨，而且草木、花枝等修剪整齐，展现出独特的几何图形之美，并且以西方哲学、美学等思想为理论依据，极大地提升了园林设计的形式美。在西方水体景观中也体现出较强的形式美。例如，西方水体景观中的水渠、水库、水塘、水池等的设计大多为长直线形成的几何形状，喷泉景观的设计大多为圆形。除此之外，西方水体景观中的水剧场、水台阶形成的水瀑布、水扬琴以及其他多种形式水体景观等均为几何形状。而这些丰富多彩、千姿百态的水体景观又与周围的植物、建筑、道路以及草坪等形成了一个个规则性强的几何图案，体现出了较强的形式美。

其三，西方水景体现出较强的中心性特点。水是富有生气的象征，也是景观设计中的点睛之笔，西方景观设计中的水体景观设计体现出鲜明的中心性特点。所谓中心性，即在景观设计中处于中心地位，往往是主要景观的构成。早在古埃及时期，在庭园景观建设中就十分注重水体景观的作用，庭园中无论植物多少，呈现出何种形状，必然围绕水体景观展开，将水体景观作为主要景观。这一方面是出于人们对水资源的需要，在景观设计中充分考虑了人的使用和参与的需求、人的安全问题以及干旱缺水地区水的循环利用和水体的蒸发问题；另一方面则是出于水资源独特的景观点缀效果。即使是在黑暗的中世纪，景观设计中也十分重视水体的作用，寺庙庭院中常常以水井、水池或喷泉作为中心景观，以草坪、植物等作为辅助景观。随着景观艺术的发展，在城市广场的建设中，也常常将水景作为中心景观和主要景观。例如，意大利的城市广场设计将水景观的运用推向极致，不仅十分强调水景与背景在明暗与色彩上的对比，还注重水的光影和音响效果，甚至以水为主题，形成了丰富多彩的水景。西方的水体景观通常与雕塑结合在一起，形成独具特色的雕塑喷泉，其他建筑或景观则以此为中心，形成规则的几何形状，体现出了规则与均衡之美。

第三节 西方现代景观设计受艺术影响的特点

自19世纪后半期以来，西方各国先后进入资本主义经济高速发展阶段，随着工业革命的发展，西方各国在短时期内迅速积累了巨大的物质财富。在西方国民经济迅速发展的同时，由于政治经济制度、社会结构、科学技术和意识形态等各个方面的发展与变化，西方传统的文化价值观开始瓦解，朝着现代主义思想价值观演变。西方社会中价值观的变化体现在艺术上，则形成了各种新的艺术创新与思潮，而艺术领域的创新与理念的发展反过来又对西方景观设计产生了重要影响。由于在第一章与第二章中均涉及艺术思潮对景观设计的影响，因此本节主要对现代主义艺术对西方景观设计的影响进行详细阐释，其余不再赘述。

一、西方的现代主义艺术形成的背景

19世纪末20世纪初期，受以反传统和强调"自我"为特征的现代主义思潮的影响，西方传统价值观被现代主义价值观所取代。与此同时，受现代主义思潮的影响，西方艺术领域发生了剧烈的变革，形成了文艺复兴以来声势最为浩大的艺术运动，西方学术界将这种艺术革新运动称为"现代主义艺术"。

（一）现代主义概念阐释

现代主义作为一种文化思潮和运动，起源于 19 世纪末的欧洲，之后则在全世界范围内传播开来。现代主义思潮是特定历史阶段西方世界社会矛盾和人们精神状态在文艺领域的反映。关于西方现代主义的形成及其概念，学术界存在着各种说法。

"现代主义"一词具有较强的开放性，其不是仅涉及一个领域，而是涉及政治、经济、文化、艺术等各个领域的发展，因此西方学者对"现代主义"一词的概念并没有一个公认的精准的定论。西方学者埃斯坦森在其所著的《现代主义概念》一书中指出："现代主义是一个让人最无法容忍的含混不清的词。"[①] 由此可见"现代主义"这一概念的争议性。从西方各学者对"现代主义"一词来源以及含义的争议中可以看出，"现代主义"一词源于 18 世纪欧洲文化的古今之争，当时尊崇古代艺术的一方出于嘲讽的目的，将另一方称之为"现代主义"。进入 20 世纪 20 年代后，"现代主义"一词的含义较之以前发生了较大变化。西方学者福克纳在其《现代主义》一书中对"现代主义"一词含义和用法的演变进行了阐述，他指出："'现代主义'这个术语在 20 世纪 20 年代开始逐渐摆脱那种对现代作品抱有同情态度的一般意义，具备了与艺术中的试验活动相联系的具体意义。"[②]

进入 20 世纪 60 年代以来，西方"现代主义"一词的概念几经变迁，直到 20 世纪 70 年代，"现代主义"一词开始被随意使用，其含义更加开阔。"现代主义"一词的概念确切性不足，但包容性较强。从时间维度来看，现代主义突出了时段性，即自 19 世纪中叶至 20 世纪中叶，西方文化和艺术所表现出来的区别于传统的特征；而从质量角度来看，现代主义则表现出其涵盖的文学艺术流派的新颖的、与传统不同的特质。自 20 世纪以来，现代主义已经渗透到西方文化艺术的方方面面，对文学、绘画、雕塑、建筑、音乐、舞蹈等艺术形式均产生了极其重要的影响。

（二）现代主义艺术形成的原因

现代主义艺术的形成具有深刻的社会原因，按照马克思主义哲学观点，事物的发展是外部原因和内部原因共同作用的结果，因此现代主义艺术形成的原因可分为内部因素和外部因素。

1. 西方现代主义形成的外部因素

西方现代主义形成的外部因素包括政治经济方面的因素、科学技术方面的因素、

---

① 沈语冰 .20 世纪艺术批评 [M]. 杭州：中国美术学院出版社，2003：33.

② [英] 彼得·福克纳 . 现代主义 [M]. 付礼军，译 . 北京：昆仑出版社，1989：4.

思想文化方面的因素三个维度。

首先，政治经济方面的因素。社会的政治经济趋势决定了每个时代的思想文化运动，并给予这些运动以种种影响。社会政治经济是各种艺术和文化形成的背景。例如，在中世纪时期，教会掌握着社会上各种政治和经济资源，也掌控着艺术的主导权，因此形成了以适应教会发展为特征的艺术风格和思潮。又如，文艺复兴时期，资产阶级的崛起对社会政治经济产生了重要影响，然而宫廷、教会和贵族仍然掌控着绝大部分政治和经济资源，因此这一时期，虽然舞蹈、音乐、绘画以及文学均取得了较大发展，但是政治因素和经济因素仍然决定着艺术的主导权。以文艺复兴时期的绘画为例，这一时期绘画的主要题材仍然是宗教题材和神话人物以及贵族人物画等。此外，17世纪，在法国君主专制主义背景下，在文学艺术等领域形成的独具特色的伟大风格也体现出了政治经济因素的重要影响。因此，政治经济结构的变化是现代主义形成的极其重要的外部原因。19世纪时期，随着封建王朝的没落，国王要么被废黜，要么作为国家象征而存在，失去了原有的政治权力，而市民阶层的崛起以及教会力量的削弱等，均为艺术家提供了全新客户和市场，从而使艺术家得以跳出原有立场和角度对生活进行观察，对艺术形成新的理解，为现代主义的形成奠定了政治和经济基础。

其次，科学技术方面的因素。科学技术是生产力中极其活跃的因素，科学技术的发展直接推动着人们对自然和社会的认识，影响着人们的价值观的变化。西方学者贡布里希在其《论风格》一文中即指出，技术进步是引起艺术风格变化的主要力量之一。一方面，新的科学技术的发展弥补了人们的知识缺陷，甚至彻底颠覆了之前的知识和科技成果，从而改变了人们对自然的认识，直接或间接地冲击了人们对社会、对美、对艺术的理解；另一方面，新的科学技术的发展能够形成新的观念，使人们以一种新的眼光来观察和认识世界，从而给人们带来了新的视觉经验和价值观念。例如，19世纪以来，科学技术的进步带动了机器、车辆、摩天大楼及各种工业设施的发展，而这些新事物的风格、材质以及外在形态在潜移默化中改变着人们的审美思想和习惯，从而促进了人们新的价值观和审美观的形成，为现代主义的发展奠定了科技基础。

最后，思想文化方面的因素。随着社会政治经济和科学技术的发展与变化，传统文化和价值观被颠覆，而资产阶级为了维护以私有制为核心的个人利益，促使人们开始全面否定传统，倡导所谓的"自由"，强调"自我"精神。这使得原有传统文化中支配社会存在和发展的精神中心被消解，传统文化赖以生存的内在支柱也随之而坍塌，从而引发了西方哲学思潮的转变。西方现代哲学开始大张旗鼓地反对传统哲学中对客体的重视，开始对人类精神世界进行探索。例如，西方哲学家叔本华对康德的哲学思想进行了否定，将客观存在的"物自体"转变成主观意志，将世界划分为表象和意志两个方面，提出了唯意志论的观点。之后，西方哲学家尼采继承和发扬了叔本华的这一观点，提出了强力意志说。这些哲学思想上的变化对人们的思想产生了极大影响，反映在艺术上，则深刻地影响了艺术家的价值取向和艺术的使命感，从而为现代主义的产生奠定了思想文化方面的基础。

2. 西方现代主义形成的内部因素

除外部因素外，西方现代主义的形成还离不开内部因素的影响。事物发展的内部因素决定着事物发展的趋势和方向。艺术的发展离不开社会经济、政治、科技、文化等方面的影响，主要体现在对现代主义艺术形式和风格的影响上，然而现代主义艺术究竟以什么样的形式和风格出现则不仅要依靠外部因素，还要依赖艺术自身的内在逻辑和规律。西方学者李格尔认为，艺术形式的变化来自形式本身的冲动，提出了"艺术意志"的概念。所谓"艺术意志"，即艺术家或某个时代所面对的艺术问题以及企图解决这些问题的明确的、有目的性的冲动①。李格尔的这一理念明确了艺术作品的影响不仅来自外界，还来源于艺术家的个人创造性行为本身。艺术发展依赖的内在逻辑和规律性主要体现在艺术家在艺术创作过程中的反思和总结。

艺术家在艺术创作中的逻辑性和总结，一方面表现出艺术家对艺术形式的提高和创新；另一方面也体现出艺术家对现有艺术风格和艺术创作手段的不满，因此探索全新的艺术表现形式。美国艺术批评家在表达不满的过程中开始探索新的表现方式。美国的现代艺术批评家格林伯格即指出："19世纪中期，欧洲社会已进入一个文化停滞期，其显著的标志就是这种文化已不能接受新事物，成为一种停滞不前的学院主义。"②自古罗马时期，一些学者就出面建设了绘画、雕塑等艺术专门学校，形成了古典主义学院派，即便在中世纪时期，专门的艺术学校仍然存在。经过千百年的发展，西方艺术中形成了一系列造型方法和规律。文艺复兴时期，科学的发展极大地扩大了人们的认识领域，艺术家则将解剖学、透视学、色彩学等知识应用到艺术创作上，从而推动了绘画、雕塑、建筑、景观设计等艺术的发展，使艺术能够准确细致地描绘客观事物的真实形态。

进入19世纪后，一些美术艺术家在实践中对色彩和光的反射进行反复研究，在此基础上形成了印象主义画派，印象主义画家的探索以及对于无拘束笔触效果的实验使真实世界中的所有事物都能够成为绘画主题，进一步强化了绘画的视觉印象效果。

19世纪中叶后，艺术家在充分利用科学成果的基础上，对艺术进行的创作达到了个顶峰，从而引发了艺术家对一直以来的创作方法的质疑，以塞尚为代表的后印象主义者不再遵从科学的分析方法对现实事物进行描摹和模仿，而是开始自由创造形象，这种艺术思想和理念的创新极大地促进了绘画艺术的发展与进步，同时对各艺术流派产生了影响，推动了绘画作为一种独立事物而不是其他事物的映照而发展。另外，随着科学技术的发展，世界各个地区和国家之间思想和文化交流与传播的时间和空间距离被大大缩短，世界性文化取代了传统西方社会的以欧洲文化为中心，从而推动西方艺术家积极汲取世界各国的文明成果，推动了艺术的进一步创新，从而为现代主义艺

---

① 邵宏.美术史的观念[M].杭州：中国美术学院出版社，2003：247.
② 常宁生，邢莉.理念与建构——论现代艺术之父塞尚的绘画[J].荣宝斋，2010（2）：26-33.

术的形成奠定了坚实的内在发展动力。

（三）现代主义艺术的特点

西方现代主义思潮的发展推动了现代主义艺术的发展，现代主义艺术打破了传统艺术的种种规则，具有以下几种全新特点。

其一，现代主义艺术中不再注重写实，而是朝着抽象艺术的方向发展。19 世纪中叶以前，传统艺术主要以古典主义艺术为主，倡导写实艺术。西班牙哲学家奥尔特加就曾明确指出："19 世纪及其以前的艺术，在某种意义上说，都是写实的艺术，即使是那些以奇特甚至富有幻想的形象出现的浪漫主义艺术，也仍然是写实的。"[①] 例如，在绘画艺术中，经常以现实生活中人们常见的形象或者以宗教传说和神话传说故事为摹本，进行形象创造。无论是人物、故事还是风景的表现，均具有一定的写实性。这种写实主义艺术特点的形成源于古希腊到文艺复兴时期形成的理性主义以及客观写实的规则。然而，19 世纪中叶之后，西方艺术价值观中形成的写实主义思想开始被颠覆和瓦解，并朝着抽象艺术的方向发展。19 世纪 70 年代，以塞尚、凡·高、高更、马蒂斯、毕加索、康定斯基等艺术家为代表的绘画学派开始在艺术创作中摒弃传统的写实艺术表现方法，而是朝着概括性、抽象性的艺术方式发展。以线条、色彩、体块等形成种种抽象艺术，从而诠释艺术家自我对世界的认识和理解。现代主义艺术的这种不再注重写实，朝着抽象艺术的方向发展的特点促进了人类艺术感知在视觉领域中的大解放。

其二，现代主义艺术中不再注重再现，而是朝着表现的方向发展。19 世纪中叶以前，西方传统艺术以逼真地模仿世界、描绘世界为出发点和目标，从而在艺术创作中追求生动的形式和效果。例如，在绘画和雕塑艺术中，通过运用人体解剖学理论而发现了绘画和雕塑的完美比例，并且以透视学理论为基础，从而创作出了具有完美比例身材的雕塑艺术作品，同时人物绘画以逼真地再现人物的真实面貌为主。又如，在景观艺术中的人物雕塑或动物雕塑也以反映真实为主。18 世纪时期追求的如意画风格的园林景观设计也是一种对现实世界的模仿和再现。在古希腊至文艺复兴时期形成的理性主义，以及在传统艺术中以再现真实世界的逼真形象为基础而形成的艺术本体论观念成为传统艺术发展的理论基础。然而自 19 世纪中叶以来，随着现代主义艺术的发展，艺术本体论逐渐消解，艺术不再注重对现实世界的再现，转而朝着揭示人的主观精神世界方向发展，从而表现个体对世界的真实认识。西方学者贝尔曾指出："一个以现实事物的形式构成的优秀的构图，无论如何都会降低自己的审美价值。"[②] 贝尔的这一思想体现了现代主义艺术家的审美价值，因此在现代主义艺术中，无论是哪一种艺术流派和风格，均以"表现"作为艺术的本质。因此，现代主义艺术中不再注重再现，而是朝着表现的方向发展，这成为现代主义艺术最重要的特点之一。

---

① 周宪 . 20 世纪西方美学 [M]. 南京：南京大学出版社，1997：65.
② ［英］克莱夫·贝尔 . 艺术 [M]. 周金环，马钟元，译 . 北京：中国文艺联合出版公司，1984：154.

其三，现代主义艺术中不再注重内容，而是朝着形式的方向发展。西方传统艺术十分注重对内容的表现，这是由于美与艺术被看作主体心灵（情感、意志、欲望、幻觉、潜意识等）的表现，这种表现同对外部世界的模仿无关，因此致力于创造出与主体独特的心灵表现相适应的形式就成了艺术活动的重要内容①。例如，绘画艺术十分注重对思想内容的表达，通过所绘人物与场景来表达一定的思想感情。又如，传统景观艺术设计往往通过特定的景观元素的组合来表达某种内容、理念和精神。在凡尔赛宫设计中，通过中轴线的设计、众星捧月的建筑格局、景观艺术中神话人物的雕塑以及对其装饰的体现等，表现出对王权的强烈推崇。而在现代主义艺术中，任何艺术形式和题材均是使色彩和图案达到平衡的机会。因此，现代主义艺术表现出鲜明的注重形式的特点。正如西方学者克莱门特·格林伯格所说："在欣赏古典派大师的作品时，看到的首先是画的内容，其次才是一幅画；而在欣赏现代派的作品时，看到的首先是一幅画。"②

二、西方现代主义绘画和雕塑艺术的创新及其对景观设计的影响

在现代主义艺术的发展中，绘画和雕塑艺术起着极其重要的推动作用，尤其是绘画艺术作为视觉艺术领域的表现者，常常在艺术新思潮的发展中起着重要的领导作用。这一点主要是由以下两个方面的原因决定的。其一，绘画艺术作为一种视觉艺术，是一种能够迅速引发社会关注的艺术形式，而且科学技术的成果能够被较为容易地应用到绘画艺术领域中。例如，文艺复兴时期，透视学、解剖学和几何学的发展成果就被迅速融入绘画艺术领域中。其二，绘画艺术较少受到材料、社会政治与经济的影响，创作题材相对来说也更加自由，因此在创作思想和创作方法上易形成革新。这两个原因使绘画艺术在艺术新思潮中发挥了先导作用。而雕塑艺术作为另一种视觉艺术和形体艺术，往往能够直接运用绘画艺术的理念与成果，因此常常紧随绘画艺术之后，在艺术形式和思想上反映出绘画艺术的革新。受现代主义艺术思潮影响形成的西方现代绘画代表画派主要包括印象主义和后印象主义画派、立体主义画派、抽象表现主义画派等。

（一）西方现代主义绘画、雕塑艺术的创新

19 世纪中叶后，西方现代主义思潮的崛起与发展对西方现代主义绘画和雕塑艺术产生了重要影响。纵观西方现代主义绘画和雕塑艺术自 19 世纪末期至 20 世纪以来的发展，其发展路线主要可分为两条。

1. 以保罗·塞尚为主导的理性的、分析的倾向路线

法国艺术家保罗·塞尚被公认为现代艺术之父，其受现代主义艺术思想的影响，

---

① 刘纲纪. 现代西方美学 [M]. 武汉：湖北人民出版社，1993: 13.

② [英] 弗兰西斯·弗兰契娜，查尔斯·哈里森. 现代艺术和现代主义 [M]. 张坚，王晓文，译. 上海：上海人民美术出版社，1988: 5-6.

将古典主义感性与理性造型结合起来，在进行抽象绘画艺术创作的同时，创造了一种独具现代风格又融合理性语言的绘画作品，以崭新的视觉观察方法找寻绘画艺术的纯粹和真实。保罗·塞尚对传统的古典主义绘画方法进行了全面革新，其艺术手法的革新主要体现在三个方面，即色彩造型、几何构成方式以及艺术变形。

保罗·塞尚在色彩造型上的创新主要体现在其打破了传统古典主义绘画的艺术观念，没有用透视法和解剖学理论来模仿和再现自然的原貌，而是通过冷暖色彩来表现体感，用色彩的协调和对比来塑造物体的形象，从而表现出画面的立体感和空间感。保罗·塞尚在几何构成方式上的革新是指其十分推崇普桑画面的严谨结构，他认为，艺术家的职责是将视觉范围内眼睛看见的散乱视像纳入程序，并且通过一定的组织构成，构建秩序化的画面图像。在构建图像时，应充分利用几何形体进行组合和构图，从而建立理性的秩序。保罗·塞尚的艺术变形是指传统的绘画中常通过一个视角建立透视关系，从而表现事物在空间中的布局，并且根据透视方法对空间中物体的大小和形体进行处理。然而，保罗·塞尚的绘画创作中却摒弃了传统的观察方式，利用简单的几何图形对其所观察到的物体进行表现，并且通过色彩表现物体的结构。在艺术创作中，为了构建更加真实、生动和可信的画面，其运用了艺术变形的方式。保罗·塞尚在绘画艺术中所创造的这种以色彩造型、几何构成方式以及艺术变形为特征的理性的、分析的艺术方式，能够更好地表现真实的世界。

保罗·塞尚的这种对艺术真实的创新使毕加索和布拉克获得了启发和灵感，并开创了"立体主义"绘画。此外，保罗·塞尚的绘画创新方法还促进了俄国至上主义和构成主义在绘画和雕塑艺术上的创新和探索，同时对荷兰"风格派"进行了启发，推动了其在绘画、建筑和景观设计风格上的创新。

2. 以高更和凡·高为主导的主观主义和自我表现倾向路线

与保罗·塞尚绘画艺术中对理性的追求不同，高更和凡·高在绘画艺术的创作中更强调主观、直觉和自我表现的倾向。这种艺术创作倾向使得高更和凡·高在艺术创作中更加关注内心直觉的表达，以及自我内在的情感倾向。这一艺术表现方式对德国的表现主义产生了较大启发，强调在绘画和雕塑艺术的创作中关注自身的主观精神和情感，通过对客观事物的外在形体进行夸张、变形乃至怪诞的处理，表现艺术家的独特情感。而德国的表现主义对主观主义和自我表现的倾向又推动了达达主义和超现实主义的发展，对现代主义设计产生了较为深刻的影响。

（二）现代主义绘画、雕塑艺术对西方现代景观设计的影响

现代主义绘画、雕塑艺术对西方现代景观设计的影响主要表现在以下几个方面。

1. 现代主义绘画、雕塑艺术色彩构成对现代景观设计的影响

印象主义和后印象主义均十分重视色彩在绘画艺术中的表现，印象主义和后印象主

义的艺术家们并不满足于对光色的刻板片面的追求，而是从创作者的主观感情出发，通过色彩和形状对物体的客观形象进行艺术加工和改造，从而表现出"主观化的客观"，尤其是以塞尚为代表的后现代主义，其通过几何线条、色彩的明暗处理，重点表现出客观事物的具体性、稳定性和内在结构，展现了一种理性的真实。除印象主义和后印象主义外，野兽派和立体主义绘画中也极其重视色彩在表现物体形象方面的重要作用。

色彩能够表现极强的性格和生命力。在西方现代景观设计中，色彩是一种极其重要的造景手段，能够充分展现出景观之美。西方现代景观设计借鉴了印象主义和后印象主义对色彩的重视，在景观设计中开始用鲜艳的色彩和多元的几何色块来表现事物，并且在色彩中融入了独具特色的气质与个性。例如，法国建筑师古埃瑞克安设计的"光与水的花园"就充分利用了色彩的多样性，从而使平面景观展现出独特的抽象性和立体性的艺术效果。又如，墨西哥景观设计师巴拉甘也十分重视色彩在景观艺术设计中的重要作用，其在景观设计中大量使用大红、明黄、桃红、橘黄、紫罗兰、海蓝等色彩鲜艳的颜色，在同一平面中形成鲜明的层次感、立体感，使整个景观充满新奇与诗意的氛围。

2. 现代主义绘画、雕塑艺术平面构成对现代景观设计的影响

绘画是一种在平面上塑造物体形象、展现独特的艺术氛围的艺术形式。受现代主义的影响，毕加索等艺术家创造出了立体派绘画风格，该风格是在保罗·塞尚的理性主义思想的影响下产生的。以毕加索等绘画艺术家为主导的立体主义画派以及荷兰风格画派均以几何形体构建出抽象的画面，同时画面呈现出较强的理性色彩和秩序性。立体派的另一个特色是打破了传统绘画中的透视性特点，这种绘画艺术特色表现在现代景观设计艺术中，则常常使用几何化、构成化、抽象化的平面形态，呈现出事物的理性与秩序。除此之外，现代景观设计中常常通过打破传统景观设计中的轴线设计，以简洁的构图和自由多变的形式，构筑层次丰富的空间。

除平面空间内的抽象和立体化构图外，现代主义绘画艺术中的立体主义画派和超现实主义画派追求一种抽象的、流动的画面。这一点反映在景观艺术设计中表现为现代景观设计平面空间的流动性特点。例如，西方景观设计师彼得·沃克在美国德克萨斯州福特沃斯市的伯奈特公园的设计中就充分利用线条形成了"米"字形图案，形成了一种独具特色的自由流动之感，体现出独特的动态感。又如，日裔美籍园林设计师野口勇通过在景观艺术设计中使用蜿蜒的溪流与点状的石组、三角形的坡地和圆形的沙漠、高大的建筑等共同形成了一种具有流动性的景观。再如，在美国景观设计师托马斯·丘奇所设计的唐纳花园中，通过锯齿线和曲线的庭院边线、游泳池、雕塑以及远处海湾等元素共同构建了一个极具律动感的画面。

3. 现代主义绘画、雕塑艺术的立体构成对现代景观设计的影响

将现代主义绘画中的立体构成运用到现代景观设计中，可表现在开放而流动的空

间、景观元素的自由组合与穿插以及各种景观元素的混合与拼贴等方面。

首先，开放而流动的空间的构建。立体构成就是将平面构成中的点、线、面从三维的立体视角出发进行排布。现代主义艺术影响下的立体派绘画艺术家能够充分运用线条和色彩在平面图形上构建出立体化的画面。这一点体现在现代景观设计中，则表现为可以通过多视点叠加的方法，构建出具有连续性、开放性和流动性的空间。例如，美国景观设计师劳伦斯·哈普林在20世纪70年代设计的罗斯福总统纪念园设立了多个视点中心，通过石墙、瀑布、密树及花灌木等低矮景观元素构建了四个开放流动的主题空间，这四个空间分别代表了罗斯福总统生命中最重要的四个时期。四个空间相互贯通，使游客置身于不同空间之中可以切身感受到罗斯福在不同时代的故事。而通过不同空间的转换，游客既可以了解罗斯福的一生，也可以体验到不同空间的风景，从而体现出该公园的纪念意义。

其次，景观元素的自由组合与穿插。在现代主义绘画艺术中，艺术家常常通过物体的变形、旋转、变异、移位、叠加、减缺、包含、穿插、镶嵌、连接等对现实世界中的事物形象进行重新塑造，从而表现出独具特色的情感。这一现代主义绘画艺术手法表现在景观艺术设计中则是从不同的空间方位对不同几何体进行自由的变构组合与穿插，从而构建一种具有不均衡的对称感、随机感、偶然感、自由感的空间。例如，西方景观设计师弗兰克·盖里所设计的维特拉家具设计博物馆从室外看，整体上呈现出一种杂乱无序的空间感，然而杂乱之中却富于节奏变化，室内空间利用率高，呈现出一种美轮美奂、实用性强的空间设计。又如，景观设计师彼得·沃克所设计的伯纳奈特公园通过三个水平几何层构建出一种层次错落的立体空间。其中，最上层为垂直及对角线网格构成的道路网，第二层为绿色草坪层，第三层为水池层，三个基本层之中点缀着坐凳、种植池、雕塑墙等，使整个空间理性与神秘感交织，极富变化。

最后，各种景观元素的混合与拼贴。现代主义绘画艺术中的立体画派艺术家常常将不同几何形体、不同色块以及不同材料混合与拼贴在一起，以构建立体化空间。这一特点反映在景观艺术设计中，则是通过不同历史背景、不同地域文脉符号的拼贴，或者不同时期特色景观的拼贴构建充满幻想的空间。例如，景观艺术设计师查尔斯·摩尔在新奥尔良市设计的意大利广场就运用了多种不同国家、不同时代的景观要素，从而构建出了一个极富梦幻色彩的空间。

第四章　西方景观设计的生态研究

第一节　环境心理学和景观生态学在西方景观设计中的应用

在西方景观设计的发展过程中，生态学以及生态观的变化对 20 世纪以来的西方景观设计思潮和理论有着十分重要的影响。本节主要从生态学的视角入手，对环境心理学和景观生态学在西方景观设计中的应用进行研究与分析。

一、环境心理学概述

环境是指作用于一个生物体或生态群落上，并最终决定其形态和生存的物理、化学和生物等因素的综合体①。环境心理学是一门研究社会实质环境与人类行为及经验之间交互关系的学科。

（一）环境心理学的源起与发展

环境心理学源于人类对生存环境的认识。20 世纪 60 年代之前，随着工业生产在西方的普及，西方的社会经济取得了飞速发展，人们的经济收入相较以前有了明显提高。然而，工业生产的大规模普及也给环境带来较大破坏和影响。越来越多的学者、社会精英和知识分子开始对社会环境进行关注。1962 年，美国学者蕾切尔·卡逊的《寂静的春天》一书发表后，在世界范围内引起了轰动。在此书发表之前，人们普遍认为自然资源是取之不尽、用之不竭的。然而，《寂静的春天》却通过美国化工业对环境的污染问题进行揭露，使人们开始正视工业生产对环境产生的破坏。人们对环境的关注为环境设计与行为学科的结合提供了前提条件。

关于环境心理学的起源，西方学者并没有定论。从时间上来看，20 世纪四五十年代，环境心理学开始发端。20 世纪 50 年代末，西方学者对环境心理学的研究开始向系统方向发展。自 20 世纪 60 年代开始，环境心理学引起了西方学者的广泛关注。1968 年，北美成立了环境设计研究协会。1969 年，环境心理学的重要刊物《跨学科的环境与行为》发行，成为环境心理学成立的重要标志之一。在美国环境心理学理论和

---

① 张媛. 环境心理学 [M]. 西安：陕西师范大学出版总社，2015：2.

研究发展的同时，1970 年，欧洲召开了首届建筑心理学国际研讨会（IAPC）。1973 年，人与环境研究国际协会正式成立，IAPC 就此被取代，推动西方学术界从建筑心理学的研究方向朝着人与环境的方向转变。1974 年，人口与环境心理学协会成立，并创办了《人口与环境心理学》杂志。该协会成立之初，以改善人类环境与人口行为之间的相互作用为目的。1979 年，《环境心理学》学术期刊正式创刊，推动欧洲的环境心理学迅速发展，并在西方环境心理学理论研究中发挥着极其重要的作用。这一时期，欧洲多个国家（如德国、西班牙等国）的学者相继召开环境心理学相关会议，并陆续在国内创办了环境心理学学术期刊，推动环境心理学不断深入发展。由此可见，20 世纪六七十年代，环境心理学的发展取得了长足进步。

进入 20 世纪 80 年代后，随着科学技术的发展，能源和技术对人类的影响越来越深入，引发了人们对环境问题的深层关注，心理学家从心理学的观点出发，对环境问题进行了更加深入的研究。进入 21 世纪后，随着国际交往的频繁以及区域冲突的加剧，环境心理学开始朝着环境、犯罪、文化等方向发展。虽然环境心理学的主题随着时间的变化而变化，但是其核心主线——人与环境之间的相互作用关系却始终不曾改变。

（二）环境心理学的概念内涵

环境心理学与建筑学、人类学、地理学、社会学、城市规划和园林设计等领域密切相关。由于环境心理学涉及多个学科的理论，因此无论从哪一个学科视角来看，都难以对环境心理学下一个准确的定义。本节主要从环境心理学研究的内容入手，对环境心理学的概念内涵进行说明。

从环境视角来看，人类生存和发展必须依赖环境。西方学者从不同角度对环境进行划分，具体可归纳为自然环境、人工环境两个维度，或自然环境、社会环境和历史文化环境三个维度。从西方学者费希纳的心理物理学视角来看，环境又可细分为物理环境、生物环境、社会环境、文化环境和心理环境五个方面。无论是从哪一个视角对环境进行分类，均离不开对主客观环境关系的研究。环境作为人类活动的一种外在影响和外在干预因素，在心理学研究领域日益受到重视。西方学者吉布森从环境与个体行为之间的关系视角对环境进行了明确规定，即环境对象要为它的使用者提供便捷，环境对象要有明确的意义，环境对象要满足使用者的需要[①]。西方学者 Hellpach（赫尔帕奇）认为，环境可细分为自然环境、心理环境和建筑环境三个方面[②]。

自然环境是人类生存与发展不可或缺的资源，主要指还没有受到人类痕迹污染或人类痕迹影响较小的自然资源。自然环境包括空气、水、植物、动物、土壤、岩石矿

---

① 林玉莲，胡正凡 . 环境心理学 [M]. 北京：中国建筑工业出版社，2000：26.

② POL E.Blueprints for a history of environmental psychology（I）：from first birth to american transition[J]. Medio ambientey comportamiento humano，2006，7（2）：95.

物、太阳辐射等一切对人类生活和生产进行直接和间接影响的自然形成的物质、能量的总体。这些自然资源是人类赖以生存的物质基础。

心理环境是环境心理学研究的主要内容之一，西方学者从不同角度对心理环境进行研究，并对心理环境的定义和范畴进行了界定。西方学者考夫卡认为，心理环境是人类意识到的能够对人类行为产生影响的环境；西方学者勒温则指出，心理环境是所有能够影响人类行为的环境事实的总和。由此可见，心理环境能够对人的行为产生重要影响。由于心理环境的重要性，心理环境在环境心理学的应用中起着重要作用。

建筑环境是人与环境互动的产物，也是环境心理学研究的主要内容之一。人类作为一种能够对自然环境产生重要影响的生物，在适应自然发展的同时，还能够对自然进行改造和破坏，建筑环境就是人类改造自然的产物。人类对自然环境的改造起源于原始社会时期。原始人所建的山洞、巢穴属于类似于自然环境的建筑环境，随着人类社会的发展，人类的建筑越来越宏大、精美、实用，类型千变万化。建筑作为人类适应和改造自然的产物，一方面受到自然环境的影响，另一方面也受到人的心理和行为的影响。从这一视角来看，人与建筑均是建筑环境中的重要因素，二者密不可分，相互制约和影响，对建筑环境的演变起着重要的推动作用。

西方学者从环境心理学研究的三个主要内容对环境心理学的定义进行了详细分析与阐释。西方学者费舍、贝尔、鲍姆等从人的行为角度对环境心理学进行研究，指出环境心理学的定义为对行为和构造与自然环境的相互关系进行研究的科学，从客观方面和主观方面去研究环境与心理的关系是环境心理学的两大任务[①]。

除了以上三位学者外，西方学者普罗桑斯基对环境心理学进行了长期研究，随着研究的深入，其对环境心理学的定义进行了详细阐释。1970年，普罗桑斯基指出，环境心理学是环境心理学家研究的东西；1976年，其将环境心理学定义为对人的行为与体验及人类建造的环境之间的关系、经验以及理论进行研究的科学；西方学者麦肯鲁在之后肯定了普罗桑斯基所下的环境的定义。西方学者坎特和克莱柯将环境心理学纳入心理学的范畴，并指出环境心理学是心理学的重要组成部分，对人的经验与活动及与人的行为与经验有关的物理环境之间的关系进行了研究。

从以上几种环境心理学的概念来看，几乎所有西方学者均认同环境心理学是对人与环境关系的研究，该定义也是环境心理学的基础定义。区别在于不同学者认为环境对人类行为与活动所起的作用的大小不同，以及人类对人与环境之间的关系的重视程度不同。

（三）环境心理学原理

环境心理学的基本原理涉及环境感知理论、空间认知理论、环境刺激—反应理论、环境控制理论等多个理论。

---

① 吕晓峰.环境心理学：内涵、理论范式与范畴述评[J].福建师范大学学报（哲学社会科学版），2011（3）：141-148.

1. 环境感知理论

人类作为高级生物体，其自身的感受系统包括视觉感受系统、听觉感受系统、触觉感受系统、嗅觉感受系统、味觉感受系统等，这些感受系统为人类全面接收外部信息以及了解个体所处的环境奠定了基础。这些感觉系统中的视觉系统在人类对外界信息的感受方面起着极其重要的作用。正因如此，在进行环境设计时，个体的视觉感受系统起着极其重要的作用，发挥着直接体会环境美和感受环境美的作用，同时是形成个体感觉与知觉的基础。

感觉和知觉均为个体心理和行为活动的基础，其中感觉是对外界环境的直接的、零散的和客观的反映，是个体与外部环境联系的桥梁；知觉则是对感觉加工和整合之后形成的体会，具有完整性、统一性、选择性和思维性的特点①。人类的感觉和知觉是人类对空间的第一反应与初级反应。人类对空间的感知主要依赖人类的感觉系统和知觉系统。不同空间带给人类的感觉不同，为人类对空间环境的判断以及对空间环境的理解奠定了基础。

2. 空间认知理论

认知心理学是心理学的重要内容之一。西方环境心理学者认为，个体之所以具有分辨其自身所处空间的能力，是因为个体能够对其过往经历的空间信息进行整合与分析，同时在大脑中重现该环境的空间信息，从而构成空间意象。心理学家将个体对具体空间意象的认知行为称之为认知地图。在认知地图概念的基础上，美国麻省理工学院教授凯文·林奇对城市景观意象进行了系统研究，并于 20 世纪 60 年代出版了《城市意象》一书。在这本书中，凯文·林奇指出，个体对城市环境的认识主要基于道路、边界、区域、节点和标志物五个方面的要素。凯文·林奇同时指出，包括城市意象在内的空间意象一旦在个体的大脑中形成，就具有持续性和稳定性的特点，其发生改变的可能性较小②。

环境意象形成后，能够对人的情绪和情感产生某种影响。良好的环境意象可以为个体带来愉悦感和安全感，有利于个体与环境之间形成一种亲密的关系，从而为个体形成对环境的认同感奠定基础。在环境空间中，由于植物有特定的形状、色彩，以及其净化空气的功能和可移动性强的特点，在个体空间认知中起着十分重要的作用，而以植物作为标志物或节点，可以帮助个体产生结构清晰、层次分明的环境意象。

---

① [美]罗伯特·索尔所，奥托·麦克林，金伯利·麦克林.认知心理学（第8版）[M].邵志芳，李林，徐媛，等译.上海：上海人民出版社，2019：101.

② [英]C.米歇尔·霍尔，斯蒂芬·J.佩奇.旅游休闲地理学——环境·地点·空间（第3版）[M].周昌军，何佳梅，译.北京：旅游教育出版社，2007：246.

3. 环境刺激—反应理论

环境刺激—反应理论是环境心理学的重要理论之一。环境作为个体生存和发展必须依存的物质基础，能够为个体提供各种重要信息的刺激源和感受源。这些信息的刺激源和感受源包括声音、光线、颜色、冷暖等基础信息源，以及室外空间、房屋建筑、城市意象等宏观信息源。这些信息源能够引起个体对环境的认同、适应或排斥等。环境刺激—反应理论具体包括三个基础理论，即唤醒理论、适应水平理论、环境压力理论。

唤醒理论能够通过信息源对个体的刺激对个体的工作效率产生影响。信息源对个体的刺激产生的唤醒水平处于一定阶段时，能够提升个体的工作效率，低于或超过这一阶段，均不利于个体工作效率的提升。适应水平理论是指信息源对个体的刺激会对个体适应环境产生作用，当信息源对个体的刺激处于一定阶段时，能够提升个体适应环境的能力。环境压力理论是指当信息源对个体的刺激超出个体承受能力后，会使环境对个体产生压力。

特定的环境能够为个体提供一定量的信息，个体在同一时间对环境信息的处理结果的极限值为7，如果环境提供的信息超过7，那么个体就无法感知空间中的所有信息。为了让个体能够对环境中的所有信息进行感知，在环境设计时，必须对这些信息进行整合，以便提高个体对环境的感知能力。

4. 环境控制理论

个体不仅具有适应环境和接收环境信息与刺激的能力，还具有控制环境刺激信息的能力。环境控制理论包括三个基本理论，即个人空间理论、领域性理论、私密性理论。其中，个人空间是个体心理所需的最小空间区域，一旦外界人或物侵扰个人空间，就会引发个体强烈的不适。受不同个体的个性、年龄、性别、文化等因素的影响，个人空间具有一定的差异性。领域性理论是指个体或群体会产生一定的心理或生理需要，这一心理或生理需要可以转化为一定的空间区域。私密性是指个体独自或对外环境的选择性和交流性。环境控制理论为环境心理学理论的源起与发展奠定了理论基础。

(四)环境心理学研究内容

环境心理学研究的主要内容包括环境问题、环境保护与可持续性，个人空间、私密性和领域，密度与拥挤，噪音四个方面。

其一，环境心理学研究内容之环境问题、环境保护与可持续性。环境心理学研究的主要对象为物理环境。自20世纪六七十年代以来，随着全球工业化和城市化的发展，其对自然环境造成的破坏和影响越来越大，人们对环境的关注度也越来越高。尤其是全球变暖、气候问题等大规模爆发，引发了环境心理学的研究目的、方向和价值的变化。环境心理学的核心即人与环境之间的关系，因此环境心理学对环境问题极其关注，在对环境问题进行关注的同时，也对环境保护问题进行了研究和关注。可持续性作为环境问题的解决方案和环境保护的重要途径，是环境心理学研究的重要内容。环境问题的根源在于人类自身，人类为了推动社会的发展，在适应环境的同时，不可避免地会对环境进行改造。人类对环境的改造若超过了自然物理环境能够承受的范围，就会对自然物理环境造成破坏，从而引发各种环境问题。只有进行可持续性发展，才能解决环境问题，实现环境保护。

其二，环境心理学研究内容之个人空间、私密性和领域。20 世纪 60 年代，西方学者萨默尔提出了个人空间的概念，指出人类个体周围均存在着一个不可见也不可分割的空间，如果他人或外物对该空间进行侵犯，则会引发个体强烈的焦虑心理[1]。个人空间对个体具有保护的功能。私密空间是个体对他人或其他群体可接近程度的选择性控制。个体私密空间是一种动态的、辩证的环境与行为之间的关系。个人空间、私密性和领域三者相互联系，其中个体领域的变化会对个人空间和个体私密性产生影响。

其三，环境心理学研究内容之密度与拥挤。密度和拥挤是环境心理学研究的两个重要概念，同时是社会行为中的两个重要概念。其中，密度属于纯粹的物理概念，指在单位空间中的人数[2]。从心理学视角来看，绝对密度值并不存在有效的社会意义。一般来说，密度是一个主观性和相对性的概念，个体对密度的理解存在差异性，同时比较对象不同，密度也有会所差异和变化。密度又可细分为社会密度与空间密度。从心理学视角来看，拥挤是一个带有较强主观色彩的概念，是指一定空间内人太多时个体产生的一种主观感受，这种主观感受具有一定的消极色彩。一般来说，密度与拥挤之间并不存在严格的相关关系。这两个概念反映在城市景观规划和设计中，则会使设计师考虑城市建筑或景观的密度对个体产生的心理影响，从而避免城市景观设计中因单位空间内的景观过多而引发个体的拥挤心理。

其四，环境心理学研究内容之噪音。噪音原为物理概念，西方学者费希纳将这一概念引入物理心理学中，使其具有了主观性和相对性的心理意义。噪音是一种对个体听觉产生强烈刺激的声音，能够引发人的厌恶心理。噪音一般不受个人主观因素的控制且不可预知。噪音在对个体身心产生影响的同时，对个体的社会行为也会产生各种影响。西方学者玛修和坎农在对噪音进行详细的研究后指出，噪音对个体的影响主要表现在两个方面：一方面，噪音会对个体的情绪产生影响，引发个体的不良情绪反应；另一方面，噪音会对个体的工作绩效、交往和健康等产生影响。另外，噪音对个体的影响还具有持续性的特点。噪音对个体的影响并非只能是消极的，个体可以积极调整其行为，从而将噪音对个体的影响控制在一定程度内，达到减轻噪音对个体的消极影响的目的。

① 巫鸿．全球景观中的中国古代艺术 [M]．北京：生活·读书·新知三联书店，2017：2.
② 徐磊青，杨公侠．环境心理学——环境、知觉和行为 [M]．上海：同济大学出版社，2002：63.

（五）环境心理学在景观设计中的应用

环境心理学在景观设计中的应用主要体现在以下两个方面。

其一，从环境心理学视角来看，景观设计应符合人类的行为模式和心理特征。在不同环境中，出于不同目的而设置的景观，需要从处于该空间中的个体或群体的行为模式和心理特征出发，对该空间中的景观进行设计。例如，城市广场空间的景观之间的距离应尽量宽阔，以便为人们提供尽可能大的开放空间；城市广场的建筑物的密度应尽可能小，不能给人拥挤的感觉。又如，在娱乐性强的环境中对景观进行设计时，应从该场所人群的行为模式出发，构建具有较强娱乐性的景观，所使用的色彩尽量偏暖色，这样能够使轻松随意和愉快的心理。再如，住宅区的景观设计应从居住人群的心理出发，如果是老年公寓，那么设计的公寓景观应利于交际，便于老年人之间建立友谊；如果是青年公寓，则应从年轻人注重隐私的角度出发，构建私密性较强的景观。

其二，从环境心理学视角来看，景观设计应充分考虑个体个性与环境的相互关系。个人与环境的相互关系是环境心理学的核心内容。在现实生活中，不同个体之间由于年龄、性别、民族、背景等因素不同，所以个体个性也不相同，所要求的外在环境空间和景观布置也不相同。因此，在为特定区域的特定人群进行景观设计时，应充分考虑个体个性与环境之间的关系，避免引发个体的不愉快情绪。例如，个体的国家和民族不同，个体的信仰也不相同，所要求的景观设计也不相同。

（六）环境心理学中景观设计的原则

从环境心理学的角度出发，景观设计应遵循公共性、私密性、安全性、实用性、宜人性、便捷性等原则。

其一，公共性。人类作为群居性动物，既要求所处的空间具有一定的私密性，又要求能够在开阔的公共空间活动。因此，从环境心理学的角度来看，所设计的城市景观应遵循公共性的原则，既适合人们的交际，又具有一定的私密性。例如，在城市公园设计中，不仅应设计宽阔的草坪和水面，还应设计亭、廊道、遮阳棚等景观，以便为人们的休憩以及私密交流提供空间。

其二，私密性。从环境心理学的角度来看，个体对私密性的要求较高，因此在进行家庭花园或家庭庭院景观设计时，可以利用植物、山、石等要素构建私密性较强的空间。在公园景观设计中，常常可见以绿色植物作为屏障营造的一个个私密性强的静谧空间。

其三，安全性。从环境心理学的角度来看，个体对秘密性、环境问题、领域、噪声等的关注均出于对个体安全性的考虑。因此，在景观设计中应遵从安全性原则。例如，在庭院设计中，可通过在院墙外布置叶大、枝软、不易攀爬的树木或翠竹等增强居室和庭院的安全感。庭院之间则使用绿植组成屏障，以增强家庭成员的安全感。

其四，实用性。景观设计不仅具有艺术性，还具有较强的实用性。从环境心理学角度来看，在设计景观时应注重实用性原则。例如，在城市公园中，从环境心理学角度出发而设计的开放草坪可以供人进行多种活动，从个人领域、私密性或安全感角度出发而设计的廊柱、遮阳座椅、亭台等又具有遮阳、避雨等实际功能，使用绿色植物营造的私密性强的景观还具有较强的观赏功能等。

其五，宜人性。从环境心理学角度来看，在注重景观设计实用性的同时，还应注重景观设计的宜人性特点。景观通常具有愉悦性的特点，能够引起人的愉悦心理和积极情感。例如，在城市公园景观设计中，使用不同色彩、质地、外观、形状的植物构建美的景观，可以达到调节情绪、陶冶情操的目的。反之，如果景观设计不能引发人们的愉悦心理，则会激发起人们的厌恶心理，会对人与环境之间的关系产生消极影响。

其六，便捷性。从环境心理学角度来看，环境对人的行为具有一定的限制作用。在现代景观设计中，应尽量使设计的景观具有保护环境、减少对环境的破坏以及可持续发展的作用。例如，在城市公园景观设计中，在开放性草坪中还应设置多条便捷的小路，以避免人们对草坪的踩踏。

二、景观生态学概述

"生态学"一词源于希腊语"Oikos"，原意为房子、住所、生活所在地[①]。生态学是研究有机体与其周围环境（包括非生态环境和生态环境）相互关系的科学。景观生态学是一门新兴学科，产生于 20 世纪 30 年代的欧洲。19 世纪以来，人们环境意识的增强和生态理念的形成以及生态学学科的发展，都对景观设计的范畴和格局产生了重要影响。

（一）景观生态学的概念与发展

18 世纪末期，自然生态学的兴起为景观设计学的兴起和发展奠定了科学基础。随着自然生态学的发展，森林生态学、湿地生态学、城市生态学、建筑生态学、景观生态学等学科相继兴起，从不同角度对生态学的理念进行了完善与扩充。20 世纪 30 年代，德国生物学家 C.Troll（特罗尔）在对土地利用进行研究时，在其所著的《景观生态学》一书中提出了景观生态学的概念，并且提出了景观设计学中的"斑块""廊道""基质"等重要概念。"斑块"是指在地貌上与周围环境明显不同的块状地域单元；"廊道"是指在地貌上与两侧环境明显不同的线性地域单元；"基质"是指景观中面积最大、连通性最好的均质背景地域[②]。他认为，景观生态学是地理学的景观和生物学的生态学二者融合而成的，作为一个跨学科的概念，景观生态学是指支配一个地域不同单元的自然生物综合体的相互关系分析[③]。在这一概念的基础上，德国学者布克威德指出，景观是

---

① 孟良成.景观设计 [M].石家庄：河北美术出版社，2010：8.
② 熊国平.大城市绿带规划 [M].南京：东南大学出版社，2019：100.
③ 徐清.城乡景观规划理论与应用 [M].上海：同济大学出版社，2017：11.

一个由陆圈和生物圈相互作用组成的多层次生活空间。

20 世纪四五十年代，随着全球工业化和城市化的迅速发展，生态环境遭受的破坏越来越大，引发了城市规划师和景观建筑师的关注。20 世纪 60 年代，景观生态学的研究范围主要为区域地理学和植物科学的综合。进入 20 世纪 80 年代后，景观生态学开始发展为一门独立的新兴交叉学科。随着景观生态学的发展，景观生态学的奠基人福尔曼和戈德罗恩对景观生态学的概念进行了阐释，指出景观生态学是研究森林、草地、湿地、村庄等生态系统的异质性组合、相互作用与变化的生态学分支[①]。景观生态学研究的重点为景观要素或生态系统的分布格局，景观要素中的各种生物和能量、水分的流动，以及景观镶嵌体随时间的动态变化。

（二）景观生态学研究的内容与基本任务

景观生态学是研究景观的结构功能和景观规划管理的科学，主要内容包括两个方面，即景观的结构功能和景观的规划管理。

其一，景观的结构功能。景观的结构功能具有三个主要特征，即结构、功能和动态。景观结构是指不同的景观要素之间形成的空间关系，具体包括生态系统的性状、大小、数目、种类、构图、能量、物种之间的分配关系等。景观结构由"斑块""廊道""基质"组成，即这三个要素在特定的时空中形成的镶嵌格局。景观功能是指各种景观要素之间的相互作用。现阶段，西方学者对景观功能持有两种主要观点：一种观点认为，景观功能等同于生态系统功能；另一种观点则认为，景观功能等同于社会经济功能。这两种观点是从不同角度对景观功能概念的界定。从生态学的角度来看，景观具有生态功能。景观动态是指景观变化和发展的过程。景观动态具有稳定性、变化性和破碎化的特点。

其二，景观规划管理。景观规划管理是指将景观生态学的基本理论应用于生产实践的过程。景观规划管理是一种对景观的特征进行分析，并且提出最优化方案的过程。景观规划管理包括景观生态分类、景观生态评价、景观生态规划设计、景观生态规划设计的实施四个方面。

景观生态学的基本任务主要包括以下三点。

一是，景观生态系统结构和功能的研究。景观生态系统结构和功能的研究包括自然景观和人工景观的生态系统研究。通过对景观生态系统的研究，对生态系统的稳定性、结构以及功能、动态变化进行深刻理解，从而建立各类景观生态系统的优化结构模式。

二是，景观生态监测与预警研究。景观生态监测与预警研究主要存在于人工景观中，通过对人工景观的生态系统结构和功能的持续性研究，对生态系统结构和功能的变化以及可能发生的消极变化进行预警或预报，从而为有关部门的生态保护制度或决

---

① 徐清.城乡景观规划理论与应用 [M].上海：同济大学出版社，2017：11.

策提供科学依据。

三是，景观生态设计与规划研究。在生态学的基础上，对景观生态特性进行综合分析，并提出较为合理的规划措施。同时，注重生态景观生态效益与经济效益的结合。

四是，景观生态保护与管理研究。从生态学角度出发，充分利用生态学的原理和方法对景观所在的生态系统进行合理利用和保护。对景观生态系统的最佳组合、技术管理措施以及约束条件进行分析，可以提高景观的生态保护水平与经济效益。

（三）景观生态规划设计区分

景观生态规划是景观生态学的重要组成部分，也是在现代景观设计中应用较多的内容。景观规划设计是指运用景观生态学、风景园林学、地理学、生态经济学及其他相关学科的知识与方法，从景观生态功能的完整性、自然资源的内在特征以及实际的社会经济条件出发，通过对原有景观要素的优化组合或引入新的成分，调整或构建合理的景观格局，使景观整体功能达到最优，实现人的经济活动与自然过程的协同进化[①]。从这一概念中可以看出，景观规划设计能够避免对自然生态环境的破坏，同时有利于对自然生态环境进行保护和恢复，推动自然生态环境的持续性发展。

景观生态规划和设计具体又可划分为景观生态规划和景观生态设计两个方面。这二者相互联系，关系密切，既存在一定联系，又存在一定区别。二者之间的联系在于二者均是对景观进行生态化规划和设计。二者之间的区别在于景观生态规划的尺度一般比景观生态设计更大，强调从空间上对景观结构进行规划，同时通过景观结构的区别，构建不同的功能区域；与景观生态规划相比，景观生态设计常常是从具体工程或生态技术上对景观生态系统进行配置，着眼尺度和范围较小，强调对景观功能区域的具体设计，选择有利于区域生态环境和生态系统的方式和方向。

1.景观生态规划景观生态规划是景观生态研究的重要内容，属于景观生态学领域，是景观管理的重要手段之一。景观生态规划的主要对象是土地，强调将景观要素作为规划的目标和变量进行研究，强调景观空间格局对整个景观生态规划过程的控制与影响。

景观生态规划的原则体现在以下五个方面。

一是自然优先原则，即在景观生态规划中优先考虑景观的生态影响，以尽量减少对自然生态环境的干扰，降低对自然生态系统破坏的程度，以及维持区域内原有自然生态的过程与功能。

二是持续性原则，即从宏观区域和较长的时间段方面考虑，对景观进行多层次的综合分析与规划，使区域内的景观结构与功能和区域内的自然特征和社会经济发展相适应，同时兼顾生态、社会和经济三方面的效益。

三是针对性原则，即针对同一区域内不同区块的规划目标，采取不同的评价和规

---

① 　孙青丽，李抒音.景观设计概论[M].天津：南开大学出版社，2016：126.

划方法，从而进行有针对性的景观规划。

四是多样性原则，即从景观的结构和功能性方面入手，使景观规划能够满足景观的多重结构与多种功能。

五是综合性原则，即在进行景观生态规划时，应充分了解当地的经济、社会、文化基础，对当地的自然环境进行综合评估，同时运用多个学科的原理或内容对景观生态规划的影响进行综合评估。

现阶段，景观生态规划已被广泛应用于农业、林业、牧业、矿业等行业部门的土地利用规划与土地管理中，从而使景观能够充分发挥生态功能。

2. 景观生态设计

景观生态设计是在景观设计中引入生态理念，并且运用各种新技术，以在人工景观设计与施工中减少对生态环境的破坏，保护生态环境，推动生态环境朝着可持续方向发展，提升景观的综合价值。

纵观 19 世纪以来的景观生态设计思想的发展，可将其概括为自然式设计、乡土化设计、保护性设计和恢复性设计四种倾向。

首先，自然式设计。它源于 18 世纪英国自然风景园设计，其特点是通过植物群落设计和地形起伏处理，在城市人工环境中引入自然景观。景观的自然式设计发展至今表现出两种鲜明倾向，即依附于城市的自然脉络，借助开放空间系统将自然引入城市；建立自然景观分类系统。

其次，乡土化设计。19 世纪末期，西方的一些景观设计师开创了"草原式景园"，这种景观设计体现出一种全新的设计理论，即乡土化设计。乡土化设计即通过对基地及其周围环境中的植被状况和自然史的调查，使景观设计更加切合区域的自然条件，反映具有地方性特点的景观风貌。景观的乡土化设计常常借助于乡土植物展现出地方景观特色，造价较低，环境效益较高。乡土化设计的产生推动着景观生态设计朝着科学的方向发展。

再次，保护性设计。19 世纪末，西方学者詹逊受生态学的影响，提倡对美国中西部地区的自然景观进行保护。20 世纪初，西方学者曼宁从环境保护的角度提出对区域性土壤、地表水、植被及其周边的自然状况建立基础资料库。继曼宁之后，西方学者谢菲尔德和海科特提出在景观设计中对生态因子进行分析，从而加强对环境的保护。英国学者麦克哈格在其著作《设计结合自然》中提出了计算机辅助叠图分析法，这种研究方法能够揭示景观设计与环境的内在联系。这本书在景观设计的发展中具有里程碑式的意义。继麦克哈格后，景观设计开始朝着科学方向发展。景观的保护性设计又可划分为两个方面，即只强调景观生态设计的科学性而忽略设计的艺术感染性，以及景观生态设计与艺术设计相结合。

最后，恢复性设计。20 世纪 60 年代以来，随着世界环境问题越来越严重，景观生态设计朝着恢复性设计的方向发展，力争通过借助各种科技手段对已经遭到破坏的生态环境进行恢复。20世纪90年代以来，随着景观生态学的发展，恢复性设计成为生态设计的主要内容之一。

第二节 西方景观设计中的生态水景观设计

水作为景观设计中最具动态特点的要素，自古以来就颇受西方设计师的重视。在西方漫长的园林设计史中，水起着重要的作用，水体景观也成为西方景观设计中最引人注目的景观之一。

一、水体在生态景观设计中的作用

水在西方景观设计中起着十分重要的作用，常常通过与固定建筑的对比，达到营造生动的、活泼的水景观的目的。要想了解水体在生态景观中的重要作用，首先应当了解水的特性。

（一）水的自然特性与人文特性

水是自然界的重要组成部分，也是人类生活中不可或缺的资源。水是一种具有形状、色彩、光、声音以及味道等自然属性的独特的资源，详细了解水的特性，有利于景观设计师利用水资源进行景观设计。水的自然特性主要包括以下四个方面。

其一，水的流动性。水具有流动性的特点，水的流动性一方面体现出水在自然界的形态，另一方面体现出水的灵动性与活力性的特点。水的流动性使其在高低落差较大的环境中可以产生流动，从而形成河流、瀑布、喷泉等多种自然状态。除此之外，如果在落差较小或没有落差的地面上，水的自然形态则为静止状态，形成缓慢流动的水景观，如池塘、水渠、水池以及湖泊等。在外力的作用下，水还可形成多种富于变化的景观，如水中游鱼的流动，以及水车等独特的景观。

其二，水的映射性。水具有反射作用，能够映射出周围的景观，并且在光的折射和反射作用下产生极其神奇的光影效果。在平静的水面上，映射倒影能够充分营造人工景观无法达到的极富层次美感的画面。西方景观设计中十分注重水资源的运用，通过水的映射性而形成优美的画面。例如，凡尔赛宫花园中就建立了一座水库，水库中映射出来的蓝天白云的景致为该花园增添了既富有动态感，又富有层次感的景观画面。每当微风吹过，水面上的景观呈现出零碎的状态，打破了原有水面的平静，从而为花园中的景观增添了极强的生动性和趣味性。

其三，水的可塑性。水的流动性特点决定了水的形状具有一定的变化性。由于水呈现为液体状态，其外在形状主要受到盛水容器的影响，因此表现出可塑性的特点。例如，通过水池、落差较大的地形和阶梯等容器构建喷泉、瀑布以及水阶梯等多种类型的水景观。

其四，水的有声性。水的流动性特点决定其在流动的过程中如果撞击到某一质地坚硬的物体时，会发出声音，所撞击的物体质地不同，则水发出的声音也不相同，从而形成具有多重变化的听觉效果。水的声音能够对人的情绪产生某种影响。例如，潺潺溪水能够起到安定心神的作用；汹涌的波涛则能够激荡心神，使人产生激昂澎湃的情绪；喷泉所发出的悦耳的声音具有愉悦心情的作用；水阶梯和水扬琴所发出的声音则具有音乐般的变化感，从而产生丰富的音响效果，能够营造音形兼备的极具特色的水景观。

除了自然特性，水还具有人文特性。水的人文特性主要表现在哲学、民俗、文学、绘画、音乐等领域。水具有与众不同的形态与自然特性，古往今来都是无数文人和艺术家、学者表达思想和情绪的重要介质，被赋予了各种文化意义。水的文化意义使水景的创设中蕴含着独特的审美特性、文化内涵和哲学美感。

（二）水的功能与特征

水具有实用性和观赏性两大功能，一方面能够为人们的生活提供种种便利，另一方面能够调节人们的心理情绪，寄托人们的情感，抒发人们的情怀。

其一，水的实用功能。水的实用功能主要体现在灌溉、饮食洗护、调节空气、消遣娱乐、救火防灾、分割空间等方面。水具有孕育生命的重要作用，是地球上各种动植物和微生物生存和生长必不可少的重要因素。在景观设计中，水能够对植物进行灌溉，从而确保生命的正常孕育和发展。例如，古埃及以及古希腊等园林景观建设中即存在大量的水渠，这些水渠既具有形成景观的功能，又具有灌溉功能。水的饮食洗护功能主要由人类对水的需要来决定，人类必须通过摄入水来维持生命。除了饮水外，人类日常生活中的洗护和清洁也离不开水。水的调节空气的功能是指水资源通过蒸发而形成的热交换，可以调节各个区域的温度与湿度，从而发挥调节空气、改善气候的重要作用。水作为大自然中独特的可流动性资源，能够应用于一些娱乐设施之中，充当人们娱乐活动的媒介，如喷泉、河流、漂流等。除此之外，水能够灭火，因此常常被用于消防灭火方面，各种自然景观以及人工景观中的水景观还具有为消防提供便利的特点。水还具有分割空间的作用。由于水具有较强的流动性，在不同容器中会形成不同的形状，因此在景观设计中常利用水的这一特点将其作为分割空间的重要介质。例如，西方景观设计中常常利用水池、喷泉、水渠、运河等来划分空间。

其二，水的观赏功能。水的观赏功能具体体现在水本身的形态、水的映射作用所形成的特色景观，以及水与其他景观之间的相互衬托所形成的特色景观等多个方面。从景观设计的视角来看，水的观赏功能主要体现为以下几个特点。首先，水具有自然美的特点。水的自然美表现在水的自然形态方面。例如，江河湖海、溪流等具有独特的自然美，有的柔和，有的奔放，有的澎湃。水的自然美还体现在水能够映射出两岸如画的美景，以及水的波纹美等各个方面。其次，水的材质美。在水景观的设计中，通过使用各种材质可以体现出水的特点。例如，音乐喷泉和水幕电影等体现出不同的观赏之美。最后，水具有社会属性的美感。人们在生活中出于某种功能需要而建设了种种水利设施，这些水利设施能够体现出一种独特的人工水景之美，可供人们进行观赏。

二、生态水景观的概念、特征影响因素及类型

生态水景观是指在景观设计中不仅要满足实用功能以及艺术功能，还应该满足生态功能。由于水在自然生态中起着十分重要的作用，因此在景观设计中还应充分考虑水在生态系统建设中的影响。具体包括以下几个问题，即水在生态系统中所起到的重要连接作用，不同地理、气候、技术条件下对水资源的利用，水资源在区域生态系统中的影响，水资源的利用方式和方法对生态系统的影响，水资源在建构生态系统中的影响，生态景观的意义，以及水资源在人类文明史上的重要作用等。

（一）生态水景观的概念

自 19 世纪工业革命在西方逐渐普及后，西方社会先后完成了工业革命。工业革命在推动西方社会经济迅速发展的同时，还对西方社会生态环境产生了重要影响。工业革命对生态环境的破坏，使西方一些学者和艺术家开始对生态环境的发展产生忧虑心理，从而引发了 19 世纪末和 20 世纪的种种社会思潮，在这些社会思潮的影响下，各国开始通过法律法规对自然生态资源进行保护。与此同时，地理学、地质学、生物化学、生态生物学、美学等多学科的发展和相互作用，极大地强化了区域格局中某些重要因素对生态过程产生的积极影响，从而产生了专门的生态水景观设计学。生态水景观设计学是借鉴多学科的研究成果和研究方法，并且结合艺术类学科知识结构特性和环境艺术设计特征，形成的以水体形式和因此而衍生的环境生态现象为景观载体，通过合理利用水资源体现景观环境的自然生态特征、文化特征、视觉特征，并发挥水对环境的多种影响、作用的系统课程[①]。

生态水景观设计学以水作为景观设计中的重要主题，从而对环境的物理功能、生态意义与精神价值进行较为系统的营建，使环境更适合人的生存与社会活动需要。生态水景观因具有较强的生态建设作用，能够产生丰富的视觉景观，因此在现代景观设计中颇受关注。

（二）生态水景观的特征及其影响因素

水作为一种重要的自然资源，受地理条件、气候等影响较大：水作为一种能够循环利用的资源，在对生态环境的保护中起着极其重要的作用。生态水景观的特征与水的自然特征和人文特征具有高度重合性。上文中已经对水的特征进行了详细阐述，这里不再赘述，仅对生态水景观的人文特征进行再次强调。水是人类生存和发展中不可或缺的自然资源，自古以来，人们就对水倾注了丰富的情感。纵观人类的发展史，基

---

① 李士青，张祥永，于鲸.生态视角下景观规划设计研究[M].青岛：中国海洋大学出版社，2019：199.

本上均体现出逐水而居的特点，这一特点使得不同地区使用不同形态水资源的民族或国家孕育出独特的水文化，造就了不同地区的特征，即水的人文特征，从而使不同国家和地区的水景观也体现出不同的特点。

生态水景观在区域生态系统中的作用主要受到以下三个方面因素的影响。

其一，时代文明对生态水景观特征的影响。在人类历史发展进程中，数千年的农耕文明和科技、文化等因素造就了社会生产和生活的独特的形态与方式。从人类发展史的角度来看，人类文明的发展呈现出整体进程一致的特点。然而，由于受地理因素的影响，不同区域的文明之间的发展进程呈现出较大的差异性。不同地域的水景观受地域文明的影响，呈现出独特的地域性特点。例如，由于古埃及的地理位置接近赤道，气候炎热，且临近热带沙漠，因此古埃及文明中十分重视水的作用，古埃及园林十分注重水景观的建立，呈现出所有景观均围绕水景观展开的特点，并且水景观多以水池、水渠、水塘等形式出现。又如，意大利属于临海城市，其水资源较为丰富，然而意大利多山丘，因此意大利园林设计常以台地园式的风格出现。文艺复兴前期，意大利的资本主义萌芽促进了资产阶级文化的发展，新生的资产阶级为了炫耀个人财富，形成了独特的文明并体现在水景观中，主要表现为水景观的种类较之以前得以丰富，常以喷泉、水阶梯、水扬琴、水剧场等形式建立丰富多彩的水景观。17世纪，法国在君主专制的政治体制下形成了独特的君主专制文明，尤其是在路易十四当政时期，法国的君主专制发展到了巅峰，产生了特有的以"伟大"为特征的文明，在法国园林景观的设计中，则处处透露出这一时代的文明特征。例如，凡尔赛花园中建立了多个喷泉（见图4-1），这些喷泉的造型以及其中雕塑均体现出鲜明的君主专制文明的特点。其中，凡尔赛花园中的水库作为当时独具特色的水景观，十分宏大、壮观，甚至可供军事演习，鲜明地体现出时代文明特色。19世纪以来，随着工业革命在西方的普及、生态主义思想的形成，加之地理学、植物学、动物学、气象学、景观生态学和环境经济学等学科的不断发展、成熟，使现阶段景观设计中的生态水景观体现出独特的时代特点。

图4-1　凡尔赛宫花园中的喷泉

其二，景观设计师的个人理念对生态水景观特征的影响。生态水景观的设计不仅受到时代文明特色的影响，还受到景观设计师个人理念的影响。景观设计的主体为景观设计师，景观设计师的个人理念常常融合在其设计的景观之中，因此景观常表现出鲜明的景观设计师的个人倾向。生态水景观受景观设计师个人理念的影响，与当前社会发展存在着直接关系。封建文明时期，景观设计师作为具体景观的规划者和设计者以及施工者，虽然在景观设计中起着极其重要的作用，但是由于景观设计师规划的景观多为私人园林、私人花园、宫廷花园等，因此景观设计师在具体的景观设计规划或景观设计施工中不可避免地会受到封建贵族或封建君主的影响。例如，凡尔赛花园景观设计就深受凡尔赛的个人理念的影响，并不是由景观设计师独自决定。工业革命后，尤其是信息革命时代，西方推翻了封建社会体制，进入工业社会，工业技术的发展极大地促进了生产效率的提高，进而推动了城市规模的扩大，推动行业分工越来越细。景观设计作为一种行业，其独立价值得到社会的认同，景观设计师成为一种专门的职业。在这种情况下，景观设计师在进行景观设计时，其个人的设计理念就显得十分重要。由于不同景观设计师对生态水景观的理解不同，所以其设计的生态水景观的功能和外在形式也存在着较大差别。因此，景观设计师的个人理念对生态水景观特征具有较大影响。

其三，自然水资源现状对生态水景观特征的影响。从人类文明的发展过程来看，随着人类文明程度的提升，人类对自然资源的利用程度越来越高，对资源的占有量也越来越大，尤其是随着工业社会的到来，人均占有物质资源的比例越来越大，而且随着人口数量呈现出指数性上升的趋势。同时，人类对资源的消耗越来越大，地球上的物质资源迅速减少，几近枯竭。这些资源消耗中也包括水资源的减少与枯竭。据有关学者预测，地球上的资源最多能够维系人类生存不到一百年的时间。在这种状态下，人类社会的整体生态意识普遍增强，有了对人类未来生存环境的危机意识，人们对自然环境资源的利用率越来越高，水资源作为人类生存和发展中不可或缺的资源，以及凭借其独特的生态作用和功能，在西方生态景观设计中起着十分重要的作用。例如，西方生态景观设计中的水景观并不十分关注水资源的循环利用，随着19世纪末、20世纪初期人类对生态资源问题的重视程度越来越高，西方景观设计师在对生态水景观进行设计时十分注重水资源的循环利用，在建立美丽、丰富的水景观的同时，开始从可持续发展以及减少资源消耗和浪费的角度出发来设计水景观。

（三）生态水景观的类型

从水景观的形成原因来划分，可分为自然水景观和人工水景观两种类型。其中，自然水景观主要包括海洋、湖泊、河流、溪流、瀑布、湿地等；人工水景观则主要包括人工湖、运河、水井、水田、人工喷泉、跌水、水池等。

生态水景观属于人工水景观类型，生态水景观从场地关系和景观应用的角度来划分，又可分为两种类型，即人工生态水景设计和滨水景观环境设计。

1. 人工生态水景设计

人工生态水景设计是指原来的区域中并没有地表水资源，通过人工引水的方式在地面上建立各种水景观，在对环境进行美化的同时，充分发挥水景观在区域生态建设中的重要作用。人工生态水景包括人工挖掘的水池、水渠、荷塘、溪流、瀑布、运河，以及人工建设的喷泉、叠水等景观。除此之外，在人工生态水景设计中，还常通过与动植物搭配以及取水设施、娱乐设计与建筑设施的搭配等建立丰富多样的陆地水景观。例如，设计西方人工生态水景时常在水景观中养殖各种植物或动物，以起到美化环境、增添乐趣，以及营造良好的生态水系统环境的作用。

人工生态水景设计常从以下两个方面着手：第一，注重对自然界水景观形态的借鉴。在人工生态水景设计中，为了营造良好的生态系统，景观设计师常常在设计中借鉴自然景观形象，通过对自然中各种水景观的模仿或移植，以建立兼具自然特色和人工特色的、具有自然生态特点的生态水景观。这种建立生态水景观的方法一方面可以较快地建立起良好的生态系统；另一方面可以建立出具有地方人居特色的水景观。第二，根据地域特色或地方环境需要建立人工生态水景观。生态水景观的设计与建立通常具有多种功能和作用，人工生态水景多建立在地面上没有天然水源的地方，这些地方通常较为干旱，因此在人工生态水景设计中应使其具有多种功能，如灌溉、消防、饮水功能，以及美观功能等。无论从哪一种功能的角度出发，水景观的生态功能都是其最为重要的功能之一。

2. 滨水景观环境设计

滨水景观环境设计是指借助环境中已有的天然水域资源和陆地环境中存在的人工生态水景等共同形成的水环境，并以其为主题的一系列生态性、功能性、安全性和观景性的治理、改造、营建、防护、利用、种植等设计活动①。滨水景观是水体、河道、防洪和泄洪设施、水岸、桥梁、堤坝，以及动植物和山石等多种载体和周围环境共同形成的景观。滨水景观环境设计与人工生态景观设计不同，其多为在滨水区域形成的景观，该景观不仅应满足生态功能，起到优化环境的作用，还应该满足滨水环境中的多种实用功能。例如，通过对堤坝的防护而确保堤坝的安全，保护两岸人民的生命与财产安全。除此之外，滨水景观通常还具有满足人的多种行为需要的作用，如满足人的各种娱乐需要、教育需要以及其他多种人文需要等。滨水景观环境设计多通过营建良好的滨水环境生态条件和自然风光，起到提升人居环境生活品质的重要作用。

滨水景观环境设计并非局限于水体本身，而是一种以水为核心主题，并且结合水岸的各种陆地环境进行的整体设计。与人工生态水景设计相比，滨水景观环境设计受

---

① 李士青，张祥永，于鲸.生态视角下景观规划设计研究[M].青岛：中国海洋大学出版社，2019：202.

到自然界的影响较大，所涉及的环境之间的关系也更加复杂。滨水景观环境设计通常依托于自然界中的天然水体资源，而天然水体资源受到自然界气候变化的影响较大。例如，潮起潮落、汛期与枯水期以及冰冻等均会影响滨水景观的呈现方式。因此，滨水景观环境设计是对滨水环境的整体设计，既不能只考虑一个季节内水景的变化，又不能与两岸的环境相脱节。只有充分考虑各个季节、各个时期滨水景观的变化及其实用价值，才能设计出具有多变性、安全性以及促进水陆生态环境和谐发展的生态水景观。

三、生态水景观的设计原则

在设计生态水景观中应当遵循以下两个原则。

（一）生态服务原则

生态水景观作为区域范围内的水体资源，具有较强的景观功能和生态功能。在生态水景观的设计过程中，应当使其兼具这两种功能，并且将这两种功能放置于同一个系统中，使该系统既能够充分发挥出水景观的生态服务功能，又能够充分发挥水景观作为景观的审美功能。在这二者中，生态水景观设计的生态服务功能应当受到足够的重视。当生态水景观的生态服务功能与其外在的审美功能相抵触时，应优先侧重生态水景观的生态服务功能。

生态水景观的规模、所在地区的地质条件和气候条件不同，生态水景观能够发挥的生态服务功能的大小与侧重点也不相同。具体来说，生态水景观的生态服务功能主要包括以下六个方面。

其一，生态水景观在区域环境中生物生长条件上的重要作用。水资源作为生命之源，能够为生物的繁衍和成长提供良好的条件。生态水景观作为水资源的一种，能够通过引入水系或借助自然水域，为生物提供良好的栖息地，在此基础上为区域环境中的生物多样化和格局多元化提供良好的先决条件。区域环境中的生物多样化和格局多元化又能够形成丰富多变的景观，以达到生态水景观兼具生态功能和审美功能的目的。

其二，生态水景观在推动经济发展中的重要作用。生态水景观充分利用滨水条件或在缺水区域布置和建设水域系统，促进区域范围内的水资源的合理利用。生态水景观一般具有多样化的功能，除生态功能外，还具有灌溉、养殖等功能，灌溉和养殖均有利于区域环境中生物栖息地的良好形成，在此基础上还能够推动农、林、牧、渔以及旅游业的发展，从而极大地带动区域生态经济的发展，达到区域生态经济与区域环境和资源良性循环的重要目标。

其三，生态水景观在区域范围内具有调节气候的功能。由于水资源在生态环境的形成和发展中起着关键作用，因此无论规模大小，任何一个水景观都可以对区域范围内的气候和湿度产生影响，从而调节气候。

其四，生态水景观在区域范围内能够充分发挥水资源的调节和供应作用。古典主义时期，西方景观设计就充分利用了水资源的调节和供应作用。例如，古埃及园林中水池和水渠、喷泉等的建立不仅能够为灌溉提供用水，还能够为饮水提供水源。现代景观设计中的生态水景观也具有土壤灌溉、交通、提供生活和生产用水、水储存与水控制的重要作用。因此，在生态水景观设计中应充分发挥其在调节和供应方面的作用。

其五，生态水景观具有隔离与传播的作用。生态水景观作为一种独特的水资源，所形成的不同的水流条件能够对生物物种成长进行隔离限制，同时也可充分利用水流营造生物成长必需的环境，从而为生物建立良好的栖息地。

其六，生态水景观还能够为人们提供各种休闲娱乐场所。不同规模的生态水景观能够为人们提供各种休闲娱乐和运动活动的条件，如垂钓活动、滑冰活动、游泳活动以及泛舟游玩活动等。

（二）促进生态系统建设原则

生态系统指在自然界一定的空间内，生物与环境构成的统一整体。在这个统一整体中，生物与环境之间相互影响、相互制约，并在一定时期内处于相对稳定的动态平衡状态。生态系统是一个开放性的系统，这一概念是由西方学者欧德姆最早提出的。之后，英国生态学家亚瑟·乔治·坦斯利爵士对这一概念进行了发展，并提出了明确的生态系统概念。生态水景观设计能够促进生态系统的建设。

自然界的生态系统是一种良性的、健康的生态系统，生态系统的健康与否并不是以人的意志为转移的，而是需要尊重自然法则的。只有一个健康的生态系统才能孕育出健康的生物成长环境，才能孕育出健康的人。判断一个生态系统是否健康，应该从以下四个方面入手。

首先，健康的生态系统中的各个系统均具有较强的自我平衡能力。例如，水资源系统、微生物系统、土壤系统等均具有自我平衡的能力。即便该环境中各种系统的变化造成不同指标的不足或缺失，生态系统也能够通过不同系统之间的相互作用而进行弥补，从而维持各个系统的平衡。

其次，健康的生态系统中的各种有机体的新陈代谢能够达到平衡。无论在什么样的区域内，均生活着丰富的有机体，健康的生态系统能够维持有机体的健康生长，而有机体的健康成长又可以反过来增强生态系统的稳定性。一旦有机体所在的环境遭到外界的较大破坏后，该生态系统中生存的有机体的新陈代谢能够帮助生态系统尽快修复并再次达到平衡状态。

再次，健康的生态系统中的丰富生物体能够形成多种层次的生物链。健康的生态系统中的物种十分丰富，这些物种之间能够构成多个层次的生物链，这些生物链共同构成了相互作用、相互依赖以及互为抑制的环境。当其中的某一个或某几个生物链遭到破坏时，其他生物链层次的存在仍然能够确保生态环境的健康，使生态环境表现出较强的弹性。

最后，健康的生态系统具有生长活力与稳定性。健康的生态系统之间的相互作用具有持续性和稳定性的特点,这使得健康的生态系统具有旺盛的生长反应力和抵制外界压力的能力。

水资源作为一个生态系统中不可或缺的核心资源,在生态系统的构建中具有最基础的作用。生态水景观在构建健康的环境生态系统中起着十分重要的作用。具体来说,生态水景观在构建健康的环境生态系统中的作用主要体现在以下三个方面。

其一,生态水景观能够起到植入和补充生态系统的作用。生态水景观起到的植入和补充生态系统的作用具体可从以下两方面进行分析:一方面,在旱地环境中建立生态水景观。通过人工引水的方式建立水池、水渠、荷塘、溪流、瀑布、运河、喷泉、叠水等景观,能够在原来环境中引入新的生态系统,这种新的生态系统的植入能够起到改善区域环境生态状况、改善区域环境中的微气候的作用,从而在区域内营造健康的景观环境。例如,在干旱的沙漠中引入水池、水渠、运河等景观能够形成绿洲,从而构建健康的生态系统。另一方面,在水资源丰富的地区建立生态水景观。在水资源丰富的地区建立滨水生态水景观能够起到补充生态系统的作用。水资源丰富的地区所形成的健康的生态系统在自然环境或人为的作用下产生河道淤塞、河床地形条件复杂、滨水危岩滑坡、水土流失、水质污染等状况时,会破坏原有的生态系统,在这种情况下,需要通过疏通河道、加固滨水危岩、保持水土、净化水质等方式和方法建立新的生态水景观,从而起到补充生态系统的作用,这样有利于区域环境内的原有生态系统迅速恢复稳定。

其二,生态水景观能够起到改变区域景观格局的作用。自然界的水景观常常随着季节的变化而变化,在不同时间段所产生的水量大小也不同。在水资源丰富的滨水地区,往往会受到洪涝灾害的影响,从而对周围的生态系统产生破坏作用。在水资源不丰富的干旱地区,由于水资源短缺,往往会造成树木稀少、土地开裂或沙化严重等问题,使得当地的生态系统遭到破坏。自然生态水景观在对当地的生态系统产生健康的、积极的影响的同时,还会通过各种景观设施的建立改变当地的区域景观格局。例如,在经常发生洪涝灾害的河流或湖泊上建设水库或大坝等生态水景观,在干旱地区建设水渠、河流和水池等生态水景观,均可以起到改变区域景观格局的作用。除此之外,生态水景观的建立所带来的健康的生态系统能够促进生物多样性和多元化,从而能形成丰富的生态景观,进一步改变区域景观格局。

其三,生态水景观能够起到利用水景形式改善环境生态条件的作用。生态水景观具体可划分为流水形态、静水形态、跌水形态、涌泉形态、喷泉形态、冰景形态六种形态。这六种形态又可细分为多种丰富的、多样化的形态。无论是哪一种形式的水景观,均能够起到改善环境的作用。水具有流动性的特点,流动的水能够传播生物种类,传递生物生存和发展所必需的养分,从而发挥促进生物多样性的重要作用。生态水景观中的静止水流具有保持土壤水分与空气湿度、维持生态稳定、固定与贮存养分的重要作用。跌水形态的生态水景观具有含氧量丰富的特点,能够促进水生动植物的生长。喷泉形态的生态水景观有利于改善局部空气湿度,促进土壤对水分的吸收,同时发挥节约水资源的重要作用。冰景形态的生态水景观能够帮助水生动植物减少病虫害，起到丰富和保持动植物多样性的作用。

第三节　西方景观设计中的城市生态景观设计

城市景观是指景观功能在人类聚居环境中固有的和创造的自然景观，可使城市具有自然景观艺术气息，使人们在城市生活中具有舒适感和愉快感。城市生态景观设计是现代景观设计中的重要组成部分。

一、城市景观的概念与特点

城市景观包括自然景观和人工景观，其中自然景观主要指自然风景景观，人工景观主要包括文物古迹、园林绿化、艺术小品、商贸集市、建构筑物、广场等。

(一) 城市景观的构成

城市景观是随着人类城市的形成与发展而自然形成的，随着城市的不断变化而变化。城市景观发展变化的历史从侧面反映了城市发展的历史。从城市发展的角度来看，城市景观是城市发展过程中遗留下来的富有文化内涵的城市要素。例如，城市的格局、城址、城市建筑精华等均代表着某一个时期城市发展的特征。城市景观还是城市社会发展的产物，体现出某一社会时期对城市景观的影响。例如，农业社会时期的城市景观与工业社会时期的城市景观存在着巨大而鲜明的差别。城市景观之间还存在着内在的联系，过去的城市景观规划与现在城市景观和未来城市景观的规划之间存在着深层的传承关系，因此应从可持续发展的角度对城市景观进行合理规划。从城市景观的形成、发展和变化来看，城市景观的形成和变迁受到各种因素的影响，具体可分为三种类型的因素，即自然因素、人工因素和社会因素。

1. 城市景观构成中的自然因素

城市的自然因素是指地形、水体、植物及气候等。在设计城市景观前需充分认识和了解各种自然因素，并在特定的自然因素的基础上进行城市景观规划和设计。自然景观是城市景观演变的起点，每一个城市均建立在自然景观的基础上，受到自然环境的影响而发展起来，无论城市景观受到的人工影响的大小如何，城市景观均离不开自然因素的影响。例如，地形在城市景观的规划和建设中起着十分重要的作用。无论是哪一个城市，均建立在一定的地形上。城市的自然地形可分为平原、丘陵、山峰、谷地等，体现着城市的基本景观形态，同时制约着城市景观的整体发展面貌。在城市景观的发展中，只有充分尊重地形地貌，才能将城市景观与特定的地形相结合，从而打造出独具特色的城市景观。山地具有巨大的形体与连绵起伏的态势，能够为城市景观打造良好的背景，使城市景观的空间层次更加丰富，有利于规划出良好的城市特色景观。除了地形，城市水体也是城市景观构成中自然因素的重要组成部分。城市水体景观具体可分为自然水体景观和人工水体景观两种类型，自然水体景观包括自然界中的江河湖海等，人工水体景观则包括水池、水塘、水渠、喷泉、人工瀑布等。与其他自然因素相比，水体的流动性使其成为城市景观中最具有生气的自然因素，利用水体可以营造出变化万千的城市景观。

除了地形与水体，植物与气候也是构成城市景观的重要自然因素。植物作为景观设计中不可或缺的元素，在城市景观设计中也起着极其重要的作用。植物具有季节性的特点，不同植物的生长习性、外在形态以及随季节变化的特点不同，从而营造出变化多端的城市景观。植物作为一种占地空间有限、可移植的元素，在城市景观的打造中起着塑造城市景观造型的重要作用，其自身或与其他元素结合在一起，均能够体现出具有较强特色的城市景观。自然气候也是城市景观形成的重要自然因素。自然气候环境能够影响自然因素中的植物生长，还能够对人们的生活习性造成一定的影响，在城市景观的形成中起着重要的作用。例如，17世纪凡尔赛宫中的镜厅的建设就是由于当地的气候多变，城市建筑中的露台建设十分不实用，而镜厅的实用性更强，因此而形成的特色景观。

2. 城市景观构成中的人工因素

城市景观中的人工因素是指城市中生活的人们根据主观意愿进行加工、建造的景观因素，主要包括建筑物、构筑物和其他人工环境因素。不同于自然因素，城市景观中的人工因素具有较强的主观色彩。人工因素的强烈主观色彩导致城市中的人工因素在城市景观的建设中具有两个方面的作用：一方面，人工因素可以推动城市景观朝着积极的方向发展，使整个城市的景观呈现出自然、和谐的特点；另一方面，人工因素在城市景观建设中产生了消极的影响，使城市景观朝着杂乱无章的方向发展。

在城市景观的人工因素中，建筑物作为最主要的人工建造的景观，在城市景观的呈现中起着重要作用。建筑物随着人类的发展而呈现出不同的形态，受时代的影响较大，因此是城市景观中较为活跃的因素之一。由于城市建筑的功能丰富，变化复杂，根据人们的审美要求而变化，同时由于建筑具有稳定性，其建成后成为人类进步的史诗。城市景观中的人工建筑还包括桥梁、电视塔、水塔及其他一些环境设施，具有兼具功能性和景观性的特点，表现出强烈的城市景观特色。

建筑是城市景观中最重要的人工因素，在设计中应保持城市景观与建筑的和谐统一，并且要重视建筑环境与功能的要求，使建筑形式和景观艺术形成相互补充、相得益彰的效果。

3. 城市景观构成中的社会因素

城市景观设计中的社会因素与自然因素和人工因素不同，其并不是一种有形的因素，而是一种无形的因素，在社会形成和建设中产生了无形影响。社会因素对城市景观的影响主要体现在两个方面：一方面，社会因素通过对人们的思想观和价值观造成影响，进而对城市景观造成影响，使城市景观建设与人们的传统生活习俗和生活方式保持一致；另一方面，社会因素通过法律、经济、技术因素对城市景观设计施加影响，这种影响并非直接影响，而是以间接影响的方式出现，使城市景观符合社会的需要。

综上所述，城市景观的影响因素包括三个方面，在这些因素的影响下，城市景观通过形成不同的空间而为城市中生活的人们提供种种便利。

（二）城市景观的基本特征

城市景观作为现代景观设计中最重要的组成部分，主要具有以下四个特点。

其一，城市景观具有三个层面。第一个层面为环境、生态和资源层面，包括土地利用、水体、地形、动植物以及气候等；第二个层面为人类行为以及与之相对应的文化历史与艺术层面，包括历史文化、风情、风俗习惯等影响城市景观的重要因素，其对城市人文景观产生了十分重要的影响；第三个层面为景观感受层面，即从视觉方面对城市的自然、人工景观产生的整体感受。这三个层面均以城市景观的实用性和艺术性为目的，是城市景观最核心、最重要的研究目标。

其二，城市景观具有复杂性的特点。城市景观并不是一蹴而就的，也不是静止的，而是一种不断变化和完善的过程。在城市刚刚建立时，城市景观主要表现在建筑与建筑之间的关系上，此后随着城市的不断发展，城市景观也经历了不断丰富和变化的过程，不同城市景观元素之间相互吸引，产生了一种独特的视觉效果。随着心理学的发展，城市景观开始注重人的心理体验，由于城市环境中的视觉事物之间存在多样性的特点，因此整个城市景观呈现出复杂性、内涵多义性、界域连续性、空间流动性和时间变化性等特点，从而形成了更加复杂多样的城市景观。城市景观的复杂性还体现在对城市景观的全面认识上。城市景观的复杂性与城市中生活的人们的世界观、价值观以及文化观等有着一定的联系。由于不同时期人们的世界观、价值观以及文化观不同，因此城市景观也不相同，随着时间的推移，城市景观呈现出复杂性的特点。

其三，城市景观具有历史性的特点。城市景观的历史，即人类文明和城市发展的历史。早在原始社会时期，就出现了聚居点。随着生产力的提高和生产技术的改革，当人类发展到一定程度时，就出现了城市。在城市出现的最初时期，由于城市人口有限，因此其形成的景观也相对较少，景观之间的关系较为简单。随着城市规模的扩大，城市景观的变化也越来越大。由于不同时期社会物质生产的特点不同，人们的价值观和世界观不同，因此不同阶段的城市景观的特点也不相同。从城市发展的角度来看，城市景观呈现出延续性、变革性交替出现、波浪式发展的特点，体现出事物发展的规律性。一个地区的城市景观体系在其发展过程中具有相对稳定性和运动变化性的双重特点。城市景观的运动变化性通常表现在城市文化变迁方面。一般而言，大城市较之小城市更能体现出历史变迁的特点。此外，在城市景观中，不同时期的景观对现实社会生活的影响不同。一般来说，越久远的景观在现实社会生活中产生的影响越小，距离当下越近的景观在现实生活中产生的影响越大。城市景观的历史性特点还表现为城市景观的规划和设计具有历史性。城市景观的第一次更新、改造和重新设计的过程均伴随着人们对城市面貌和个性特点的归纳、总结与提炼，体现出城市景观鲜明的历史阶段性的特点。

其四，城市景观具有地域性的特点。城市景观的地域性特点受到不同国家和地区，以及不同文化的影响。城市景观是为城市生活而服务的，因此城市景观的设计首先应符合不同国家和地区的地理特点。如果城市建设在山地地形上，则形成依山而建的城市景观；如果城市建设在平原地形上，则形成一望无垠的城市景观。由此可见，城市景观受到地形的影响较大。除此之外，城市景观还受到气候的影响，如果城市所在地区长年炎热且缺水，为了使人们生活在清凉的城市中，城市景观中一般多林木，以及各种植物和水体设计，以达到为人们的生活而服务的目的。如果城市所在的气候十分寒冷，在景观设计上常常表现为建设高大而保暖的建筑，以达到抵挡严寒的目的。除了地理因素，城市景观的地域性特点还表现在不同地区对社会文化的影响上。长期以来，不同地区的人们形成了特定的文化和习俗，这种特定的文化和习俗对人们价值观和世界观的形成和审美理念的形成起着十分重要的作用，同时影响着当地人文景观的形成与发展。受不同地域文化的影响，不同地区、同一地形和气候的城市景观也呈现出截然不同的特点。例如，在地球的同一纬度，美洲和欧洲等地的城市景观也有所区别。鉴于城市景观的地域性特点，不同城市景观折射出来的城市文化和生活等各个方面也存在着明显的差异。

二、城市生态景观的概念、内容与意义

城市生态景观是面向未来生态文明社会的人类住区，其内涵必将反映生态文明的思想，而且随着社会的发展，其思想内涵也得到不断发展、充实和丰富[①]。对于城市生态景观，可从以下三个层面进行解读和认识。

（一）城市生态景观的概念解读

城市生态景观的概念应从哲学层面、文化层面、经济层面、技术层面等多个层面进行解读。

其一，从哲学层面来看，城市生态景观的设计应符合生态哲学的理念。生态哲学的出发点和落脚点为人与自然的相互作用。生态哲学的主要特点是在城市景观建设中，从以"人定胜天"为主的"反自然"理念走向尊重自然，强调整个城市生态系统的良性发展，而不是从关注局部城市生态环境的视角出发，形成一种人类发展的哲学观。

---

① 武星宽，武静，裴磊.环境艺术设计学——小城镇特色创新研究 [M].武汉：武汉理工大学出版社，2005：4.

城市生态景观是从生态哲学的理论出发，在城市景观建设中基于城市发展对整个生态系统的影响，对城市生态的整个发展进行规划，在坚持人与自然环境的整体协调和谐发展的基础上推动城市建设与发展。在城市景观设计中，人与自然的局部价值小于人与自然统一体的整体价值。

其二，从文化层面来看，城市生态景观的设计应符合生态文化的理念。生态文化是一种从人统治自然过渡到人与自然和谐相处的文化。生态城市作为一种承载着社会文化的特定的空间，能够体现出生态文明时代的价值、观念、理想和抱负。在不同时期，人们对生态文化的侧重点不同，表现在城市生态景观方面，则为城市生态景观的数量、类型有所相同。在生态城市的发展过程中，一方面表现出较强的传统地域文化的影响，另一方面表现出一定的文化个性和文化魅力。

其三，从经济层面来看，城市生态经济与城市生态景观之间存在着较强的相互关系。传统农业和工业社会的经济模式最大的缺陷在于其过度使用自然资源和物质资源，从而对区域内的资源进行过量开采，引发生态与经济发展的矛盾性。这种经济模式属于外在化的资源经济。城市生态景观建设中所打造的经济是一种内涵式发展的经济，即在重视经济效益的同时，也十分重视生态效益，从而推动城市经济朝着积极的方向发展。除此之外，城市生态景观的建设可以在一定程度上带动城市生态经济的发展，生态经济的发展则会推动生态技术创新与提高，并最终达到推动城市生态景观发展的目的。

其四，从技术层面来看，城市生态景观的建立需要通过生态技术来实现。生态景观的建设所使用的景观元素以及景观构建技术均与传统景观艺术存在一定区别。例如，城市生态景观的搭建可以使用再生资源或再利用垃圾等传统城市景观中不会使用的材料。另外，城市生态景观建设还会从节约能源的角度进行生态场景布置。例如，在生态景观建设中采用太阳能供电等技术，使用少量的能量或使用循环能量，实现较高的城市景观效益。

（二）城市生态景观的内容

城市景观的构成可大致划分为自然环境系统和人工建筑系统两个部分。其中，城市生态景观是指在城市景观中人工建筑之外的空间，这个空间是城市的生态支持系统，由生态城市中非建筑的自然开敞空间构成。城市生态景观的支持系统既包括城市公园、城市中的河流、湖泊以及湿地，又包括城市山体谷地、森林以及自然保护区、农田、草场、果园、防护林、林荫步道、屋顶花园、立体绿化等。从城市建设的宏观角度来看，城市生态景观构建的空间大体可分为三个部分，即主廊道、次廊道和嵌块。其中，生态景观构成的主廊道由连续树林、农田，以及城市郊区的防护林、河流以及山体、自然保护区等组成，主要位于城市郊区或城市外围区域，主廊道形成的城市生态景观以原生自然环境为主。生态景观构成的次廊道主要指城市中分布的隔离保护带、大型公园、防护林带、公路及铁路的绿化带、溪流等绿地资源，能够对城市局部环境和局部气候进行改善。城市生态景观中的嵌块是指水池、广场、屋顶花园等。次廊道和嵌块并非原生态的自然景观，而是由自然环境与人工环境共同组合而成的。城市生态景观中的主廊道、次廊道和嵌块三个部分构成了一个立体化的城市生态环境，对城市生态系统的构建起着十分重要的作用。

在城市生态景观中，不同部分对城市生态环境的构成具有独特的作用。本节主要对城市生态景观中的园林绿地、水域、自然保护区、街道广场、闲置废弃地的生态恢复在城市生态景观中的功能进行介绍。

城市生态景观中的园林绿地是城市生态景观中的重要组成部分，也是构建城市生态系统的重要组成部分。由于园林绿地的主体为绿色植物，绿色植物具有吸收二氧化碳、制造氧气、改善区域气候、为生物提供良好的生活环境和游憩空间等多种作用，因此园林绿地在城市生态景观中起着提高生态环境质量、改善生态城市空间环境的重要作用。

城市生态景观中的水域具有调节气候、吸烟滞尘、净化空气、美化环境、削弱噪声，以及缓解热岛效应等重要作用，在城市生态景观中具有改善城市空间环境的重要作用。

城市生态景观中的自然保护区一般是城市生态主廊道的重要组成部分，多位于城市郊区，在城市生态景观建设中起着改善城市生态环境的重要作用。

城市生态景观中的街道广场不仅可以起到提高空间利用效率的作用，还能够起到减少物质和能源消耗的作用，以及构建生动多彩的城市空间的作用。

城市闲置废弃地的生态恢复是指，将人类生产和生活中的废弃和闲置场地开辟为公园或绿地，这样不仅能够为城市增添生态景观，还能够通过生态恢复达到节约土地资源的目的。

（三）城市生态景观的意义

城市生态景观的规划和设计对城市的发展具有十分重要的意义，主要表现在以下三个方面。

其一，城市生态景观能够提升城市魅力。城市生态景观作为城市景观设计中的重要组成部分，能够起到良好的发挥城市魅力的作用。例如，德国埃姆舍尔公园是在对原德国的重工业基地鲁尔地区的生态空间改造的基础上建立的城市生态景观。德国的重工业基地鲁尔地区原有的自然环境遭到了严重破坏，导致这一地区的各个城市呈现出功能重复、内耗严重等特点。针对这种情况，1999 年，德国北莱茵－威斯特法伦州通过举办国际建筑展"埃姆舍尔公园"的方式来推动鲁尔地区的生态和经济改革。德国将整个鲁尔工业区内的 17 个城市作为一个整体进行规划，通过建设公共绿色长廊的规划思路，塑造了特有的生态景观，从而将 17 个城市联系在一起。德国通过利用工业时代的文物建筑，以及水体、植物和住宅改建等，建立了全新的城市生态景观，营造了良好的城市生活空间，使这一地区成为德国最具特色的城市群，全面提升了城市的魅力。

其二，城市生态景观空间能够为市民提供良好的活动空间。城市生态景观具有良好的环境调节功能，能够改善周围气候，从而达到创造良好的生态环境的目的，为市民提供良好的休憩和活动空间。例如，在美国城市建设中，十分注重城市公园的建设。城市公园作为重要的城市生态景观，不仅能够在拥挤的城市中为人们提供大片绿地和水域，供人们进行休憩和娱乐，还能为身心疲惫、背负着巨大压力的现代都市群体提供良好的放松身心的空间，有利于缓解城市居民的精神压力，使其保持对生活的热情。

其三，城市生态景观能够推动城市的可持续发展。城市的发展与自然生态资源之间呈现出一种矛盾关系，城市的发展使城市规模不断扩大、城市人口不断增长，而城市发展需要开采大量的资源，对自然生态资源的消耗日益加剧，从而对自然生态资源造成较大破坏。在城市生态景观的建设中，一方面，通过回收再利用资源或使用节能环境能够减少城市发展对自然资源的消耗；另一方面，在遭受破坏的土地或废弃的工厂等地建设城市生态景观有利于土地生态资源的恢复，减少土地浪费，节约能源和资源，构建城市生态系统，从而推动城市的可持续发展。

三、城市生态景观的设计原则

城市生态景观的设计应从城市可持续发展的角度，以及城市宏观发展的角度出发，并且应遵循以下四个原则。

（一）可持续发展原则

城市生态景观的设计是一项系统工程。作为城市景观设计的重要内容，城市生态景观设计不仅关系到城市当下的发展空间，还关系到城市未来的发展空间。因此，在城市生态景观的设计中，应坚持可持续发展原则。具体来说，生态景观设计的可持续发展原则可通过以下四个方面来实现。

其一，减少对能源和资源的消耗。城市生态景观设计的根本出发点和目的是减少城市发展过程中对自然环境的破坏，因此在城市生态景观设计中应当尽可能地减少对生态环境的破坏。具体来说，即要求景观设计师在景观设计中尽可能地避免在生态环境脆弱的地方修建大规模的人工建筑。另外，在生态景观建设中，还应对建设和施工过程中产生的建筑废料、废气和废水进行严格控制，以达到减少污染和对当地生态环境的破坏的目的。在进行生态景观建筑时，还应对湿地和自然林地等进行有效的治理和保护，以便达到保护当地水土环境、减少水土流失的目的。除此之外，应当尽量减少在进行城市生态景观建设中所利用的能源和资源，尤其是减少对不可再生资源和能源的利用，减少能源消耗及其对人体产生的伤害。

其二，对基地原有材料进行再利用。城市生态景观设计要求景观设计师形成正确的选材理念，一方面对原生态景观建设基地的材料应当尽量留用，以减少重新寻找景观建设材料所带来的对能源和资源的消耗；另一方面，在城市生态景观设计中应当对已经废弃的工厂、垃圾场或其他废弃地的土地资源进行再利用。对废弃土地资源的再利用，一方面可以减少对新土地资源的使用，以便在充分利用原有土地资源的基础上，为城市居民创建休闲娱乐空间；另一方面可以通过生态景观设计，重新恢复废弃地的生态环境，从而为城市生态的整体建设做出重要贡献。例如，美国景观设计师理查德·海格于1970年设计的西雅图煤气厂公园（见图4-2）即充分利用了原有煤气厂的若干设备，只对原有的工业设备进行了删减，将其改建成为供儿童嬉戏的重要场所，既实现了对原有材料的再利用，又极大地节约了各种建设资源。除了西雅图煤气厂公园，德国鲁尔工业区的改造中也充分保留了大量原有材料，形成了独具特色的城市生态景观。

图 4-2　西雅图煤气厂公园

其三，构建回收系统，以充分回收资源和材料。在城市生态景观设计中，应尽可能减少对稀有资源和紧缺资源的利用，充分使用回收材料和资源建立景观。在城市生态景观设计中，构建回收系统可从对水资源的循环使用入手。例如，景观设计师彼得·拉茨在进行杜伊斯堡北部风景园的设计中即将该地区原有的旧排水渠改建成了独特的水景公园，这一水景公园使用风力作为动力，以此带动净水系统，收集雨水，并对雨水进行净化后重新用于灌溉，从而达到水资源的循环利用的目的。除杜伊斯堡北部风景园中的水资源循环系统的设计外，西方景观设计师在生态景观设计中还通过多种创新和创意实现了水资源的循环利用。例如，在林波茨坦广场的生态景观设计中，建筑内部设置了专门的雨水收集系统，该广场上的水景景观以及卫生用水和灌溉用水等均取自雨水，有效实现了水资源的循环再利用，减少了对水资源的开采。

其四，充分运用可再生资源和可回收材料。

在生态景观设计中，不仅应该减少资源和能源的消耗，还应当充分利用可再生资源和可回收材料，以减轻对生态环境的影响。例如，在生态景观设计中，不可避免地要进行建筑和小品的设计，这些建筑和小品的设计必然涉及能源和资源的消耗，产生一定的废弃物,对当地的生态环境产生影响。对此,景观设计师在可对建筑和小品的设计中应尽可能采用可再生资源和可回收材料,以便减少对自然环境的破坏。例如,在灯光小品建设中,尽量使用风力或太阳能等可再生资源发电,以达到节约资源、减少对资源开采和浪费的目的。

(二)自然优先原则

自然界的生态系统具有独特的更新和演变规律,同时具有较强的自我维持和自我修复能力,景观设计师在设计城市生态景观时应充分尊重自然生态系统的能动性,使其通过充分的自我修复和更新来减轻人类对自然的影响,从而带来较大的生态效益。城市生态景观的设计目的是通过在人类生活痕迹较重的区域内建设具有良好生态功能的景观,减少人类活动对自然生态的破坏,因此在城市景观设计中遵循自然优先的原则,不仅能够减少资源和能量的浪费,还能够减少人类活动对自然的破坏,充分发挥自然本身的生态修复功能,对城市环境产生积极的、良好的影响。例如,彼得·沃克事务所在对 IBM 索拉纳园区进行规划中,坚持自然优先的原则,保留了园区中的 7 大片草原与岗坡地,从而营造了极具特色的城市生态景观,同时有力地保护了园区中的生态环境。

(三)最小干预原则

最小干预原则是指在城市生态景观设计中,尽量通过最小的外界干预达到最佳的景观效果。自然界在漫长的演化过程中形成了一个自身调节系统,自身的生态调节可以使自然环境中的水循环、植被、土壤以及地形和气候等达到平衡。一旦人类对自然生态系统进行干预,就会对自然长期以来形成的生态系统造成破坏,从而导致当地自然环境的水循环、植被、土壤、气候等出现种种失衡现象。然而,城市景观设计是一种人类活动,不可避免地会对城市自然环境产生影响和干扰,因此景观设计师在进行城市生态景观设计时应尽量减少对城市生态环境的干预,将人为活动对自然环境的干预降到最低,并且通过恰当的手段为遭到干扰或破坏的自然生态环境提供良好的物质利用或能量循环环境,从而达到维护场地的原生态格局,增强生物多样性的效果。例如,在城市生态景观建设中,通过建设自然保护区减少人类活动对自然环境的干预和破坏。再如,在德国巴伐利亚洲环保部新楼外部景观的建设中,景观设计师充分利用了原有的地形和植被,保留了该地传统的自然生态条件,并且在最大程度地对原有生态环境进行保护的前提下,创建了多个小生态,形成了丰富的植物群落景观。这一景观设计就坚持了最小干预原则,不仅建立了良好的城市生态景观,还为动植物和微生物提供了良好的栖息空间。

(四)地方性原则

自 18 世纪以来,科学技术的进步、各种先进技术的发明以及交通状况的改善极大地缩短了世界各地之间的空间距离和时间距离，为不同国家和地区之间景观设计风格的流传提供了便利条件。19世纪，景观设计中出现了折中主义风格，即将世界上不同国家和地区的植物或装饰元素集中在一个区域内，从而形成风格不同的景观。

从生态角度来看，在不同地区的地理位置和特殊的气候的影响下，存在的植物和动物、微生物的物种不尽相同，形成的自然生态景观也不相同。正是由于自然生态景观的地域性才使得大自然孕育出丰富多彩的地方自然景观。西方生态景观设计的地方性原则主要包括以下三个方面。

其一，尊重和继承传统文化乡土意识。在长期的历史发展进程中，当地的地理环境和气候环境使当地人形成了与众不同的风俗习惯，这些风俗习惯中蕴含着当地人对环境的改造理念，其中包括环境知识以及对能源的开采和利用等。这些经验多是出于对当地生态环境的考虑而提出的具有建设性和改造性的意见或建议。因此，在生态景观设计中，应尊重和继承当地传统文化乡土意识，建设具有地方特色的生态景观。唯有如此，才能减少时当地环境的过多干预和破坏，保持当地生态环境的良好发展。

其二，适应当地的生态环境。不同的地区由于地理和气候原因，其阳光、地形、水、风、土壤、植被及能量等自然生态环境也不相同，自然生态条件和自我修复能力也不相同。因此，在进行生态景观设计时，应尽可能地从当地的生态环境出发，充分考虑各种因素之间的关系，以便使新的生态景观尽可能在短时间内与当地特有的生态环境融为一体，从而维护当地生态平衡，促进当地生态环境的健康发展。

其三，就地取材。

不同地区由于自然气候不同，所形成的生态环境也不相同，不同的生态环境中所生长的植物和动物也不相同。当地区域内所生长的植物是在长期的自然选择中所剩余的最适合当地生态环境的植物，这些植物在维护当地的生态平衡等方面起着重要的作用，因此在进行生态景观设计时，应尽可能地选择当地的植物和建材作为建立生态景观的重要元素。这样做有两方面好处：一方面有利于建立具有地方特色的乡土景观；另一方面选择当地的植物种类能够使生态景观在最短时间内融入当地生态环境，所花费的管理成本和维护成本最低。除此之外，使用当地植物作为生态景观建立的主要材料有利于保护当地的植物种类，为保持世界植物的丰富性和多样性贡献力量。因此，在生态景观设计中，充分使用当地植物是每一位景观设计师都应遵守的原则。

第四节　西方景观设计中的自然保护观念及案例

19世纪，随着工业革命的发展，工业文明对生态环境产生了较大影响。一些艺术家开始在其作品中体现出对自然环境遭受破坏的担忧。例如，在梭罗的文学作品《瓦尔登湖》中，既将瓦尔登湖作为其生活居住场所，又将瓦尔登湖作为其精神的家园、心灵的故乡，为自然保护增添了一层浪漫的诗意，激发了知识分子对自然保护的兴趣。

然而，人们对于经济发展的渴望超越了自然保护意识，直到 20 世纪上半叶，自然保护观念才在一部分社会上层精英中形成。自然保护观念的形成对西方现代景观设计产生了重要影响。本节主要对西方现代景观设计中的自然保护观念的形成与发展，以及西方自然保护案例进行分析与研究。

一、世界现代自然保护思想的萌芽及发展

20 世纪 60 年代，随着工业革命的发展以及城市扩张运动，社会经济水平普遍提高，人们对社会生态环境提出了更高的要求。在这种条件下，西方学者纷纷将目光转到对自然环境的关注方面，使"生态"一词成为 20 世纪西方社会的热点词汇。

1962 年，美国作家蕾切尔·卡逊出版了《寂静的春天》一书。在这本书中，蕾切尔·卡逊对工业社会以来流行的"向大自然宣战""征服大自然"的口号提出了质疑，并结合工业社会以及现代科学发展对生态环境的破坏、对人类生存环境的威胁，以及人类未来的发展表达了担忧情绪。这本书由于对化学制品公司进行了质疑，遭到了以化学制品公司为首的公司的攻击，并受到农业部和一些媒体的抨击和质疑。这本书出版后迅速激发了公众对环境问题的广泛关注，激发了公众对环境的保护意识，不仅在美国成为轰动一时的畅销书，还流传至欧洲等地，引发了广泛的国际反响。鉴于这本书所出版的年代以及其对自然保护意识形成的作用，这本书被学者公认为是环境保护主义的奠基石。

同年，自然保护联盟在美国西雅图召开了第一届世界公园大会（WPC），这次会议上首次提出了人类对野生动植物的影响、物种灭绝、旅游业的经济效益以及保护地管理等概念与话题，鼓励全球各个国家发展保护地运动。

1968 年，罗马俱乐部（Club of Rome）成立，该俱乐部属于非正式国际协会组织，由来自世界各国的科学家、教育家和经济学家等组成，对人类社会、经济、环境问题进行探讨。1972 年，该俱乐部提交了研究报告《增长的极限》，对环境的重要性以及资源与人口之间的基本联系进行了阐释，提出了"合理持久的均衡发展"，为可持续发展思想的萌芽提供了土壤。同年，瑞典斯德哥尔摩召开了联合国人类环境会议，这是世界上就环境保护问题召开的第一次正式会议，具有重要的里程碑式的作用。这次会议将生物圈的保护列入国际法中，并且将其作为国际谈判的基础，推动环境保护得到全球各个国家的认同，并且成为全球的一致行动。本次会议上还成立了联合国环境规划署，并且发表了三个文献，即《只有一个地球》《我们共同的未来》《人类环境宣言》，这三个文献对世界自然环境保护产生了重要影响。

其中，《只有一个地球》将资源划分为可再生资源和不可再生资源，并且提出人类活动对环境产生可逆性和不可逆性的影响，认为人类应尽量减少对自然的不可逆转的影响和破坏，为可持续发展理论奠定了理论基础。《我们共同的未来》通过对人类人口、资源等进行统计和分析，指出地球的资源和能源不能满足人类发展的需要；人类面临的环境危机与能源危机和发展危机之间具有重要的内在联系；生态压力已经对

人类的经济发展产生了重大影响，为了人类的整体利益和未来社会的发展，必须对当前经济发展模式进行改变。这份报告对可持续发展概念的最终提出和传播起到了极强的推动作用。《人类环境宣言》则将环境保护上升为一种国际承诺和国际约定，为可持续发展概念的提出奠定了世界基础。同年 11 月，联合国教科文组织大会第 17 届会议通过了《保护世界文化和自然遗产公约》，对需要保护的自然遗产地进行了详细标注，其中部分自然遗产地也属于文化遗产地，这种遗产地称为世界遗产地，是世界自然保护事业中的重中之重。

1982 年 5 月，联合国召开了人类环境特别会议，会上通过了《内罗毕宣言》，其中明确了环境管理和评价的必要性，指出环境发展与人口和资源之间存在着极为紧密的联系，只有采取综合发展的方法，才能减少人类社会对环境的影响，推动社会经济的持续发展[1]。同年 10 月，第三届世界公园大会召开，会议指出，为了充分提升保护地在社会可持续发展中的作用，需要建立统一的保护地类别体系，以平衡保护地和经济发展之间的关系。除了以上文件，20 世纪 80 年代，自然保护联盟和世界自然基金会（WWF）发表了重要文件《全球自然保护策略》，该文件将对自然的保护工作纳入全球发展的核心议程中，以便在全球发展中整合自然保护资源并对自然资源进行充分利用，还提出了"为了发展而保护"的理论[2]。

20 世纪 90 年代，随着生态环境的日益恶化，人们的自然保护意识越来越强烈，人们开始对"为了发展而保护"的理论提出质疑。1992 年，联合国环境与发展大会通过了《生物多样性保护公约》，该文件提出了就地保护的观念，要求世界各国对珍稀濒危物种进行拯救和保护。在保护濒危物种野生种群的同时，还要保护好它们的栖息地，即对物种所在的整个生态系统进行全面保护。除此之外，这次会议还通过了《二十一世纪议程》，该文件中首次将环境、经济和社会所关注的重点事项纳入同一个政策框架之中，对可持续发展提出了更高要求，进一步发展了可持续发展的理念。1992 年 2 月，第四届世界公园大会召开，肯定了保护地对于维护生物多样性的重要意义，并提出了扩大保护地体系的目标。

进入 21 世纪后，随着世界人口规模的不断增长，人类对自然资源的消耗速度越来越快。为了阻止人类对生态资源的占用，许多利益团体和自然资源保护团体积极寻求自然保护和可持续发展的途径。2003 年，第五届世界公园大会召开，该会议形成了《德班协定》《德班行动计划》《建议书》三项成果。这三项成果传达了两个重要观念，即人和自然保护区之间并非对立关系，应建立人与自然和谐发展的生态体系；将分散的自然保护区以"超级绿色走廊"的形式连接起来。除了这三个文件，此次会议上还提出了现有自然保护区面临的资金来源、生态和社会的可持续性以及管理费用承担与收益分享问题。此外，还对遗产地旅游业、土著居民与保护地的关系、保护地管理与监

---

① 孟浪. 环境保护事典 [M]. 长沙：湖南大学出版社，1999：861.

② 蔡晴. 基于地域的文化景观保护研究 [M]. 南京：东南大学出版社，2016：20.

控等问题进行了深入讨论。

2002年，联合国环境与发展大会召开，这次会议上提出了《约翰内斯堡实施规划》，提出了在2015年前争取将全球缺乏卫生设施和安全饮用水的人口减少一半；同时力争在2020年生产并推广对环境和人类健康不产生危害的化学用品。

自然保护是一个国际性事业，自19世纪以来，为了推动自然保护事业的发展，一些国际组织纷纷成立，其中具有代表性的国际组织包括国际自然保护联合会（简称IUCN），这是一个由各国政府、非官方机构、科学工作者及其他自然资源专家组成的非政府组织，该组织成立于1948年，以促进对生物资源的保护及持续利用为宗旨，该组织制定的《世界自然资源保护大纲》是当今世界自然资源保护的纲领性文件。除此之外，该组织还常召开世界国家公园大会，在世界自然保护领域具有极其重要的地位。联合国环境规划署会简称UNEP，1972年成立，以掌握世界环境的状况，加强世界各国政府对环境问题的重视为宗旨，尤其关注环境卫生、陆地生态系统、环境发展、海洋以及能源和自然灾害等项目，通过各种活动或会议等增强世界各国政府对环境问题的重视。世界自然基金会简称WWF，成立于1961年，其主要宗旨是保护大自然，从而为地球生物构建良好的自然环境，并通过拨款资助世界各国自然保护项目的建设。

从世界现代自然保护思想在20世纪的发展可以看出，自然保护已成为人类社会发展的核心问题之一。景观设计师在现代景观设计中应增强自然保护意识，坚持可持续发展理念，减少景观设计对自然环境的破坏。

二、自然保护的类型与对象

纵观自然保护的类型，主要包括以下三种。

其一，世界自然历史遗产保护地。进入世界自然历史遗产保护名录的对象至少需要符合以下几个条件中的一个，即地球进化史中的主要阶段的代表；地质年代过程中各个阶段的生物进化和人类与自然环境相互关系的著名代表；具有稀有性或唯一性的自然环境，且自然环境异常美丽；濒危动物或生物物种的自然野生栖息地。

其二，国家公园。国家公园不仅比一般城市公园的面积和规模要大，较少受到人类活动的破坏，位于人迹罕至的地区，具有多个生态系统，国家公园中的野生动植物往往还具有独特的科学和教育意义。除了动植物的种类较为珍稀，国家公园的自然景观也十分美丽，具有独特、罕见的自然美价值。国家公园内部不经国家允许不能私自进行资源开采或将其景物或动植物用作他用。国家公园通常可以作为文化或教育基地，可供旅游观光。

其三，自然保护区。自然保护区是自然保护的主要形式，自然保护区与国家公园不同，主要是对保护区内部的生态系统和自然资源进行保护。因此，自然保护区通常为某一种或多种珍稀动植物的野生栖息地，或具有某些特殊的非生物资源。自然保护区内的动植物或非生物资源通常被用于科学研究和教育教学。大自然中的生态系统和动植物类型多种多样，因此形成了多样化的自然保护区。例如，野生动物保护区、鸟类保护区、兽类保护区、大熊猫保护区、珊瑚保护区、珍稀植物保护区等，这些自然保护区以单一类型的保护区为主。在自然保护区内不能进行任何形式的开发活动，以免破坏当地的生态系统。按照人类活动的影响大小，自然保护区还可以划分为绝对自然保护区和经营保护区两种类型。其中，绝对保护区为了减少人类活动对自然生态系统的干扰，常常禁止游人进入，不允许开展任何形式的活动，当进行科学野外考察时，也只能严格组织且控制人数，在当地向导的带领下沿小路徒步进行考察。虽然经营保护区也属于自然保护区，但可以采取有利的经营和管理措施，并且将经营所得用于自然保护区的建设上。

一个国家通常设有多个自然保护区，自然保护区对濒危动植物进行保护，且由WWF等国际组织进行资助。根据国际组织世界自然保护联盟（简称IUCN）的分类，自然界中受威胁的动植物可以划分为4个等级，即稀有、渐危、濒危、绝灭。其中，稀有动植物是指存在的个体较少，不常见的动植物类型；渐危动植物是指总体留存数量较少，且个体数量持续减少的动植物类型；濒危动植物是指个体数量十分稀少，已近灭绝的动植物类型；绝灭动植物是指曾经在地球上存在过，然而已经绝种，在自然界中不能再找到任何个体的动植物类型。由于自然界的动植物保持多样性才能构成自然界中丰富多样、多层次化的生态系统，任何一个物种的灭绝都会对自然界生态系统造成不可挽回的损失，不利于自然界生态系统的构建。因此，应对渐危动植物和濒危动植物进行保护。

三、西方景观设计中的自然保护案例

美国黄石国家公园景观

（一）项目背景

美国黄石国家公园（见图4-3）作为世界上最早的国家公园，其成立有着独特的自然背景、历史背景和社会背景。

1. 美国黄石国家公园成立的自然背景

北美大陆幅员辽阔，自然资源十分丰富。这里分布着广阔的草原、大片森林、大山、沼泽、湖泊、河流等，孕育了种类繁多、数量惊人的野生动植物。

黄石国家公园所在区域位于密苏里河的主要支流——黄石河的源头。黄石国家公园的得名来源于黄石河，黄石河发源于北美怀俄明州西北部，全程达1 114千米，一路向北穿过黄石湖后流入蒙大拿州，然后向东北方流淌在北达科他州边界，汇入密苏里河。由于这条河两岸多为高高的黄色石崖，因此被当地的印第安人称为"米齐·阿达兹"，即"岩石黄色的河"，后来被法国人译为"黄岩""黄石"，因此得名。黄石国家公园所在的地区多火山，数十亿年以来，由火山喷发形成了熔岩高原，高原上峡谷、湖泊、热泉、间歇泉、瀑布等自然奇观星罗棋布，各种野生动植物资源十分丰富。

图 4-3 黄石国家公园

黄石国家公园有着数十种哺乳动物物种，包括纯种野牛群、麋鹿种群、濒危物种北美灰熊等，而且有 300 多种鸟类和数十种鱼类，以及多种爬行动物等。黄石国家公园中覆盖着大片野生森林，其中包括美国黑松、龙胆松、美洲云杉和亚高山银杉等共1 700 种树木，8 种针叶树种，还有数十种开花植物，以及百余种外来植物等。黄石国家公园由于火山的存在形成了多个热泉和喷泉、温泉等，孕育了数以万计的微生物，其中还包括超嗜热物种微生物以及水生栖热菌等，这些动植物和微生物具有较高的科学价值。

除了动植物资源，黄石国家公园的自然景观也异常美丽。这里地貌丰富，拥有世界上最大的石化林之一，还有三个幽深的峡谷，以及北美最大的火山系统。由于气候多变，这一地区在自然的作用下形成了多种奇观，这些奇观则成为美国黄石国家公园重要的自然背景。

黄石破火山口是北美最大的火山系统，被称为"超级火山"，是一座处于活跃状态的超级火山，这一火山口曾多次爆发，火山爆发后形成了独特的熔岩地层，以及光怪陆离、五光十色的风化火山岩。黄石破火山口的存在不仅在当地形成了独特的地貌和岩层，还形成了数以千计的沸泉、热泉、瀑布和温泉、大湖和深潭等，其中大湖的水面呈现碧蓝色，湖水冒着热气，仿佛一团巨大的烈焰在燃烧。数千个间歇泉向天空喷射着巨大且沸腾的水柱，这些水柱气势磅礴，仿佛起立的参天大树，有的还可以持续喷射近一个小时。除此之外，黄石国家公园还存在着数千处温泉，这些温泉碧波荡漾，水雾缭绕。这里还集中了世界上将近一半的地热资源，以此形成了独具特色的景观。

除此之外，由于这里集中了各种地形，高山、平原、峡谷等应有尽有，因此形成了具有落差性的自然景观，如壮丽的瀑布、气势磅礴的大峡谷等。黄石地区美丽的自然景观成为黄石国家公园建设的自然基础。

2.美国黄石国家公园成立的历史背景

北美大陆气候温和，自然条件优越，适宜动植物和微生物的生长和栖息。北美大陆被发现后，一代代殖民者和美国人开始了对这片土地的征服。这一时期，正如美国著名历史学家、评论家亨利·康马杰在其著作《美国精神》中所指出的："在整个历史上，没有哪个国家像美国那样万事顺利，每一个美国人都了解这一点。地球上没有任何地方的自然条件如此优越，资源如此丰富，每一个有进取心和运气好的美国人都可以致富。……他们每天看到荒野变成良田，村庄变成城市，社会和国家不断变得富有和强大。"[1]

在这一过程中，北美殖民者为了获得更多的土地资源，不断向西部开拓。由于北美地区的森林公园十分丰富，早期的殖民者为了征服这片土地，以斧头和火为武器进行垦荒，在垦荒的过程中"清除了土地上的自然植被……差一点砍光了从大西洋畔一直伸展到大平原区的一望无垠的硬木森林……杀死了绝大多数为捕兽者所遗漏的野生动物……"[2]。这种大面积的粗放式的垦荒形式使当地的自然资源遭到了极大破坏，不但导致大批森林资源消耗，森林面积急剧减少，而且随着森林资源的迅速减少，大批在森林中栖身的动植物和微生物的数量也在迅速减少，有的物种甚至走向灭绝。除此之外，许多动物在人类的猎杀下纷纷遭受灭顶之灾。北美的殖民者征服荒野的习惯在美国独立后仍未停止。美国历史上曾发起三次西部运动，同时不断向南部和北部开发，政府出于推动国家发展的目的，鼓励人们通过各种手段进行垦荒："他们征服了荒野，征服了森林，并把土地变成了丰产的战利品。"

尤其是美国内战之后，随着工业的发展以及资本主义经济的发展，北方的城市得以了迅速扩张。内战后，大批南方人挤进城市，导致北方城市人满为患，为此美国政府发布了西部大开发的号召，无数人响应政府号召，前往西部地区开发土地，在不到半个世纪的时间里，美国便将广阔的荒野边疆开发殆尽。可以说，美国特有的垦荒文化和西部开发运动为黄石国家公园的建设奠定了历史基础。

---

① 叶红.美国国家公园体系研究（1933—1940）[D].哈尔滨：黑龙江大学，2019：42.

② [美]弗·卡特，汤姆·戴尔.表土与人类文明[M].庄崚，鱼姗玲，译.北京：中国环境科学出版社，1987：170.

3. 美国黄石国家公园成立的社会背景

19 世纪，随着美国工业革命的兴起，美国工业化和城市化进入高速发展阶段，这一时期城市中涌入了大量人口，引发了一系列住房、就业市场、教育、生态环境、交通、社会治安、消防和其他服务实施等问题与矛盾，尤其是生态环境遭到巨大破坏，城市中的人们远离自然，开始向往回归大自然。

北美地区的自然资源十分丰富，那里有着丰富的水资源、森林资源、野生动植物资源。19 世纪中期以前，人们普遍认为自然资源，尤其是北美地区的森林资源是取之不尽、用之不竭的。然而，随着工业革命和城市现代化运动的开展，北美的自然资源遭受了极大的破坏，环境每况愈下。面对满目疮痍的家园，一些学者的自然保护思想开始萌芽，这些学者中以乔治·马什、约翰·鲍威尔和富兰克林·霍夫为代表。

其中，乔治·马什对当时社会上普遍流行的美国资源的无限论进行了批评，指出"人类若想要在地球上长久的生活，并取得像过去一样的自然知识上的巨大进步，必须学会和自然的相处之道，正确地估计自然，而不是一味地破坏和索取，只有正确看待自然，才有可能获得未知领域的物质优势。"① 除了发表公开观点对美国人对待资源的态度进行批评，乔治·马什还发表了《人与自然》的著作，这本著作被城市史专家刘易斯·芒福德誉为"保护主义的源头"。同时，其观点被 19 世纪后期的环境主义者广泛引用。

约翰·鲍威尔在 1881—1894 年担任美国地质调查局局长，其通过对美国西南部的格兰德河、科罗拉多河、落基山脉、大峡谷等地进行详细的考察，在丰富的调查资料基础上发布了《美国干旱地区土地调查报告》。在这份报告中，对美国西南部地区所面临的地质问题、水土问题、灌溉问题提出了建设性的意见，引发了美国社会的关注②。

富兰克林·霍夫则从自然科学角度论证了森林与土壤、环境之间的关系，对森林资源进行了详细考察，并对森林的破坏进行了详细的说明与论证，还呼吁人们对森林资源进行保护。

以乔治·马什、约翰·鲍威尔和富兰克林·霍夫为代表的早期自然资源保护者的观点和实践引发了更多学者和政府官员对环境的反思，为美国自然保护理念的形成奠定了基础。

19 世纪 60 年代，以乔治·马什和约翰·缪尔为代表的自然资源保护主义者发起了以保护水资源、森林资源、矿产资源为主的自然资源保护运动。其中，约翰·缪尔创办了美国最有影响力的非政府的环保组织——塞拉俱乐部。此外，约翰·缪尔十分重视对自然资源的保护，强调生态保护的完整性。他认为，自然是人类的精神源泉，

---

① 徐再荣 .20 世纪美国环保运动与环境政策研究 [M]. 北京：中国社会科学出版社，2013.
② 梅雪芹，陈祥，刘宏焘 . 直面危机：社会发展与环境保护 [M]. 北京：中国科学技术出版社，2014.

因此人可以通过认识自然来认识自身，由于工业化经济的发展使自然遭受了极大破坏而变得面目全非，因此亟须对自然进行修护和保护。他认为，只有将森林资源收归国有，建立国家公园，才能够对自然资源和森林资源进行有效保护①。他还认为，保护自然不应该出于任何经济或利益目的，而应该立足于自然本身的美和价值。他指出："我一直尽我最大努力去展示自然的美、国家公园的壮阔以及为人类带来的巨大价值，希望以此方式唤醒人们内心对自然的欣赏，使自然得到真正的保护和正确的对待。"②

约翰·缪尔以及其他自然资源保护者的思想为黄石国家公园的建立，以及美国国家公园体系的形成奠定了社会基础。

（三）项目亮点

黄石国家公园正是美国在向西部扩张的过程中发展起来的。1803年，美国从法国手中买下了路易斯安那。为了对这片区域进行充分的调查，以便制订开发规划，美国总统托马斯·杰斐逊派遣梅里韦瑟·刘易斯上尉和威廉·克拉克带队对密西西比河流域、哥伦比亚河流域进行考察。返程时，一位名叫约翰·科尔特的队员并没有随队返回，而是留下来继续考察，并且发现了黄石河源头。此后，无数探险家、皮货商人、探矿者、猎人等抱着各种目的进入黄石河源头，对该地进行考察。然而，这些小规模的考察并没有引起人们的关注。美国南北战争结束后，美国政府发起了西部大开发运动，掀起了西部开发的热潮。黄石地区也因此引来了更加频繁的探险和考察活动。1869年，探险家查尔斯·库克、大卫·福尔松、威廉·彼得森对黄石河源头进行考察后，发表了考察日记，对黄石地区的自然和地理状况进行了详细介绍。1870年，亨利·沃什伯恩带领探险队对黄石河上游地区独特的间歇泉、热泉、瀑布等地理景观进行了详细考察，这些考察人员在之后发表了一系列文章，引发了《俄勒冈人晨报》《纽约时报》《落基山公报》等众多媒体的关注与报道，使黄石地区引发了全社会的关注。这些考察人员相继提出了对这一地区的壮丽景观进行保护的思想，为美国黄石国家公园的设立奠定了思想基础。之后，此次考察人员还在社会力量的支持下在蒙大拿、华盛顿、纽约等地进行了系列演讲，引发了东部重要媒体对黄石景观的关注，这些媒体对黄石景观的报道又引发了社会公众的广泛关注。

1871年，在社会舆论的推动下，美国联邦政府和科学界以费迪兰德·海登为首组建了一支以科学家为主的官方考察队，前往黄石地区进行考察。与此同时，美国陆军部也派出一支由军队工程师组成的考察队，对黄石地区进行考察，这次考察获得了美国主流媒体和社会的广泛关注。在多次考察中，一些学者提出了对这一地区进行保护的问题。1869年，福尔松在对黄石地区进行考察后即提出"政府不应该让任何人在这

---

① [英]海伦·拜纳姆，威廉·拜纳姆.植物手绘艺术：关于热爱、探险与发现的自然之旅[M].潘莉莉，译.武汉：华中科技大学出版社，2018.
② 徐再荣.20世纪美国环保运动与环境政策研究[M].北京：中国社会科学出版社，2013.

里定居"的想法，并初步提出了设立国家公园的想法。1870 年，沃什伯恩探险队在考察黄石地区时，探险队成员科尼利厄斯·赫奇斯初步有了"那个地方的任何部分都不应该为私人所有，整个区域都应该被划出来设立为一个伟大的国家公园"①的想法，之后科尼利厄斯·赫奇斯在《海伦纳先驱日报》上提出了在黄石设立国家公园的想法。这一想法得到了许多政府官员和学者的赞同。威廉·凯利认为，黄石地区的自然奇观"不但超过了尼亚加拉大瀑布和加州的间歇泉，而且在规模和壮观程度上足以与约塞米蒂的风景、科罗拉多的峡谷和冰岛的间歇泉的总和相媲美"。那些不如黄石地区景观的地方可以被设立为国家公园，黄石地区自然也可以被设立为国家公园。这些支持在黄石地区设立国家公园的人们通过积极提交提案以及开展活动，在黄石国家公园的设立中起到了极其重要的作用。1872 年 1 月 30 日，《黄石国家公园法案》在参议院获得通过。同年 3 月 1 日，美国总统尤里西斯·格兰特正式签署《黄石国家公园法》，宣布将地跨怀俄明、蒙大拿和爱达荷三个州，面积超过 8 093 平方千米的土地保留为"公园或游乐场"，标志着黄石国家公园的正式诞生。

黄石国家公园的景观亮点主要体现在以下三个方面。

1. 建立景观分区，实行分区控制

黄石国家公园的景观分区模式一开始按照从内向外的顺序，将其划分为三个区域，即核心保护区、游览缓冲区和密集游览区，这个分区模式得到了世界自然保护联盟的认可。由于黄石国家公园的区域面积十分庞大，超过 8 093 平方千米，从旅游角度来看，这种分区横式可以实施，然而由于每个地区的生态承载状况及游客聚居情况不同，导致很难对各个区域进行管理。同时，随着旅游业的开发和大量游客涌入，黄石国家公园的自然生态资源遭到了大肆破坏。20 世纪 80 年代，出于自然保护的思想，美国学者岗思提出了国家公园的 5 区模式，将黄石国家公园由原来的 3 区划分改为 5 区划分，即本着对自然景观的最优化保护的原则，将整个黄石国家公园划分为重点资源保护区、低利用荒野区、分散游览区、密集游览区和旅游服务区。之后，黄石国家公园借鉴了岗思的这一思想，按照科研、环境保护教育、娱乐休闲、生态保护等功能将公园划分为生态保护区、特殊景观区、历史文化区、游嬉区和一般控制区这五个分区，使各个分区具有不同的功能，进而根据各个分区的功能进行开发，最终达到对自然生态资源和自然生态系统进行保护，以及人与自然和谐发展的目的。

其中，生态保护区中的生态资源和自然景观具有稀有性、生态自我修复脆弱性、一旦破坏难以再生等特点。因此，应尽量让该地区的景观保持自然状态，减少人工干预，不对游人开放，只允许科研人员、工作人员开展保护性工作或科研工作。

特殊景观区中的生态资源和自然景观具有较高的美学价值，能够唤起人们对自然

---

① [澳] 沃里克·弗罗斯特，[新西兰]C. 霍尔. 旅游与国家公园：发展、历史与演进的国际视野 [M]. 王连勇，译. 北京：商务印书馆，2014.

资源的享受和热爱，使生活在工业文明和城市文明的游客可以充分感受到大自然的壮美。在对这一区域进行景观设计时，应尽量减少对自然景观和生态的破坏，允许建设必要的安全性的旅游基础设施，在基础设施景观的建设中，应尽量从当地取材，在人工景观的设计和施工上均具有严格的规定，以最大限度地保护自然生态景观和自然生态系统。

在历史文化区中，则重点建设历史文化遗迹景观，在保持历史原貌的基础上，可以建立有绿化功能的景观、卫生设施景观以及基础旅游设施景观，这些景观的建设具有严格的标准。

游嬉区即专门接待游客，以及为游客提供娱乐休闲服务的区域，这一区域的人流比较集中，而且各种旅游景观设施较多，且多建有隔离带。这一区域内的景观设计要求与当地的自然景观相融合，并对相关的建筑风格和尺寸有着严格的要求。

除了以上四个地区之外，其余地区则为一般控制区，多位于边缘地区，基础景观建设相对较少。

2. 对景观进行生态修复和保护

黄石国家公园被设立为国家公园后，随着 20 世纪 60 年代旅游业的发展，黄石国家公园迎来了大量游客，由于这一时期的公园管理不到位、基础景观设施过多、游客的行为不加约束等，公园内的自然资源和自然生态系统遭到了严重破坏。例如，大量游客中心、野营区、旅馆等人工景观的建设极大地破坏了黄石国家公园的自然原野面貌和视觉完整性，同时大量游客的进入对当地野生动植物资源的栖息地造成了严重破坏。各种人工设施和游客带来了大量垃圾，对当地生态造成了较大污染。除此之外，黄石国家公园为了吸引游客，并没有从保护自然资源的角度对基础建设进行整体规划。20 世纪初期，公园内部建立了钓鱼桥供人们通行，由于该桥位于黄石大鳟鱼的集中产卵地，许多游客以钓产卵期的黄石大鳟鱼为乐，导致短短几年内黄石大鳟鱼的数量锐减，甚至濒临灭绝。为了改善大鳟鱼资源枯竭的状况，黄石国家公园管理方在黄石湖中投入了多种外来鱼种，导致本地鱼群数量严重下降，极大地破坏了当地的生物多样性。

面对黄石国家公园内自然生态资源被破坏的情况，20 世纪 80 年代以来，联邦政府及各种社会团体联合黄石国家公园管理放对公园内被破坏的自然植被等进行了评估，并开展了生态修复和保护活动。除此之外，针对公园内动物栖息地和种群减少的情况，黄石国家公园管理方通过在整个世界范围内寻找相似的动物物种投放到公园中，以保持公园内部的生态系统的平衡，减少单一物种过于强大后对公园内部的其他生物种类造成威胁，保护了公园内部的动物多样性。

除此之外，随着旅游业的兴盛，产生了大量垃圾，虽然黄石国家公园每天派出数百名工人对垃圾进行清理，但是这些垃圾，尤其是不可降解的塑料垃圾仍然对公园造成了极大的污染。为了解决公园的环境污染问题，黄石国家公园的管理方从科学技术上进行创新，通过可降解技术的开发，解决环境污染问题，同时通过制作各种宣传片以及开办旅游讲座等形式不断提升游客的素质，从而减少公园内的垃圾，改善公园内的整体生态环境。

3. 确立可持续性景观设计原则

为了贯彻自然保护理念，黄石国家公园在20世纪七八十年代进行基础设施建设时，朝着生态保护的方向发展，坚持三个原则，即环保优先、可持续发展、人与自然和谐发展，具体则包括以下几个方面：首先，避免不必要的工程建设，在进行基础人工景观建设时，尽量避开动物的栖息地，同时严格控制建筑材料对当地自然生态环境的污染；其次，在进行基础景观建设时，尽量选择木制装置和环保材料，在具体的施工中减少化学原料的使用，以降低对生态环境的破坏；最后，在基础景观建设中尽量设置有利于生态循环的系统，如雨水收集系统等，以推动公园生态的可持续发展。

第五章　西方景观设计的审美研究

第一节　西方景观设计叙事研究

叙事原为一个文学概念，即对一个或一个以上真实的或虚构的事件的叙述。从审美角度来看，西方景观设计叙事研究有其独特的魅力。

一、叙事理论与景观叙事理念的概述

叙事作为一个文学概念，早在西方古典主义时期就已产生。所谓叙事，就是叙述事情（叙＋事），即通过语言或其他媒介来再现发生在特定时间和空间里的事件[①]。叙事是人类的一种本能的交流表达方式，早在文字发明之前，原始社会的人们就已经开始借助口头语言进行叙事表达。例如，西方文学史上的《荷马史诗》就是一首口头长篇叙事诗。在这首诗中，包含了诸多叙事技巧。这些口头叙事文学的出现为西方古典叙事理论的兴起奠定了坚实的基础。

（一）西方叙事理论的起源与发展

西方古典叙事理论出现于古希腊时期，公元前335年，亚里士多德完成了《诗学》的写作。在这一著作中，亚里士多德对文学的叙事进行了阐释，提出了文学叙事理论，这奠定了景观叙事的理论基础，《诗学》也因此被西方学者视为第一部专业化和系统化对叙事理论予以阐释的经典著作。进入19世纪后，西方小说艺术理论获得了较大发展与演进，近代叙事理论也因此而获得了较大发展，这一时期，文学作品的情节、人物、场景三个因素成为衡量一部作品成功与否的标准。进入20世纪后，随着叙事理论的发展，美国作家兼评论家亨利·詹姆斯提出了文学作品技巧运用的重要性。亨利·詹姆斯的观点影响了一大批西方学者，引发了西方文学批评家关于叙事形式与叙述技巧的探讨。例如，西方学者珀西·卢伯克和韦恩·布斯在继承亨利·詹姆斯叙事理论的基础上，分别出版了《小说技巧》和《小说修辞学》，尤其是对文学创作中修辞性叙事议题的研究，极大地推动了叙事理论朝着现当代叙事理论的方向发展。20世纪20年代，

---

① 申丹，王丽亚．西方叙事学：经典与后经典 [M]．北京：北京大学出版社，2010：2.

俄罗斯学者弗拉基米尔·普洛普出版了《民间故事形态学》一书，该书普遍被西方学者认为是叙事理论领域中的里程碑式的著作，极大地推动了当代叙事理论的发展，同时为结构主义叙事理论的形成奠定了基础。20 世纪 60 年代，法国人类学家列维－斯特劳斯在其著作《野性的思维》一书中，将文学领域的叙事理论作为一种研究视角引入人类学领域，从而构建了人类思维的结构形式，极大地推动了结构主义叙事理论的兴起与发展。受结构主义叙事理论的影响，西方经典叙事理论成为叙事理论的主流。

20 世纪 60 年代，随着西方经典叙事理论的发展，西方叙事学逐渐成为一门独立的学科。1966 年，法国学术界以"符号学研究——叙事作品结构分析"为主题，对叙事学的基本理论和方法进行了详细分析，这也标志着结构主义叙事学的诞生。1969年，法国文学理论家茨维坦·托多洛夫发表了《〈十日谈〉语法》，推动叙事学理论朝着一门独立的学科方向发展。随着叙事学理论的发展，结构主义叙事学的代表人物罗兰·巴尔特、茨维坦·托多洛夫、格雷马斯、克劳德·布雷蒙、热拉尔·热奈特等人分别从不同视角对叙事学进行了深入研究。1966 年，巴尔特受瑞士语言学家费尔迪南·德·索绪尔的影响，在《叙事作品结构分析导论》一文中将叙事作品划分为功能层、叙述层等多个层次。法国叙事学家热奈特在《叙述话语》一文中将叙事这一概念划分为三个层次，即话语层、故事层、叙述层，三者相互关联，为研究叙事话语建立了一个较为严谨和系统的体系。

20 世纪 80 年代以来，在解构主义、后结构主义与文化诗学等理论的强烈冲击下，经典叙事学遭遇了前所未有的学科危机，后经典叙事学理论崛起，并且发展成为当代叙事学研究的基本范式。后经典叙事学在保留经典叙事学合理部分的同时，不断丰富叙事学的范畴，并且将其与女性主义、解构主义、修辞学、精神分析学和计算机科学等理论相融合，并逐渐形成新的研究视野。后经典叙事学的多学科交叉视角促进了跨学科视野的叙事研究，进而不断丰富叙事学的学科视界，为景观叙事学理论的研究奠定了基础。

（二）景观叙事的兴起与发展

随着西方叙事理论的研究，当代学者对叙事的理解与认识从单一的故事叙述转化为对人类某种体验与感受的经验性再现，使叙事产生了更加深刻的文化内涵。英国园林史学家约翰·迪克森·汉特在《伟大的完美——花园理论的实践》一书中从空间场所的叙事载体、视觉意义以及策略等角度对景观叙事学的理论进行了研究。除了约翰·迪克森·汉特，美国景观理论学家查尔斯·摩尔在《风景：诗化般的园艺为人类再造乐园》一书中结合大量经典景观设计案例，对景观设计的叙事特质进行了详细研究。

20 世纪 90 年代，马修·波提格与杰米·普林顿出版了《景观叙事：讲故事的设计实践》一书，并在该书中对景观叙事进行了深入思考，从历史和文化的角度阐述了景观叙事的内涵与意义。该书从基础理论、设计实践与景观故事三个方面，结合大量西方经典景观案例，从公共参与、遗产规划、历史保护与可持续发展等角度对景观叙事的手法与基础进行了详细分析，同时明确了景观叙事的概念。所谓景观叙事，即借助叙事学的相关研究理论与方法，将景观转译为一套可以被理解与掌握的话语系统，在帮助人们重新审视景观内在要素语义关系的同时，建构出具有时代与地域特征的景观文化体系①。

从环境塑造与体验理论的视角进行观察，景观叙事理论为景观设计提供了相关的空间组合方法与内涵建构策略。景观空间环境中的各种细节因素引发人们独特的内心体验，为文学故事提供了更多素材。文学和景观具有一定的相似性，两者均具有情感表达与文化传承的作用。当人们阅读文学作品时，会根据文学作品的叙事话语、叙事结构以及叙事意蕴产生独特的审美意象，当人们处于某种景观空间中时，也会产生独特的审美意象。文学和景观之间叙事的差别在于文学通过对时间和空间的双重把握构建文学叙事，文学叙事所构建的审美意象是多种时空线索共同作用的；景观则是通过空间秩序来构建景观叙事，是空间秩序的内在关联与组合。尽管文学叙事与景观叙事之间存在着天然区别与差异，可是从审美角度来看，两者的创作机制具有更强的相似性。景观与叙事内在特质的理性分析与比较为景观的跨学科发展提供了新的理论视野。

景观与叙事之间相互联系，其中文学作品对空间和场所的感知意象常成为故事陈述的题材与主题。由于文学作品具有历时性、记忆性和广为流传性的特点，因此所描绘的主人公的生活场景往往凝聚为公众的集体记忆，从而影响现实社会中景观空间环境的塑造与体验进程。中世纪，哥特文学的崛起与发展为城市景观建设奠定了坚实的基础。18世纪，英国诗人亚历山大·蒲柏就用独具风格的田园诗歌作品为英国自然风景园林的发展奠定了基础，提供了模仿的对象进入20世纪后，景观设计师对景观叙事的理解突破了故事的言说与讲述，成为景观设计独特灵感与理念的来源。景观设计的叙事手法越来越丰富，开始朝着表达情感和建构家园的多元化方向发展。

二、西方景观叙事的话语表征

文学叙事话语主要以文字和图像为媒介，从而实现文学叙事；景观叙事话语则以空间为主要的媒介实现景观叙事。西方学者查尔斯·摩尔曾说，"要造一个园林出来，首先就是要塑造一处空间"②，这也从侧面证明了空间在景观叙事中的重要作用。因此，景观的空间是景观叙事得以表达的话语载体。

（一）景观叙事话语内涵

景观叙事的空间作为人类活动的空间，使身处其中的人们可以产生种种空间体验和感知，从而达到景观叙事的目的。景观叙事的语言载体主要由两部分组成，一部分

① 邱天怡.审美体验下的当代西方景观叙事研究[D].哈尔滨：哈尔滨工业大学，2014：49.
② [美]史迪芬·克里蒙特.建筑速写与表现图：设计师与画家的技法[M].刘念雄，刘念伟，译.北京：中国建筑工业出版社，1997：147.

是外在的实体显现；另一部分则是内在的意义表达。实体显现可以通过植物、材质、水体等景观组成要素的排列与组合构成独特的空间，从而向人们传递某种独特的内在的景观话语内涵。可以说，景观叙事的外部元素和内在空间意义相互作用，共同构成了既有外在表征，又具有独特内在意义的景观语言体系。

由此可见，景观叙事话语的构成包括两个方面：第一方面是具有外显特征的景观语言，这部分景观语言往往是人们的基本感觉器官能够直接感知的景观元素。例如，视觉器官看到的美丽的花朵、高大的树木、各式各样的廊柱、亭台楼阁等，以及嗅觉器官闻到的花朵的芳香，触觉器官感受到的池塘潮湿的水气等。这些景观元素通常不直接呈现其叙事意义，而是通过景观布局、景观元素的形态等具有内涵特征的景观元素表现出景观叙事的深层意义，这就是景观叙事话语的第二个方面。这些特殊的景观元素及其布局和形状能够通过人类的感知、观察进而激发人们对其所构成的空间意义和内涵的独特领悟，从而使其具备叙事功能，突出其叙事意义，如英国谢菲尔德植物园中的长椅。长椅是城市公园中常见的景观元素，其不但具有供人休息的实用性价值，而且其造型以及造型与周围环境的融合而形成的特定空间使其具有了独特的审美价值。英国谢菲尔德植物园中的一个长椅通过其独特的造型及其与周围空间的组合，呈现出颇具言语内涵的景观叙事话语。该长椅使用了天然木质材料，整体由两部分组成：一部分是一个不规则的平面；另一部分则为树干形状的扶手，扶手上雕刻着若隐若现的青蛙、小甲虫等自然生灵。这些景观元素既体现了人工雕刻的美感，又与周围的景物融合在一起，激发起人们的无限遐想，使人们意识到人与自然的相互关系，从而激发人们尊重自然、保护环境的意识。这种独特的景观体现出环境设施所表现出来的独特的外显特征与内在属性的双向结合，从而实现景观话语的表达。

除了景观语言元素构成的空间本体具有话语叙述功能，景观叙事中常常还需借助文字、图案等体现出独特的话语叙事意义。例如，波黑的梅杜戈耶在街道的一处断壁残垣处放置着写有"不要忘记"的石牌，提醒人们不要忘记战争带来的伤痛，以表现出该城市景观独特的话语叙述内涵。又如，波特兰的"故事园"使用120块雕刻着图案的大理石块讲述波兰城市的故事，这种独特的景观叙述话语带给人们多重文化体验。

除此之外，从当代景观中的叙事话语来看，还包括诸多具有类似语言特征的景观空间实践。例如，伯纳德·屈米从解构主义倾向出发所创作的《曼哈顿手稿》中通过具有图解性的作品，创造了不同于传统空间设计的具有文学特征的"空间文本"。

（二）景观叙事语汇

文学叙事语汇由单词、句子组合而成，景观叙事语汇则由景观材质构成①。景观材质具有多变性和灵活性的特点，不同景观材质的外形、质地、功能不同，其暗含的

---

① ［美］马修·波泰格，杰米·普灵顿. 景观叙事——讲故事的设计实践 [M]. 张楠，许悦萌，汤丽，等译. 北京：中国建筑工业出版社，2015：5.

场景信息也不尽相同。例如，石材庞大、笨重而坚固，包含着稳定、持久的安全感和博大而包容等场景信息；木材温馨、柔美，包含着独特的亲切感等场景信息；水体具有流动性、灵动性、多变性，且是大自然中一切生命的源泉，包含着自然灵动等场景信息；植物和花卉生气勃勃、郁郁葱葱，是大自然中最常见的生命，包含着旺盛的生命等场景信息。除了以上景观材质，随着新技术不断成熟以及景观设计的需要不断丰富，许多新材质也在不断创新中。例如，不锈钢、铝板、钢材等金属材质由于具有独特的光泽感，以及耐锈蚀、锐利等特点，包含着现代化、坚硬、强悍等场景信息；塑料、橡胶、合成纤维、涂料等景观材质具有较强的可塑性，包含着可塑造特殊的空间形态等场景信息；玻璃作为一种景观材质，具有透明性高、易碎、反光等特点，包含着脆弱与易逝等场景信息；钢筋混凝土作为一种景观材料，具有坚实、厚重、承重性强、耐打击等特点，包含着凝重、厚重等场景信息。除了传统景观材料和新型景观材料，按照不同的地域划分，景观材质还暗含着独特的地域文化内涵的场景信息。由于人工仿生材质和 LED 显示屏为高科技材料，因此包含着文化讯息以及多样性、变动性的场景信息。

无论是传统景观材质还是新型景观材质，均表现出丰富的美学内涵与对语义信息的追求，成为西方现代景观设计中的基本叙事语汇。在现代景观设计中，只要合理利用这些信息，就可以创造出具有文化特征与叙事内涵的景观意象，使景观设计更贴切地表达设计师的观点，体现出景观作品的深层内涵。

（三）景观叙事语法

在文学叙事中，只有文字无法构成文学叙事，必须通过一定的语法将这些文字进行排列组合，才能形成文学叙事。景观空间话语体系的构建除了以基本的景观材质作为景观话语单位，也应对这些语汇之间的相互作用关系做必要的规则界定，即景观空间叙事的语法/句法。景观空间叙事的语法/句法的基本作用是对景观叙事语汇彼此之间的形态与文化逻辑进行理性的分析与规范，进而使景观空间体系能成为具有一定稳定性和持久性的话语系统[1]。景观空间叙事的语法/句法既包括具有修辞特征的空间设计手法，又包括由景观语汇组合而成的空间建构策略。

其中，具有修辞特征的空间设计手法主要是指通过利用景观材质，组合成一定的空间，赋予空间独特的隐喻和象征意义。例如，在当代苏格兰艺术家兼诗人芬利设计的位于苏格兰沼泽地上的"小斯巴达"园林中，陈列着数百位艺术家创作的具有强烈象征与隐喻特征的艺术作品。除了隐喻与象征，对比与反复的修辞也是景观设计中常用的空间叙事手法。例如，17世纪法国勒诺特尔式园林中行植的树阵就通过大量反复而具有了震撼人心的力量，体现了绝对君权时代的"伟大风格"；在勒诺特尔式园林中，高耸的树丛与低矮的花坛创造出独具特色的对比空间，表达出强烈的视觉冲击力。

① 邱天怡.审美体验下的当代西方景观叙事研究[D].哈尔滨：哈尔滨工业大学，2014：65.

拼贴和借用也是现代景观设计中的具有修辞特征的空间设计手法之一，通过将多个不同时代、不同地区、不同文化背景下的典型景观元素整合在一起，传达出设计师对于某种社会现象或时代精神的反思、疑问与联想，从而使景观空间具有独特的叙事内涵。反讽与夸张也是现代景观设计中具有修辞特征的空间设计手法之一。景观设计师，尤其是富有前卫与反讽意识的景观设计师常常使用与主流文化相背离的景观形态、要素进行景观空间设计，从而反映出景观设计师对景观价值、景观风格或当下社会现象的一种思考与批判。例如，瑞欧庭院数百只全身涂满金色的青蛙反映了现代的工业文明在促进经济发展的同时，抹杀人类个性的社会现象。

除了具有修辞特征的空间设计手法，景观空间叙事的句法规则还对景观叙事语汇进行了约束，使空间叙事语汇按照景观叙事空间的相关规则及若干句式的前后顺序排列，从而创造出独具特色的景观空间，表现出一定的审美价值和文化内涵以及功能内涵。例如，西方古典主义景观空间叙事的句法规则与现代景观空间叙事的句法规则不同，即便使用相同的景观叙事语汇，也会创设出两种不同的景观空间，表达不同的空间内涵。

（四）景观叙事语义

在文学叙事中，文字和语法的结合可以赋予句子独特的语义。景观空间叙事也是如此，景观空间叙事作为一种语言系统，必然要表达一定的话语内涵。景观空间叙事将多个语言要素按照一定的规划进行排列，从而构建出具有特定情节的空间叙事进程，从而赋予景观空间某种特定的景观叙事语义。

景观叙事的语义呈现包含两个层面，即内在语义系统与外在语义系统。其中，景观叙事的内在语义系统主要指将景观视为一种特定的空间系统，进而探究其基本构成要素（语汇）具有的话语内涵；景观叙事的外在语义系统是指景观承载的来源于空间系统外的政治权利、宗教信仰与文化意识形态等诸多方面的话语内涵[①]。景观叙事语义既体现在单独的景观元素之中，又可通过一定数量的景观元素组成独特的视觉空间来体现。

纵观西方景观设计的发展史，景观设计的内在语义内涵一直处于变化之中。例如，古希腊时期景观设计的内在语义体现出对秩序感的强调，法国 17 世纪的景观设计的内在语义则体现出对君主专制巅峰时期伟大风格的强调。随着 20 世纪生态主义思潮的崛起，由于西方社会对人与自然的关系有了新的认识，西方景观设计的内在语义内涵也更加注重景观设计对生态文化的阐释。除此之外，随着当代西方艺术观念的发展与演进及科技手段的更新，西方景观设计中内在语义的言语表达显得更加多元化和丰富化。例如，在美国亚特兰大植物园"节日夜光"展览中，一些景观设计师通过使用大量的 LED 灯创造了古典园林剪形绿篱，这种具有历史文化内涵的景观语言与当代现

---

① 邱天怡. 审美体验下的当代西方景观叙事研究 [D]. 哈尔滨：哈尔滨工业大学，2014：81.

实生活有机结合，使古老的园林语义在当代具有了全新的意义与内涵。

纵观西方景观设计外在语义的延伸，可以发现其具有一定的时代性特征。景观作为人类物质文化的有效载体，在景观设计中可以映射出一定的时代印记。景观空间叙事的外在语义内涵也因此处于不断的变化中。

三、西方景观叙事的结构

西方学者比尔·希列尔认为，空间可以被解析为具有客观逻辑内容的结构，它们在空间中存在着一系列相互依赖的关系。景观空间既是一种具有实体性质的物理空间的存在，又是一种可以用表述性的话语来描述客观逻辑内容的空间存在，这种存在方式带有一定的语法规则，这种表达空间存在的语法规则就是景观叙事的结构①。本书所指的"结构"则是在景观叙事作品中的一种广义的、隐含的、需要探究和分析的内在逻辑秩序。结构是景观的生命骨架，只有景观叙事结构良好，才能创作出良好的景观作品。

纵观西方景观设计的发展史，景观叙事结构表现出鲜明的时代艺术特征。西方古典主义景观设计时期，景观设计以自然科学为基础，探求抽象、线性的逻辑思维模式，呈现出理性化的景观叙事结构。这种理性的景观叙事结构于 17 世纪达到了顶峰，法国勒诺特尔式园林的空间结构以明确而突出的中央轴线统率全局，其他的次要轴线起到辅助作用，构建出富有节奏美感的几何构图，体现出君权至上的设计理念，突出表现了理性主义景观叙事结构。18 世纪，西方景观设计开始脱离这种理性化的景观叙事结构。以 18 世纪英国自然风景园林为代表，在英国诗人和文人的影响下，英国景观设计开始朝着具有动态特征的空间序列叙事结构展开。在这一景观叙事结构中，摒弃了延续数个世纪的中轴线与对称性和几何形状的景观叙事结构，代之以自由灵活的环形曲线景观叙事结构。然而，英国自然风景园林的空间叙事结构与西方古典主义景观叙事结构的本质却没有发生根本改变，均是沿着一定的线性进行空间序列组织。进入 19 世纪后，尤其是 20 世纪以来，随着各种景观新思潮的崛起，西方景观叙事结构开始朝着多样化的方向发展。

景观叙事结构受景观叙事结构的主题、景观叙事结构秩序的编排，以及景观叙事结构层级三个因素共同影响。其中，景观叙事结构的主题包括具有纪念追忆性质的纪念性景观、表现自然特色的自然景观、表现艺术观念的艺术景观、具有一定生活功能的生活景观四种类型，这四种类型的主题不同，景观侧重点不同，其对景观叙事结构产生的影响也不同。纪念性景观作为承载着人类特定的精神活动行为的载体，是一个国家、民族特定行为模式的重要载体。如同荷兰建筑理论学家佩尔特在论述古代雅典城市纪念景观时所说："市民的现在、将来和过去的行为构成了城市的公共领域，这转

---

① 邱天怡.审美体验下的当代西方景观叙事研究 [D]. 哈尔滨：哈尔滨工业大学，2014：87.

换为一种三重性的公共空间，它由生者的时间、城市的时间和死者的时间组成。"① 这种独特的纪念性质决定着景观叙事结构的特点。自然景观这一概念在西方景观设计中历经变迁，其中"第一自然"即原始自然；"第二自然"即以田野与牧场为代表的农业景观；"第三自然"即具有自然气息的环境场所，又称为"美学自然"；"第四自然"则是被人类过度开发而处于毁坏状态的自然。西方现代景观设计中的自然景观主要指第四自然，这种自然景观由于生态环境遭到了严重破坏，因此应对其进行生态修复，决定其景观叙事结构具有独特性。艺术景观是指受艺术观念的影响而表现出来的立体主义、超现实主义、风格主义、构成主义的景观。受艺术观念的影响，其景观叙事结构具有独特性。生活景观是指受时代的影响，以及人们生活空间所需，景观设计师创造的满足特定人群的特定功能需求的景观，往往受时代观念的影响较大，决定了其景观叙事结构具有独特性。

在景观叙事中，采用不同的结构顺序会使景观呈现出不同的外在形态，同时使身在其中的人群产生不同的景观体验。景观叙事结构秩序的编排具体可划分为空间顺叙、空间倒叙、空间并叙和空间插叙四种类型。空间顺叙多用于自然景观主题中，是最为常见的景观叙事结构。除此之外，空间倒叙、空间并叙和空间插叙均可营造一种令人惊奇的秩序，从而达到突出主题的目的，为身处其中的人们带来新奇的空间体验。

空间叙事层级则是指现代景观空间常常承载着多层景观含义，外在的情节内容可以通过表层结构来展现，常常表现为普通人对生活的认识与理解，具有深刻文化内涵的内容只有通过对作品深层结构的探究才能够感知和领悟，常常表现为景观设计师对生命的体验与感悟。表层结构通常通过特定的场景表现出来，深层内涵则需通过整个景观空间的排列与组合表现出来，因此空间叙事结构还受空间叙事层级的影响。

文学叙事中不可或缺的六要素为时间、地点、人物、事情的起因、经过、结果。在景观叙事结构中，除了景观叙事主题、结构、意义，景观叙事的时间对景观的影响也相对较大。虽然景观艺术是一种空间艺术，但是也会受到时间要素的影响，景观的时间叙事可以使人们感受岁月的流逝与生命的意义，进而感知人类的历史变迁与文化演变。从景观叙事角度来看，现代景观设计的体验与创作进程不再是单一的空间存在，而是一种具有时空交叉特征的多重叙事流程。因此，在景观叙事中应重视景观叙事时间。具体来说，景观叙事时间与叙事空间常常交织在一起，共同表现出独具特色的景观。例如，查尔斯·詹克斯在意大利米兰西北部波特洛公园的设计中塑造了一组由三个巨大的土堆构成的景观，表现了史前、历史和未来三个不同时期的米兰文化，除此之外，还使用小花园来表现从昼夜更替到四季轮回以及宇宙洪荒。这种独特的景观设计将景观时间和景观空间完美地融合在一起，体现出独特的景观叙事结构。在对景观叙事时间的把控中，应把控景观叙事的时间序列，从而创造出一种具有动态感的景观。在对大的时间序列进行把控的同时，还应对小的时间序列进行把控；在对景观叙事时

---

① 单踊. 西方学院派建筑教育史研究 [M]. 南京：东南大学出版社，2012：143.

间的自然尺度进行把控的同时，还应对景观叙事时间的人文尺度进行把控，从而在叙事空间和叙事时间完美结合的基础上，对景观叙事结构进行合理安排，最终展现出一定的景观叙事意义，呈现出良好的景观叙事效果。

第二节 西方景观设计审美思潮探析

西方景观设计的审美思潮是从审美角度对西方景观设计的研究。从审美角度来看，西方景观设计经历了多个审美思潮的发展。本节将其划分为理性主义美学思潮和非理性主义美学思潮两种类型，并对这两种类型的美学思潮进行探析与研究。

一、理性主义景观设计美学思潮

理性主义景观设计美学思潮以西方哲学中的理性哲学思潮为依据，在景观设计上则表现为古典主义景观思潮和非古典主义景观思潮两种类型。

（一）理性主义美学思潮的哲学依据

由于古典主义美学倡导理性，将理性和知识作为最高价值取向以及最高追求目标，因此古典主义景观设计倡导理性知识之美。古典主义崇尚古代思想，西方的文明源头为古希腊。古希腊时期的哲学是西方哲学的起源，古希腊时期，哲学家开始对世界的本源进行探索，并且从不同角度对世界的起源进行了阐述。其中古希腊哲学家泰勒士认为"万物起源于水"，即世界的源头是水；毕达哥拉斯则认为，世界起源于"数"；阿那克西美认为世界起源于"气"；巴门尼德认为世界是一种"存在"；赫拉克利特认为世界起源于"火"；德谟克利特认为世界起源于"原子"等。虽然这些哲学家各执一词，且对世界的起源大多为猜测，但是这些哲学家对世界起源的探索表现出古希腊时期的学者否定了感官直接存在的肯定性和实在性，不是从感官思维以及超感官思维对世界进行分析，而是从理性角度对世界进行探索。古希腊时期的哲学家纷纷提出告诫，让人们以理智解决纷争和辩论，且不能将肉体的快乐当作幸福。正如西方学者策勒尔在《古希腊哲学史纲》中所指出的："这种宣告人类理性自主的理性主义构成了希腊哲学的总体进程的中流砥柱。"[①]

柏拉图作为提出西方哲学思想的代表人物，崇尚理性而贬低感性，这一观点对古典主义美学产生了重要影响。除此之外，柏拉图十分崇尚智慧，其所建立的理想国中的第一等人是智者，智者是知识的象征，意味着理性。柏拉图将人的思想和灵魂分为理性、意志和情欲三个部分，理性是国王，意志是士兵，情欲是平民。在柏拉图看来，理性知识是文艺和美学的唯一要求。除了柏拉图，亚里士多德作为提出西方哲学思想

---

① 寇鹏程.作为审美范式的古典、浪漫与现代的概念[D].上海：复旦大学，2004：44.

的代表人物之一，也十分崇尚理性和科学。在这些古希腊哲学家的影响下，西方哲学中的理性特征表现得十分明显。

（二）理性主义美学思潮在古典主义景观设计中的表现

古典主义景观思潮产生于 17 世纪的法国，该思潮最主要的特点是为王权服务，同时对古代景观设计进行模仿。法国古典主义景观思潮按照时间可以划分为两个阶段，第一个阶段是唯理主义哲学阶段，第二个阶段是宫廷文化阶段。纵观这两个阶段，古典主义景观设计美学具有理性知识美、和谐统一美两个重要特点。

1. 古典主义景观中理性特征的具体表现

第一，古典主义景观设计中几何学的应用。古典主义景观设计十分强调几何学在景观设计中的应用。这与文艺复兴时期哲学家笛卡儿对几何学的发展有关。笛卡儿崇尚理性主义，认为理性主义思想表现在艺术中就是它们的结构要像数学一样清晰和明确，合乎逻辑。在这一理性至上的作用下，古典主义景观强调唯理主义和秩序感，整个景观如同数学一样规则明确、构图完整。以法国景观设计师安德烈·勒诺特尔（图5-1）的景观设计为例，安德烈·勒诺特尔作为 17 世纪著名的景观设计师，以及古典主义园林景观设计师的代表，其所设计的花园对整个欧洲乃至西方国家产生了十分重要的影响。以安德烈·勒诺特尔设计的凡尔赛宫苑花园为例，该花园中使用常绿树种和绿篱进行空间划分，每个花坛均以不同的几何图形组成规则的图案。除了花坛，整个花园的空间以及各个细分区域均表现出较强的规则性，体现了几何学的运用。

第二，古典主义景观设计中对透视学的应用。除几何学外，古典主义景观设计还十分强调透视学在景观设计中的应用。透视学是文艺复兴时期因绘画的需要而产生的一个概念。之后，透视学被广泛应用于景观设计中。透视学从观众的角度为景观设计搭建了合理的视觉角度，使视觉艺术具备了理性思维基础。古典主义景观设计强调理性，要求遵从人的视觉，而非错觉，透视学则符合古典主义景观设计的理性要求。例如，安德烈·勒诺特尔设计的凡尔赛宫苑花园以明确的透视学知识作为绿植栽种的依据，使花园中的道路具备了明显的透视观感，并与几何学相结合，共同建立了具有规则性的景观。

图 5-1　安德烈·勒诺特尔

　　在古典主义景观设计中，空间严格地按照视觉比例关系与构图关系进行划分，在大尺度空间中往往隐藏着无数小规模的花园，这些花园的设计也利用透视知识呈现出独特的视觉效果。例如，沃·勒·维贡特花园（见图 5-2）府邸建筑南侧的景观分为三个部分，这三个部分严格地按照 1∶1.7∶1 的比例进行划分，大运河作为景观轴线上的高潮点，与一、二段落间的长形水池在横向上形成 3∶1 的比例。这种严格的比例划分创造了完美的透视关系，带给人们良好的视觉体验。

图 5-2 沃·勒·维贡特花园

2. 古典主义景观中和谐统一美的具体表现

除理性与知识外，古典主义美学还表现出对和谐统一的审美理想的一贯追求。古希腊时期的人们追求比例、秩序、和谐和统一。例如，在古希腊哲学中，毕达哥拉斯派就要求在任何地方、任何时间都要保持一种各成分之间关系的"中庸"状态，保持各部分"数"的比例恰到好处而不走极端，表现出一种和谐和统一。古希腊哲学家德谟克利特也曾指出，恰当的比例是对一切事物都适用的原则。古希腊哲学家柏拉图的重要美学思想之一就是对比例、尺寸和由此带来的秩序感的追求，即将各个部分经过恰当的安排而形成一个有秩序的和谐整体。除以上古希腊哲学家外，亚里士多德等学者也十分崇尚和谐统一的美学思想。

这种和谐统一美表现在古典主义景观设计中则体现在以下四个方面，即规则式的整体布局、轴线的运用、对称的运用以及人工绿植的运用。

首先，规则式的整体布局。古典主义景观设计十分重视景观的规则式整体布局。从地形和地貌来看，在平原地区，古典主义景观设计的空间通常由不同标高的水平面及缓倾斜的平面组成；在山地以及丘陵地区，古典主义景观设计常常创造出阶梯式的大小不同的水平台地、倾斜平面，以确保景观设计的规则式布局。从古典主义景观设计中的整体布局来看，通常使用规则的几何形体，将植物、草坪、水系与地形均修整成规则的图案，以确保景观的规则性整体布局。在规则的整体布局之外，无论是水体景观、建筑景观、道路景观、绿植景观还是其他各种景观小品等，均体现出规则式布局的特点。其中，古典主义景观设计中的水体设计通常使用几何形外观轮廓和整齐式驳岸，多以喷泉作为水景的主题，除此之外，还有外形规则的水池、壁泉、运河等。

古典主义景观的建筑布局通常采取中轴对称均衡的手法，以主要建筑群和次要建筑群形式的主轴和副轴控制全园。古典主义景观设计中的道路和广场的外形轮廓均为几何形，打造封闭性的草坪、广场空间，以对称建筑群或规则式林带、树墙包围。景观中的道路通常为直线、折线或几何曲线，构成方格形或环状放射形，形成中轴对称或不对称的几何布局。古典主义景观中的植物以图案为主题，以模纹花坛和花境为主，通常以行列式和对称式的树林与大量的绿篱、绿墙一起将整个空间划分为规则几何形状。古典主义景观中的景观小品常以规则式水景和大量喷泉为主景，与盆树、盆花、瓶饰、雕像共同构成规则式图案。古典主义景观从整体到局部均表现出较强的规则性的特点，如西方古典主义园林的代表——凡尔赛园林。

其次，轴线的运用。在古典主义园林设计中，常常使用轴线创造出规则式的景观。为了达到和谐统一的效果，使用轴线成为古典主义园林的重要特点。轴线在古典主义景观中不仅起着划分整体空间的作用，能够形成主次分明的效果，还是古典主义景观设计的重要组成要素。1650年，路易十四的财政大臣富凯邀请勒沃为其建造庭园景观，勒沃向富凯推荐了安德烈·勒诺特尔，从而为安德烈·勒诺特尔创作沃·勒·维贡特花园奠定了基础。该庭园景观是勒诺特尔的代表作品之一，同时是古典主义景观的先声，其在该花园的创作中开创了西方景观设计史上一种全新的风格，即使用轴线。轴线在古典主义景观设计中起着重要的骨架作用。景观设计中的所有元素均围绕轴线展开，进行对称分布，轴线的存在将分散的空间联系成一个有序的整体。古典主义景观的代表——凡尔赛宫中对轴线的运用达到了极致。通过将其他景观要素按照轴线进行排列，同时充分运用透视学中近大远小的原理设计景观，达到了最佳的观赏效果，体现出了和谐统一的特点。

再次，对称的运用。对称是最基本的空间处理方式，也是古典主义景观设计中最主要的风格之一。在古典主义景观中轴线的作用下，所有景观元素对称于中轴线，形成了主体清晰的结构与空间布局，这种空间布局一方面将各种散乱的景观元素充分联系起来，另一方面确保了整体空间构图的均衡、统一。古典主义景观中的对称并非指两侧景物的完全相似，而是指空间尺度上保持均衡，内容却可以有所区别。例如，沃·勒·维贡特花园通过将中轴线穿过刺绣花坛，形成对称形式，在花坛外围的两侧，空间尺度相似并保持着均衡的状态，但内容上却完全不同，或者外轮廓相同，内部形式上更多样化，形成了规整的花园向林地景观的过渡。凡尔赛花园设计延续了这种对称手法，并且将其作为形成严谨的空间布局的重要手段，实现了景观整体空间中的均衡美、和谐美与统一美。

最后，人工绿植的运用。绿色植物具有体积相对较小、形体可变和易成活等特点，在西方景观设计中颇受重视。古典主义园林时期，绿色植物通常以大片草坪和大片树林的形式出现，并且已经出现了对植物进行人工修建和加工的方法。到了17世纪，景观设计师对植物的人为加工发展到了极致。古典主义园林十分重视绿植的作用，对绿色植物进行统一修剪，去除绿色植物的天然特性，将绿色植物修剪成统一的样式、大小，将植物作为一种可以随意变化的景观要素进行使用，从而使植物可以按照设计师的具体规划来进行随意组合和变化。例如，安德烈·勒诺特尔设计的庭园和花园就充分利用人工修剪过的绿植营造出丰富多样的景观图案。在这些植物的作用下，很难看到自然起伏的地形，除了人工台地，就是单一曲线形缓坡变化的绿毯，直线与曲线都表现出了强烈的人工特性与几何关系，使植物与建筑以及其他景观小品构筑的空间产生了一种秩序化、和谐的形式美感。

（三）理性主义美学思潮在新古典主义景观设计中的表现

新古典主义景观设计是古典主义景观设计与现代景观设计的结合，其精华来自古典主义景观设计，然而在具体的景观设计理念和景观设计手法上却不追求复古，而是追求一种神似。

新古典主义景观设计的形成与第二次世界大战后加利福尼亚学派的崛起有关。第二次世界大战后，由于美国没有受到战争的影响，因此经济很快得到了恢复。随着经济的发展，美国中产阶层崛起，收益日益增多。整个社会以核心家庭作为基础，人们的生活显得随意而不拘礼节，生活方式朝着轻松和休闲的方向发展。社会上兴起了新的生活方式，以室外进餐和招待会为主。为了适应这一全新的社会生活方式，一些西方景观设计师开始摒弃来自欧洲的景观设计风格，创造了一种美国本土的现代景观设计新风格。由于该新风格诞生于美国西海岸加利福尼亚地区，因此这些景观设计师被称为加利福尼亚学派或加州学派，其所设计的花园则被称为加州花园。加州花园的特点是将室内和室外的区域进行统一联系，在花园中布置各种家具、小块的不规划的草地、各种取材于自然界的木制的平台和座椅、不规则形状的游泳池、秋千架、适合制作烤肉的设备，以及其他家庭娱乐设施，共同为家庭打造具有较强的实用功能的休闲和娱乐的空间。加州花园是美国本土根据中产阶级的需求进行的景观创造，具有较强的创新性，同时为西方景观设计摆脱固有的传统美学思维和创设新的景观美学范式奠定了重要基础。从加州花园的景观效果来看，加州花园是一个集艺术性、功能性和社会性为一体的设计，具有较强的时代化和人性化特点，体现出人性化的审美倾向。

在北美地区的加州花园开始兴起之时，瑞典斯德哥尔摩学派也开始兴起。斯德哥尔摩学派是园林景观设计师、城市规划师、植物学家、文化地理学家和自然保护者的一个思想综合体。这些学者试图用园林景观设计来打破大量冰冷的城市构筑物，形成一个城市结构中的网络系统，为市民提供必要的空气和阳光，为每一个社区提供独特的识别特征，为不同年龄的市民提供消遣空间。

加州花园等地方性景观设计的出现为景观设计摆脱19世纪流行的折中主义景观设计风格奠定了基础，推动了新古典主义景观设计美学思潮的发展。

理性主义美学思潮在景观设计中的表现主要体现在以下两个方面。

其一，新古典主义景观美学思潮崇尚理性。新古典主义美学遵循理性主义观点，认为艺术必须从理性出发，排斥艺术家个人的主观思想感情。在艺术创作过程中，面对社会利益和个人利益产生冲突的情况时，个人要克制自己的感情，服从理智和法律。这一特点在新古典主义景观设计中也体现得十分明显。新古典主义景观美学思潮下进行的景观设计包括住宅和花园设计、公园设计和校园景观设计等。无论哪一种类型的景观设计，均十分重视理性，对古典主义时期的一些美学观念也十分重视，如轴线的使用、几何形状的使用等。例如，在住宅和花园的设计中，重新提出轴线的重要性，使用轴线将不同历史风格的各个小型花园联系起来。新古典主义景观设计中以住宅和家庭花园作为重要内容，为此，以弗兰克·沃为首的一些景观设计师总结出一系列住宅和家庭花园的设计原则，即花园的整体用地长宽比例宜为 7：5 或 8：5，主体建筑位于花园的主轴线上，花园中至少有一条副轴线与主轴线垂直相交，充分利用透视达到良好的视觉效果等，由此可见新古典主义景观设计美学思潮中对理性的推崇。例如，奥姆斯特德兄弟设计的纽约罗切斯特的斯隆住宅充分使用了几何式构图以及透视法，创造了不同于以往景观设计的新风格。

其二，新古典主义景观设计美学思潮崇尚自然与人工的完美结合。新古典主义在强调理性的同时，又表现出鲜明的现实主义特点，在艺术创作中常常借用古代英雄主义题材以及相应的表现形式，对现实中的重大事件和人物进行映射，为现实而服务。这一美学特点表现在景观设计方面，则呈现出自然与人工的完美结合。例如，新古典主义景观的代表克利须姆邻里单元景观将两个水池表现为小溪形式，并在其周围设立了精心设计的花坛及大片的草地，从而展现出自然四季的景致变换，表现出了鲜明的自然与人工完美结合的特点。又如，新古典主义景观的代表培根山庄地处花岗岩断层的迎风面上，为了防止该山庄被阵风侵袭，景观设计师使用木制篱笆将整个山庄合围起来，并且在篱笆的一端设置了一座简洁的凉亭，木制篱笆与简洁凉亭这两种景观设计要素具有较强的自然趣味，从而将整个景观空间与其周围的自然环境充分结合起来，表现出了鲜明的自然与人工完美结合的特点。

二、非理性主义景观设计美学思潮

非理性主义美学思潮主要诞生于 19 世纪末和 20 世纪，主要受资本主义价值体系的影响和当代科学观念的冲击而形成。以西方一批哲学家的非理性主义哲学思想的提出为依据，兴起了对理性主义美学思潮进行批判的非理性主义哲学思潮。非理性主义哲学思潮体现在现代景观设计中，主要表现为现代主义景观设计、后现代主义景观设计、大地主义景观设计等设计风格。

（一）非理性主义美学思潮的哲学理论依据

理性主义美学价值观中始终将理性的客观知识作为最高价值，崇尚客观主义，贬低人类的感官在人类判断中的作用，推崇理性精神高于物质肉体。现代主义价值观则正好相反，重视人类的感官体验，否认对客观理念的追求。

早在 18 世纪，西方哲学家卡尔·菲力普·莫里兹在其出版的《生命哲学论文》一书中就提出了生命哲学这一概念。19世纪，史莱格尔出版了《生命哲学讲座》一书，该书在对"生命哲学"这一概念的阐释中表现出强烈的反理性色彩，并且将人的经验和情感与智力相对立，极大地提升了人的感性经验的地位。在此基础上，叔本华、尼采、柏格森、西梅尔等人纷纷发表了对生命哲学的观点。不同于理性主义美学思潮时期哲学家们对世界的理性认识，非理性主义美学思潮中的哲学家纷纷从生命体验的角度阐释了对世界的理解。例如，叔本华指出："我们既已确信直观是一切证据的最高源泉，只有直接或间接以直观为依据，才有绝对的真理，并且确信最近的途径也就是最可靠的途径，因为一有概念介于其间，就难免不为迷误所乘。"① 这一观点充分肯定了直觉在获得真理中的重要作用。尼采则以生命为目标，对理性主义进行了批判。尼采曾明确指出："我要研究一下我们的估价和价目表的由来。我们的估价和道德价目表本身有什么价值呢？在他们当道的时候会出现什么现象呢？为了谁呢？答案是生命。但是什么叫生命？这就必须给生命的概念下一个新的确切的定义了。我对它的定义如下：生命就是权力意志。"② 尼采在此基础上指出，一切美学的基础由以下普遍命题给出：审美价值基于生物学的价值，审美快感是生物学的快感。

除了强调生命哲学，德国哲学家叔本华在继承康德与黑格尔等人的哲学思想的基础上，出版了《作为意志和表象的世界》一书。在这本书中，叔本华公开反对理性主义，成为西方哲学史上倡导非理性主义哲学的第一人。在《作为意志和表象的世界》中，叔本华提出"世界是我的表象"的观点，认为康德等哲学家描绘和尊崇的理性主义并不是万能的，理性是人类区别于动物的主要特征，人类社会的发展离不开理性的束缚，然而，仅仅依靠理性并不能解决人类发展中遇到的所有问题，尤其是道德问题。由此可见，叔本华并不反对理性主义，但是反对理性至上，认为在坚持理性的同时，应通过非理性找寻事物本来的面貌和鲜活的生命力。叔本华的这一哲学观点反映在艺术上也表现出鲜明的非理性和反逻辑性，其在《论艺术的内在本质》一书中强调了灵感在艺术创作中的决定性作用，认为只有获得了灵感，人类的艺术作品才能创作完成，其他的客观记忆则是灵感的补充。

继叔本华之后，尼采受叔本华的影响举起了更加明确反对理性主义的大旗。尼采反对一切形式的理性主义哲学，与叔本华反对理性至上的观点相比，尼采则属于彻底的反理性主义者。尼采认为，理性将人和社会都固定在工业链条的流水线上，没有活力，但是世界时时刻刻都是变换和动荡的，只有抛弃理性，用感性和强力意志去认识世界，才能了解世界的本质③。从艺术角度来看，尼采将古希腊悲剧划分为两种类型，一种类型是体现理智和规则的阿波罗式的艺术形式，另一种类型是来源于人类潜意识

---

① 寇鹏程.古典、浪漫与现代西方审美范式的演变 [M].上海：上海三联书店，2005：281.
② 徐梦竹.当代景观的非理性化设计思潮研究 [D].南京：南京林业大学，2018：215.
③ [英] 尼古拉斯·费恩.尼采的锤子：哲学大师的25种思维工具 [M].黄惟郁，译.北京：新华出版社，2019：199.

疯狂、混乱的狄俄尼索斯式的艺术形式。尼采认为，只有将这两种艺术形式充分结合，尤其是强调后一种艺术状态，才能产生真正的艺术美。

继叔本华和尼采之后，柏格森在柏拉图和康德直觉理论的基础上提出了直觉主义。柏格森认为，直觉来源于众多理性认知在人脑海中的沉淀所产生的感性能力，即直觉来源于人的记忆和经验，是与存在物体相互分离的一种意识状态。柏格森的直觉主义一方面区分了直觉与感性认识这两个概念，另一方面将直觉与理性逻辑思维对立起来，为人类对直觉的进一步研究与重视提供了基础。柏格森认为，直觉并不是天生的，而是需要在大量的实践经验中培养的，在艺术创作中必须对事物的外部表现有大量实在的接触，同时需要发挥想象力，想象力作为个体与物体之间的媒介，可以将个体的思维带入物体之中，达到物我交融的境界，使个体能够感知物体的真谛。唯有如此，才能更好地把握事物的本质，培养超越理智的直觉。柏格森的直觉主义认识论在当时的哲学、心理学、艺术等方面产生了巨大的影响，为现代景观设计中非理性主义美学思潮的崛起奠定了一定的哲学基础。

除了非理性主义的哲学基础，奥地利伟大的思想家、心理学家弗洛伊德在19世纪末正式提出了精神分析理论，其著作《梦的解析》被视为精神分析学形成的标志，为心理学领域的动力心理学、变态心理学等学科的发展奠定了基础。在这本著作中，弗洛伊德提出了意识和潜意识的概念。意识是与直觉和知觉有关的心理部分，潜意识则包括个人冲动和本能，以及出生后和本能有关的欲望。潜意识中的冲动和欲望往往不能被世俗、道德或者法律所接受，因此它在人类意识的深层领域被压抑了很长时间。但是潜意识本身没有消失，它们是意识的基础和动力，并在适当的时候通过一些不经意的方式表现出来。弗洛伊德的精神分析学具有强烈的反理性主义的倾向。在弗洛伊德思想的影响下，卡尔·古斯塔夫·荣格创立了分析心理学。分析心理学是探索人类心灵最初意图的深层心理学。荣格认为，人格分为意识、个人潜意识和集体潜意识三部分。个人潜意识和集体潜意识可统称为潜意识，其中个人潜意识是潜意识的表层部分，对个体的言行起着重要的约束和支配作用；集体潜意识位于人格的最底层，来源于人类祖先的遗传，普遍存在于人类的人格中。

这些非理性艺术哲学和心理学观点反映在现代景观设计方面，则表现为现代主义景观设计、后现代主义景观设计以及大地艺术等设计风格。

（二）非理性主义美学思潮在后现代主义景观设计中的表现

在现代美学中，它的一个最重要和最明显的特质就是不再把塑造美的形象作为自己首要考虑的目标，但这并不意味着它像古典一样把知识和道德作为自己价值取向的首要目标，而是把个人直接的生存感受和体验的直接呈现作为自己首要表达的对象和艺术的目标，形成了一股声势浩大的生命美学的洪流①。

---

① 　寇鹏程.作为审美范式的古典、浪漫与现代的概念[D].上海：复旦大学，2004：216.

非理性主义美学思潮反映在后现代主义景观设计方面，则呈现出以下鲜明的美学思想。

1. 反对传统，崇尚感性，强调景观空间的功能性

后现代主义反对遵从传统，表现出较强的感性以及探索精神，后现代主义景观设计美学思潮也表现出较强的反对传统的特点，具体表现在以下三个方面。

首先，反对传统景观设计中明确的空间界线的设定，代之以贯穿渗透的空间构成。在传统景观设计中，常常使用绿色植物制作而成的绿篱、绿墙以及绿幕等构建出明确的空间界线，从而使整个景观空间与周边空间之间呈现出明显的差异性。后现代主义景观设计则抛弃了这种设计手法，而是将整个景观空间与周围的空间以一种独特的方式联系起来，营造出景观空间与周围的空间融为一体的氛围。例如，将园林景观所构建的空间与周围的乡土空间结合起来，将庭院空间与建筑空间结合起来等。

其次，反对传统景观设计中轴线的使用，代之以立体空间的构建。后现代主义景观设计师抛弃了西方景观设计对中轴线的使用，而是受到立体主义思潮空间思想的影响，从单一轴线所营造的单一视点和有限视觉中解放出来。例如，景观设计师埃克博所设计的空间中打破了建筑线条对场地的限定，使用泳池与建筑等元素共同构建了一个立体化的相互呼应的空间，表现出对传统景观设计审美的否定。

最后，反对传统景观设计中的装饰性，代之以简单、纯粹的现代审美。现代景观设计在进行景观塑造时，抛弃了传统景观设计中的装饰性。现代景观设计是为了适应现代社会的节奏以及现代人的审美而兴起的一种全新的景观设计思潮。由于生产力的提高，现代社会中的人们的生活节奏和工作节奏普遍加快，形成了一种崇尚简洁与纯粹的现代审美。这反映在景观设计中，则表现为现代景观设计更加崇尚功能性而反对装饰性。为了适应现代人对空间的要求，现代景观设计更侧重于空间在满足人的需要时的功能性。

2. 重视景观设计的艺术美感

后现代主义美学思潮注重人类的精神世界，反对消泯美感和一般快感的严格界限，将美感作为与一般感官快感相近的感受，崇尚艺术带给人的愉悦感与舒适感。这一点反映在后现代主义景观设计美学思潮中，则表现为十分重视景观设计的艺术美感。例如，在美国景观设计先驱托马斯·丘奇的景观设计作品中，通过打破单一的轴线透视，利用锯齿线、钢琴线、阿米巴曲线结合形成流线，形成了多视角的动态平面，体现了极强的艺术美感。又如，英国景观设计师杰里科在景观设计中利用鱼形的水面和小岛、不规则的曲线花坛，以及各种弯曲的水道、多样化的植物共同构建了具有强烈艺术美感的、如同平面油画一般的美丽景观，呈现出景观设计的艺术美感。从总体来看，后现代主义景观设计师在景观设计中常常使用水体、植物、天空与彩色墙体的结合共同展现出极强的空间艺术之美。除此之外，一些景观设计师还通过将各种明亮的

色彩与硬软不同的质地的材料相搭配，充分利用光影变化，创造出优美的、丰富的诗意，从而凸显出景观设计的艺术美感。

3. 摒弃偏见，重视景观设计中技术的运用

传统的景观设计中使用的景观元素往往多为自然元素，如植物、水体、山石等，其中雕塑、木质的景观构件、凉亭、廊柱等均由自然界中的材料制造而成，并认为自然景观元素具有较强的审美价值。后现代主义景观设计师则不同，其十分热衷于使用新材料和新技术。例如，景观建筑师恩纳森曾明确指出："自然主义的建筑物与自然可以产生统一性，但是统一过了头也会导致单调无变化。我们拒绝人在自然界里必须以伪装的形式出现，恰恰相反，我们应以一种更为诚实的方式来表达自己。"[①]

后现代主义景观设计师受现代工业社会的影响，其审美较之以前发生了巨大变化，在使用景观设计材料上，不仅大量使用植物、水体、山石等自然界中本身存在的材料，还充分使用人工合成或人工制造的新材料。例如，玛莎·舒沃茨所设计的拼合园由于位于屋顶，屋顶建筑的荷载有限且没有接手管，不能建造真实的屋顶花园，因此玛莎·舒沃茨将塑料染成绿色，制成仿真的植物，构建了独具特色的景观。

4. 反对高雅，凸显人性以及媚俗精神

景观设计作为一种重要的艺术形式与新兴学科，通常赋予景观作品某种设计深度和设计内涵，因此反对粗浅轻浮的设计，崇尚高雅的设计。然而，自19世纪末期以来，社会经济的发展和社会物质财富的极大丰富推动着人们的思想观念不断发生变化。尤其是在消费主义和娱乐思潮的影响下，人们开始抛弃阳春白雪的审美观，朝着追求感官刺激和娱乐的方向发展。受这种价值观的影响，西方景观设计也开始朝着这一方向发展，呈现出轻视高雅、崇尚通俗的现象。例如，景观设计师文丘里在美国纽约时代广场设置了一个巨大的苹果雕塑，这一景观脱离了传统景观设计中的高雅趣味，而是展现出一种荒诞而娱乐化的特点，凸显了人性的弱点以及赤裸裸的媚俗精神。

除了后现代主义景观设计，解构主义景观设计也以非理性主义美学观念为依据。解构主义的主要观点就是反中心、反二元对立和反权威，体现在景观设计中就是寻找属于景观整体构架的内部解构，而不是停留在变化的形式上。解构主义景观设计中的非理性主义特点主要表现在两个方面：一方面即对理性的反叛，对传统景观设计原则、理念、方法的颠覆；另一方面则是故意制造混乱、残缺、突变、超常的设计效果，以创造新的审美。例如，解构主义景观设计的代表作品之一是由伯纳德·屈米设计的拉维莱特公园，该公园以一种随机的、非理性的思路进行设计，打破了以往"和谐秩序"的景观设计原则，以点、线、面作为结构要素，构建了新的和谐观。

总体而言，非理性主义美学思潮无论在后现代主义、解构主义中还是在大地主义

---

① 陈希.美国现代主义景观设计思潮[D].天津：天津大学，2003：50.

风格的景观设计中均表现出强烈的反叛理性的特点。现代景观设计中的这种反叛理性的特点主要来源于设计师在创作与观察过程中对于理性设计的不满情绪，进而激发景观设计师对自我设计风格的创新，同时推动现代景观设计朝着多元化的方向发展。对现代景观设计学科来说，正是景观设计师的反叛理性的精神才使得西方现代景观设计在 20 世纪 60 年代之后呈现出不断创新的态势，最终形成了多元化发展的格局，同时极大地推动了景观设计师个人设计风格和设计理念的创新，诞生了一大批具有代表性的西方景观设计师。从观众的角度来看，景观设计具有一定的时代性，随着物质与精神文明的发展突破，景观的功能不仅局限在基础功能性的范围，还在于挖掘人类真实的精神世界，表现和反映真实的人性。因此，具有反叛精神的设计师高举着反叛理性的大旗，对景观设计所进行的一系列具有时代性和多元化的景观设计进行探索，为景观作品增添了别样的趣味性，能够带给景观受众多样化的趣味景观体验。

第三节　西方景观设计审美范式的生成与建构

景观作为一种艺术，具有一定的审美价值。从审美角度对西方景观设计进行观察，能够从西方景观设计发展的历程中对西方景观设计审美范式的生成与建构进行分析，从而加深对西方当代景观设计审美意蕴的理解，对西方当代景观设计的审美趋向进行良好的把控。

一、西方审美观念的发展

西方哲学家认为，美学与哲学一样，都是人类认识自我的一种途径，美学在相当长的一段时间成为人类理性活动之外实践的理论解读。美学作为西方哲学的研究重点，历来受到西方哲学家的关注。1750 年，鲍姆加登出版了《美学》一书，该书的出版促使美学最终成为一门独立的学科。虽然 18 世纪美学才作为一门独立的学科出现，但是人们对美的感知与理解却远远早于这一时期。早在古希腊时期，西方哲学家柏拉图、亚里士多德等人就从各个方面展开了对"美的本质"问题的思索。早在古希腊时期，柏拉图就发出了"美到底是什么"的疑问，吸引之后无数哲学家和思想家对"美的本质"进行探寻和求索。

在这一过程中，无数哲学家从不同视角对"美的本质"进行论述。例如，美学之父鲍姆加登认为，美学以人类的感性认识为研究对象，哲学中的逻辑学则以人类的理性认识为研究对象，从而将美学和逻辑学对立起来。此外，西方哲学家对美的本质进行探寻时也对美的范畴进行了探讨，并且将美学看作艺术，尤其是文艺理论的重要研究内容，从而奠定了西方美学作为文艺理论与艺术哲学的基本理论源流。西方哲学家黑格尔在其著作《美学》中明确了美学研究的范畴，即哲学"所讨论的并非一般的美，而只是艺术的美"①，并且进一步指出美学应命名为艺术哲学。

近代以来，西方自然科学研究的进步，以及包括近代心理学、生物学在内的诸多学科的新的理论成果，对美学研究的方向和范畴以及美学研究的方法均产生了极为深远的影响，推动着美学研究最终朝着感性认识与理性分析相互融合的方向发展。

19世纪中后期以来，在哲学和文化思潮的影响下，美学开始朝着多元化的方向发展，各种美学理论、学说相继出现、此起彼伏，推动着美学研究门派林立、思潮迭起，形成了一幅异彩纷呈的当代美学画卷。在这一过程中，学者开始对美学的意义和价值进行反思与论辩，推动美学一步步从哲学、文艺学和自然科学的附庸走向具有明确的研究对象和研究方法的独立性综合学科。人们对美的认识也逐渐从古典主义的高雅、现代主义的抽象走向具有现实特征的多元审美。

西方哲学数千年来对美的本质的探索与研究使美学的研究一度陷于某种怪圈中。一方面，哲学家认为美是看不见、摸不着的，只存在于人的精神意识之中；另一方面，在艺术中和生活中，人们又无时无刻不在创造美和体验美。这种对美的本质的探求使美学的概念十分丰富。最终，哲学家和美学家决定将这一概念暂时搁置，从而使美学研究从"本源探索"的怪圈中走出，走向更加务实的现实世界。

当代美学家不再执着于对美的本质的探寻，而是开始对审美体验进行研究，开始探求审美的深层心理结构、动力过程以及文化机制，而且深入考查审美体验与人生价值和生命的意义。审美的过程抑或是对美的感知过程，使美作为一种存在与其所产生作用的对象（即审美主体与审美客体）连结为一个物我统一的整体。对于美学研究而言，审美体验具有本体和心理学的双重属性②。审美的过程既具有主观感性，又具有一定的理性特征，是一个融合了对客体各种特征经验感知的过程，在这个审美的历程中，"体验"带给人的审美经历就是"以身体之，以心验之"的感受。

审美主体通过对审美对象的直观感受、鉴赏判断、情感交流与思想顿悟，完成了从感知美到领悟美的体验过程，审美客体所呈现的深层美学内涵也在这一过程中得以升华。景观设计作为一种艺术，由各种景观元素所构建的景观空间构成了独特的审美空间，个体对审美空间中所呈现的审美意象的感知就是一种审美过程，从而使景观艺术具有独特的审美价值。

二、西方景观审美范式的生成与转换

（一）范式理论的生成及原理

1962年，美国科学哲学家托马斯·库恩在其著作《科学革命的结构》一书中首次提出了"范式"的概念。托马斯·库恩指出，范式即在一定的历史时期之内，被某一

---

① 朱光潜.西方美学史[M].北京：人民文学出版社，2011：275.

② 王苏君.走向审美体验[D].杭州：浙江大学，2004：11.

学术共同体所共同遵循的一种基本的理论框架与研究体系和方法①。根据范式理论，人类的每一次科学的发展与进步都可被视为一次范式转换的过程。

托马斯·库恩的范式理论一经提出就作为自然科学的历史研究方法而被广泛应用，进而影响了人文社会领域的研究思路和研究方法。西方哲学家尧斯应用范式理论对文学进行研究，提出了文学史的"古典—人文""历史—实证""形式主义"三大范式。这一实践表明了范式理论在人文社会领域具有较强的应用价值。

西方景观设计作为一种艺术，蕴含着独特的美学思想，具有一定的审美范性，这种审美范性建立在趋于成熟的现代景观设计的思想本源上，为审美主体提供了一种把握审美现象的概念、术语、理论、方法、信条乃至可供仿效的范例，从而推动着西方景观设计的发展。在西方景观设计中，引入范式理论具有十分重要的理论与实践意义。

其一，范式理论可以为自然科学和人文社会科学的历史研究提供新的理论途径，能够从新的历史视野审视自然科学和人文社会科学的发展过程，并为自然科学和人文社会科学的研究提供新的方法。西方景观设计作为一门独立的应用技术，属于人文社会科学。因此，在西方景观设计中，引入范式理论可以加强对西方景观设计发展规律的研究，从而为西方景观设计研究带来全然不同的研究成果与学术见解。

其二，范式理论研究是一种宏观研究视角，通过将事物的发展史视为一个整体，进而从观点与理论宏观发展进程的角度来阐释其内在的基本联系。范式理论并非完全摒弃该学科中的其他观点，相反，十分重视对学科中公认的主流思想的理解与阐释，因此为自然科学和人文社会学科的研究提供了一种宏观研究视角，有利于把握科学理论发展进程的内在路线与逻辑进程。在西方景观设计的审美研究方面，范式理论的介入能够从宏观视角上抛却以往西方景观设计审美研究中的"风格"与"流派"的历史阐述方式，代之以一种内在的核心思想与主导研究理念，从而得以拨开纷繁芜杂的景观设计流派纷争，对西方景观形态进行逻辑化、有序化的阐释与解读，对西方景观设计的内在审美诉求进行探索。

其三，在西方景观设计的审美研究中，西方景观设计自19世纪以来的多次审美革新与流变是研究的重点与难点。因此，从社会经济与文化发展的角度对西方景观设计的审美革新与流变进行分析和研究时，引入范式理论能够构建西方景观审美范式的基本内核。

综上所述，引入范式理论对西方景观设计进行审美研究是一种十分科学的手段。引入范式理论对西方景观设计进行审美研究的重点是西方景观设计发展过程中呈现出来的整体性或阶段性的观念主题与审美模式，以及现代西方景观审美范式所表述出来的主导特征与基本内涵等，通过研究这些重点，对西方景观设计审美进行静态共时性和动态历时性阐释与研究。

从西方景观设计的历时性发展来看，进入20世纪后，尤其是自20世纪中后期以

---

① [美]托马斯·尼科尔斯.科学革命的结构[M].魏洪钟，译.上海：复旦大学出版社，2013：122.

来，西方景观设计在社会文化思潮和经济发展模式转向等因素的共同作用下，使西方景观设计的审美进入"多元时代"。为了从中了解西方景观设计审美的内在规律性和本质，需对西方景观审美范式意蕴建构进行分析与研究。

（二）西方景观审美引进范式理论的背景

景观设计作为一种与人们的生活息息相关的艺术形式，自 20 世纪 60 年代以来，受到各种社会思潮的影响，其审美产生了多种变化。20 世纪 60 年代以来的环境保护运动使西方景观设计开始从"二战"前对小规模家庭庭园的景观设计向大面积的现代城市公共园林方向演变，如向现代城市公园、城市广场、城市公墓，甚至天然公园、工业旧址改造的方向发展，这使得原来的西方景观设计视觉审美效果和审美方法不再适用于日趋多样化与复杂化的景观设计对象。因此，这一时期，西方景观设计的审美开始向尊重自然规律、合理地促进人与环境相互协调的生态审美转变。然而，这种以自然为主的生态设计理念却引发了人们对于景观设计审美功能的质疑。

从社会经济发展的角度来看，19 世纪以来，西方工业革命的完成推动着西方经济迅速进入繁荣时期，经济的极大繁荣与物质的极大丰富形成了巨大的消费市场。人们普遍希望能够享受日新月异的生活，这种心理诉求反映到社会实践上，则是社会生活状态的改变，引发了人们对现代主义的反思，推动着后现代主义的出现。受后现代主义的影响，景观设计的审美对象发生了改变，并最终促使景观审美思想的变革。

20 世纪以来，在社会经济迅速发展的同时，西方的科学技术也得以迅速发展。景观设计学自 19 世纪诞生以来，景观设计师就以极大的热情投入社会生活的改良运动中和社会日常景观营造实践中。然而，由于景观设计学作为一门新兴的综合性的交叉学科长期以来受到的社会重视程度较低，因此景观设计师的工作并不受到社会的认可，这使得一些景观设计师产生了不平衡心理。受社会环境保护思潮的影响，一些景观设计师开始探索景观设计在生态保护和自然保护中的作用，从以人类为中心的发展思想出发，提出了结合自然的设计理念。以生态技术为代表的技术为西方景观设计的发展提供了新的思路，20 世纪 60 年代末期至 70 年代，生态主义思想占据了风景园林的主导地位。然而，景观设计领域内的科技发展在为景观设计提供新的发展思路的同时，也不可避免地忽略了景观审美意义的进步。由于生态设计的景观思潮过于重视理性，所以忽视了景观设计的艺术性特点。斯蒂文·克劳就曾指出，麦克哈格式的过于理性的景观设计方法使得景观设计转变为一种环境测量，景观应有的艺术丰富性正在逐步丧失。尽管如此，在生态主义占据西方景观设计思想主体地位的情况下，仍然存在着大量景观艺术。

在生态主义在西方景观设计中占据主要地位时，受 20 世纪西方交叉学科的崛起以及西方艺术观念的更迭等影响，景观设计中的艺术表达也被越来越多的设计师所关注，促使景观艺术家冲破生态主义的界线，将景观的生态功能与审美价值相结合，从而促使景观审美朝着理性与情感相融合的多元化方向发展。西方景观设计思想的演进也从审美角度完整地呈现了具有时代特质的景观审美范式的转换路径。

三、西方景观审美范式意蕴的建构

西方现代景观设计作为一种综合性艺术，从审美范式来看，其审美物象具有多样化的特点。首先，西方景观设计的材质多种多样，既有来自大自然的天然材质，如植物、水体、山石等，又有人工材质，如钢铁、塑料、玻璃、高分子材料等；既有体现科技创新之美的新型材料，又有利用废旧建筑物或垃圾的废旧材料；既有实体性材料，又有透明材料等。不同的景观设计材质展现出独特的审美价值。其次，西方景观设计的形式尺度呈现出多元化的特点。既有以少为美的极简艺术和极少主义流派；又有崇尚自然的大地主义流派；既有以大众审美作为趣旨的波普艺术，又有强调景观空间审美的独特艺术流派。最后，西方景观设计的秩序法则也呈现出颠覆与革新的特点。20世纪，在多元化设计思潮的影响下，传统的景观设计结构和手法被颠覆，西方景观设计呈现出多样化的设计特点。与此同时，受信息技术和数字技术的影响，西方景观设计秩序开始呈现出全新的样貌。

西方景观设计审美物象的多样化变化对西方景观设计的审美意蕴产生了新的影响。

西方景观设计作为一种融合了时间因素和空间因素的综合性艺术，具有时间和空间双重审美方式。在使用审美范式时，应从时空交错的场景、梦幻乐园、满足好奇等方面出发，激发西方景观审美情趣，通过自然的叙述、景观的消费以及纪念主题等为景观注入相应的情感，使景观能够引发人们的共鸣。

从范式理论来看，西方现代景观设计的审美意蕴的思想内核为人本主义的回归、场所精神以及景观意义的探求，西方现代景观设计的审美意蕴的诗性外显则为主体意识的表达、异质多样的景观。结合内核与外显，西方现代景观审美表现出艺术与生活融合、自然与人文交融的审美意蕴。

第六章　西方景观设计的人文研究

第一节　人文景观概念、影响因素及审美意义

从人类活动的角度来看，景观具体可分为自然景观和人文景观。其中，自然景观是指没有受到过人类活动影响或受到过人类活动影响，然而影响效果十分轻微，原自然面貌没有发生明显变化的景观。人文景观则是指受到人类直接和长期的影响，原自然面貌发生明显变化的景观。本节主要对人文景观的概念、影响因素以及人文景观的审美意义进行详细阐释。

一、人文景观的概念类型及特征

（二）人文景观的概念

人文景观是指人类依据自身的因素，开发、创造、建设能给人以教育、愉悦、兴趣和享受，具有浓厚文化特征并以此为吸引力的环境和景物，是一种比较集中地体现艺术美、社会美和生活美的观赏对象[1]。人文景观是人类在长期的劳动实践中创造的结晶。

人文景观概念与景观人文概念之间既存在一定的联系，又存在较大区别。景观人文是指以景观和人文为研究对象，考查其发生发展的演变过程，研究各历史阶段的状态、现象，探究其规律和特点[2]。景观人文以景观作为现象、人文作为内核进行研究。

（二）人文景观的类型

人文景观的类型十分丰富，具体可分为历史遗迹类景观、宗教文化类景观、城乡风貌、现代人造设施等类型。

历史遗迹类人文景观是指历史遗留下来的人文景观。历史遗迹类人文景观具体又可分为广义概念上的历史遗迹类人文景观与狭义概念上的历史遗迹类人文景观。其中，

---

① 马莹.旅游美学 [M].北京：中国旅游出版社，2009：64.

② 王其全.景观人文概论 [M].北京：中国建筑工业出版社，2002：1.

广义概念上的历史遗迹类人文景观是指人类社会发展历史中各类社会活动所遗留下来的活动痕迹与遗留物，包括各个历史时期的人类所有存在的痕迹和产物。狭义概念上的历史遗迹类人文景观则是指人类历史各个时期形成的现在已经废弃，或掩埋于地下，或残缺不全的人类活动痕迹和遗物，在现代社会中已经废弃或遭到破坏而遗留下来的活动场所，其中不包括可移动人类历史遗留物品或非物质文化。按照狭义概念上的历史遗迹类人文景观，西方历史遗迹类人文景观包括凡尔赛宫、埃及金字塔、奥林匹亚宙斯巨像、阿尔忒弥斯神庙、巴比伦空中花园、罗得斯岛巨像、摩索拉斯陵墓、马丘比丘遗址、佩特拉古城、古罗马斗兽场等。

宗教文化类景观是指与宗教文化相关的景观，具体来说则是指以宗教建筑为主体的景观环境。西方从古至今兴建了多座风格各异的寺庙和宗教建筑。西方文明起源于古希腊，古希腊是一个泛神论国家，古希腊人十分崇拜神灵，认为每一个城邦和自然现象均受神灵的支配，因此古希腊人大力兴建神庙，为神灵提供栖息圣地，如帕特农神庙等。除了希腊神庙，西方教堂的建筑风格主要可分为罗马式、拜占庭式和哥特式三种类型。罗马式教堂是罗马帝国以基督教作为国教后建立的教堂建筑风格，如施派尔大教堂、罗马万神庙等。拜占庭式教堂风格为东罗马时期的教堂建筑风格，如威尼斯的圣马可教堂、圣索菲亚大教堂等。中世纪，欧洲兴建了多座寺院和庙宇，其中尤其以哥特式教堂最具代表性。例如，法国巴黎圣母院、意大利米兰大教堂等均为哥特式建筑的杰作。这些不同类型的宗教建筑均属于西方宗教文化类景观。

城乡风貌是指具有视觉形象的历史文化名城，以及独具特色的现代都市风光等。欧洲作为西方文明的发源地，有着悠久的历史，至今保留着多个历史文化名城，如雅典卫城、阿姆斯特丹等。

现代人造设施是指富有特色、具有规模、有某种特殊意义和影响力的大型工程及文化设施。西方现代人造设施景观的代表有伦敦塔桥、伦敦眼等。

（三）人文景观的特征

人文景观具有鲜明的地域特征、时代特征、文化特征以及科学实用性特征。

其一，人文景观的地域特征。人文景观的地域特征是指任何人文景观均受到地域环境的影响。在不同地域环境中，由于自然地理的环境不同，长期的政治、经济模式不同，形成了独具特色的文化，在这种独特的地域文化的影响下，人们的生产和生活方式不同，审美也不相同，因此所建造的人文景观也具有较大差别，使得人文景观具有较强的地域性特征。例如，古希腊时期的人文景观风格与古罗马时期、中世纪的人文景观风格相比，存在较大差异。又如，意大利和法国、英国相比，各自的自然地理环境不同、气候不同，形成了独特的国别文化，在各自国家文化的影响下，各国建立了独具特色的人文景观，因此，对比意大利人文景观与法国人文景观、英国人文景观，就能发现存在较为明显的差异。其中，由于意大利多为山地和坡地，因此形成了独特的台地园式的景观；法国17世纪由于王权的兴盛，因此这一时期的法国人文景观多表现出较强的"伟大风格";由于英国独特的自然地理气候以及其与欧洲主体大陆之间的距离,因此形成了独特的景观。由此可见,人文景观的地域性特征十分明显。

其二,人文景观的时代特征。除了地域性特征,人文景观还具有时代性特征。不同历史时期,由于科学文化的发展程度不同,人们对自然和世界的认识均具有一定的时代局限性,在这种时代局限性下建造的各种人文景观也具有该时代的独特特征。例如,欧洲中世纪,教会掌握着社会的绝大多数资源,形成了社会政治、经济、教育以及文化等均为宗教服务的特点。在这种特点的影响下,所建造的各种人文景观就具有一定的时代特征。哥特式教堂就是欧洲中世纪特殊时期形成的一种人文景观。该教堂在设计中充分利用十字拱、立柱、飞券等,尖塔高耸、形体向上,整体结构如同火焰,具有冲力,并且运用圆形的玫瑰窗、彩色玻璃画等营造一种接近上帝和天堂的感觉,成为中世纪极具特色的时代性建筑。

其三,人文景观的文化特征。人文景观的文化特征是指人文景观反映了特定时期的人们在文学、艺术、技术、工艺等方面取得的杰出成就,凝结着人类的智慧结晶,因此具有一定的文化特征。法国凡尔赛宫作为"太阳王"路易十四统治时期的重点建筑景观,代表了当时建筑的最高水平,该人文景观中包含着大量文化特征。例如,凡尔赛宫的建筑以及庭院处处体现了君主立宪制巅峰时期专制王权至上的文化思想。整个宫殿建筑气势磅礴,布局严密、协调,整体建筑以黄金和大理石为特色,配以希腊和罗马艺术品,表现出了王权的神性。建筑结构的总体格局特征是"众星捧月",多个副厅拱卫在主厅周围,象征着无数臣民围绕附庸在"太阳王"路易十四的周围。整个的建筑和花园处处可见希腊神话中太阳神阿波罗的雕像,象征着"太阳王"路易十四的光辉照耀法国臣民。主厅以"阿波罗厅"命名,其余各厅则以环绕太阳的行星命名。例如,维纳斯厅又名金星厅,狄安娜厅又称月神厅,玛尔斯厅又名火星厅,墨丘利厅又名水星厅等,无不在突出君主至高无上的地位。整个建筑景观体现出强烈的文化特征。

其四,人文景观的科学实用性特征。人文景观不仅具有地域性、时代性和文化性等特征,还具有鲜明的科学实用性特征。人文景观之所以能够长期保存,是因为其不仅具有艺术性,还具有一定的科学性和实用性。例如,西方宗教类、宫殿类人文景观是作为宗教建筑或王权贵族的宅邸而使用的。除此之外,无论是建筑景观还是花园景观等,在设计上均具有较强的科学性。例如,宗教类建筑景观出于宗教需要而建设,建筑位置、规模、形式、装饰等均符合宗教要求。

二、人文景观的影响因素

人文景观作为人类活动的产物,受到社会各个方面的影响。具体来说,人文景观的影响因素主要体现在以下四个方面。

(一)政治因素对人文景观的影响

政治因素对人文景观的影响主要体现在制度方面。制度是国家和政府通过强制手段采取的一种管理方式。人文景观的建设离不开制度的保障。例如，西方古典景观设计起源于古埃及时期。公元前 28 至 23 世纪，古埃及已经形成了以法老为政体的中央集权制。古埃及王国成立后，颁布了一系列制度，其中包括重新规划国土，大力发展灌溉系统，大兴土木建造宫殿、神庙等，为古埃及的景观设计的发展奠定了政治基础。在古埃及的园林景观设计中，水渠、水池、雕塑与绿植共同构成了古埃及园林景观的重要因素。其中的水渠和水池作为这一时期古埃及景观设计中不可或缺的因素，具有重要的实用性，主要用于灌溉和饮水。规整对称的布局、行列式栽植的树木、几何形的水池处处体现了古埃及专制主义中央集权的影响。由此可见，古埃及时期的政治制度在景观设计中起着十分重要的作用。此外，古埃及的法老拥有无上权威，为了实现灵魂永生的梦想，建立了高大的陵墓，形成了古埃及独特的金字塔陵墓和陵庙等人文景观。

古希腊由多个城邦组成，并没有形成严格意义上的国家，因此古希腊从政治概念上并没有形成严格的国家概念，而是一个松散的城邦联合体。各个城邦均有独立执政官，执政官并非世袭，而是由贵族选举产生。这种特殊的政治环境使贵族和平民可以相对自由地议论朝政。贵族和平民之间的渠道畅通，平民通过奴隶可以晋身为贵族。因此，古希腊在这一时期的园林景观中，大多为公共园林景观，如圣林、公共园林、学术园林等。

古罗马时期制定了奴隶制政治制度。作为一个强大的帝国，由于经济繁盛，古罗马建立了面积广阔的古代城市，由于城市人口拥挤，古罗马的景观多为开放性的空间景观，如城市广场和庙宇等。城市广场是罗马帝国皇帝树碑立传的纪念场地，形成了雄伟的凯旋门、华丽的柱廊、高耸的记功柱等独具特色的人文景观。除此之外，古罗马作为一个奴隶制国家，其景观设计中体现出较强的奴隶制社会因素。例如，古罗马斗兽场是古罗马时期建设的具有标志性的人文景观。

17 世纪，法国建立了封建君主制国家，象征专制君权的勒诺特尔式园林成为法国景观设计的代表，并在此基础上形成了"伟大风格"。

（二）经济因素对人文景观的影响

人文景观的建设受到经济因素的影响。人文景观的建设成本一般较高，如果经济不发达，那么势必会影响资金的投入。此外，人文景观的建设涉及建筑、自然、生态、科学、宗教等多个领域，这些细分领域的经济发展状态对人文景观的发展和建设起着至关重要的作用。

例如，14 至 15 世纪，意大利佛罗伦萨、威尼斯、热那亚等城市出现了资本主义萌芽，极大地推动了当地经济的发展，尤其是地处意大利中部的佛罗伦萨的经济空前繁盛，出现了以毛纺织、银行、布匹加工业等为主的七大行会，这七大行业控制并推动着当地经济的发展。同时，由于行会的兴盛，资产阶级掌握了佛罗伦萨的城市政权，佛罗伦萨的最高行政权力机构均由七大行会的会员组成，传统的意大利贵族被新兴的资产阶级剥夺了参政权。佛罗伦萨特殊的经济环境造就了特殊的政治环境，而政治环境与经济环境又共同影响了佛罗伦萨的文化环境，吸引了欧洲各国艺术家和知识分子，从而使佛罗伦萨成为意大利乃至整个欧洲文艺复兴的发源地和最大中心。在经济繁盛时期，佛罗伦萨吸引了达·芬奇、但丁、米开朗基罗、拉斐尔这些声名显赫的艺术大师，他们用自己的才华装饰了这座城市。这一时期，佛罗伦萨诞生了西诺利亚广场、圣十字大教堂、百花圣母大教堂、佛罗伦萨大教堂中央穹隆顶、美第奇府邸、育婴院、鲁切拉府邸等一系列人文景观。

16世纪后期，由于战争的影响，佛罗伦萨的城镇和乡村遭到严重破坏，外部环境的变化使佛罗伦萨的经济发展陷入停滞，银行倒闭、毛纺织业衰落，经济衰退后，工商业出现大倒退，佛罗伦萨作为欧洲文艺中心的地位不保。欧洲经济中心开始转移到英、法等国。这一时期，巴黎的资本主义兴起，经济日益繁荣，吸引了大批欧洲文艺工作者，创造了枫丹白露宫等。

20世纪，世界经济中心转移至美国，为了适应社会经济发展的需要，美国建造了华盛顿林肯纪念堂、旧金山金门大桥、南达科他州罗斯摩尔山国家纪念公园、纽约帝国大厦等一系列著名的人文景观。

除此之外，经济的发展对人文景观的设计也起着极其重要的作用。例如，"二战"前后，受环境生态保护理念的影响，诞生了极简主义、大地艺术等艺术思潮，这些艺术思潮促进了社会生态经济的发展，这些艺术思潮和生态经济的发展对景观艺术产生了重要的影响，使人文景观的建设与发展开始朝着体现自然和环保的方向转变，从而诞生了一批极具特色的人文景观。

（三）科学因素对人文景观的影响

人文景观的风格受到科学文化的极大影响。人类从原始社会发展而来，科学文化的发展不仅推动了生产力的提高，促进了社会经济的发展，还不断地开阔了人类的知识视野，对人类的价值观产生影响，从而导致人文景观设计具有多样化的风格。

以几何学的发展为例。早在古埃及时期，人们就开始模仿自然创建了几何式园林。古希腊时期，几何学的发展进一步推动了几何元素在景观设计中的应用。例如，古希腊时期的米利都城市规划中就充分运用了几何图形。15世纪初期，欧洲文艺复兴运动中理性哲学和几何学获得了突破性的发展，建筑设计师和园林设计师将达·芬奇等艺术家根据人体比例研究而创造出的线型和黄金比例应用到景观设计中，创建了一系列文艺复兴时期的人文景观，如佛罗伦萨大教堂穹顶、坦比哀多圣殿、圣彼得大教堂等。17世纪，法国著名的造园师安德烈·勒诺特尔在充分利用几何图形的基础上创造了"勒诺特尔式园林"。例如，法国人文景观凡尔赛宫花园即属于典型的"勒诺特尔式园林"。18世纪，随着科学文化的发展，工业革命兴起，推动艺术设计成为一门独立的学科。这一时期，艺术设计中对几何元素的应用也取得了重要发展，与此同时，几何在艺术设计中的应用开始影响全世界的艺术设计理念。19世纪，随着工艺美术运动的开展，几何元素被广泛应用到景观设计中。20 世纪，受第三次科技革命的影响，社会生产力获得极大进步，人类的价值观开始朝着多元化方向发展，而几何元素被多个景观艺术设计学派所运用，以抽象几何的全新面貌出现在各种景观设计作品中，创造了一系列现代人文景观。

20 世纪以来，随着科学文化的发展，各种社会艺术思潮此起彼伏，均对景观设计产生了较大影响，在这些景观设计思潮和理念的影响下，产生了一系列独具特色的人文景观。

此外，从景观设计所使用的材料的变化也可表现出科学文化对人文景观的影响。19 世纪以前，西方景观设计师在景观设计中多使用沙、石、水、树木等天然材料进行景观设计。19 世纪，随着工业革命的发展和钢铁制造水平的提高，建筑设计师和景观设计师运用钢铁等元素构建了一系列人文风景，如西班牙毕尔巴鄂的维斯盖亚桥等。20 世纪，随着塑料工艺、光导技术以及合成金属等技术的成熟，景观设计中开始大量使用塑料制品、光导纤维、合成金属等新型材料，并且诞生了一系列新的现代人文景观。

（四）宗教因素对人文景观的影响

宗教作为一种精神文化，对人文景观的建设起着十分重要的作用。在西方各国的发展中，宗教起着十分重要的作用。早在古埃及时期，就已经存在多神崇拜，并诞生了各种神话传说。其中，古埃及官方以太阳神崇拜为中心，建立了宏伟的神庙，并通过烦琐的仪式维护宗教运转，为王室服务，体现了王权与神权的紧密结合。这些神话传说中的人物和故事常被作为重要的人文景观元素应用其中，如阿布辛拜勒至菲莱的努比亚遗址、城底比斯及其墓地、菲莱神庙等。古希腊也是一个多神崇拜的国家，希腊神话是包括希腊景观艺术在内的各项艺术创作的源泉。希腊神话传说常以各种形式融入古希腊人文景观之中，如古希腊雅典帕提农神庙、圣林等。

古罗马是一个多神教国家，并吸收了希腊宗教和神话，这些宗教和神话元素对人文景观的建设产生了重要影响。例如，古罗马的众神殿是一座为奥林匹亚山上诸神而建立的宗教建筑，属于罗马帝国时期的标志性建筑物，其直径 43 米的穹顶以及独特的拱门设计为西方建设景观设计带来了丰富的灵感。圣彼得大教堂是世界上最著名的宗教建筑之一，也是重要的宗教圣地，体现了当时独具特色的宗教理念，是古罗马宗教人文景观的代表之一。

中世纪，罗马教皇为了保持自己的独立地位，建立了教皇国，伪造了《君士坦丁赠礼》文件，并设立了宗教裁判所来惩罚异端。这一时期，国家的政治、经济、文化和教育等均被宗教掌控，宗教的空前强大对建筑和园林景观设计产生了重要影响，同时对人文景观的建设也起着重要作用。巴黎圣母院、哥特式教堂等均为这一时期的标志性建筑。其中，巴黎圣母院无论是外部景观形式还是内部装饰景观均体现出宗教的深刻影响。巴黎圣母院的内部空间为具有天主教特色的拉丁十字形状，外部立面中心的玫瑰窗象征着巴黎市的守护神——圣母玛利亚，3个圆形拼成的图案象征着基督教圣父、圣子、圣灵的"三位一体"，4个圆形拼成的图案象征着马可、马太、路加、约翰的"四大福音"，由无数圆形图案拼成的窗棂象征耶稣智慧的"圣心"，玫瑰窗分成12瓣则象征耶稣的十二门徒等。此外，教堂中还使用了由《圣经》中的故事形成的大量彩色玻璃，处处体现出宗教的影响。哥特式教堂的设计中更应用了多重象征和隐喻，处处体现出浓烈的宗教色彩。

除了古代的多神教国家，西方还存在着大量单一宗教的国家。纵观数千年的历史，西方宗教主要为三大宗教，这三大宗教的建筑特点各不相同。由此可见宗教文化对人文景观产生的重要影响。

除了宗教文化，其他文化在人文景观的发展中也起着极其重要的作用。文化发展引发的艺术思潮运动是推动人文景观建设与发展的重要因素。本书前文已对艺术思潮对景观设计的影响进行了详细介绍，这里不再赘述。

西方文化包括多个国家和地区，不同国家和地区受其自然地理和传统文化的影响，所形成的人文景观也体现出较大的差异性。由于前文已涉及地域在景观中的重要作用，在此不再对地域对人文景观的影响进行赘述。

三、人文景观的审美意义

人文景观不仅具有较强的实用性，还具有独特的艺术性，还具有极其丰富多样的美学意义。从美学视角来看，人文景观的审美意义如下。

（一）人文景观具有构建艺术美的意义

人文景观是由人类建造的各种具有实际作用和功能的景观，人文景观既具有较强的使用价值，又具有一定的审美价值。随着时间的推移和时代的发展，人文景观原有的使用价值淡化，其艺术价值却更加凸显。人文景观所构建的艺术美体现在人文景观的风格、装饰、造型等方面。

第一，人文景观的风格之美。西方人文景观的风格具有多地域、多文化、多时代等特点，风格十分丰富，不同风格的人文景观所表现出来的艺术价值也不尽相同。例如，古希腊的人文景观体现出和谐、完美、崇高的风格之美；古罗马人的文景观体现出典雅、厚重、均衡的风格之美，古罗马拜占庭时期的人文景观体现出富丽堂皇、典雅超俗、宏伟壮观之美；中世纪哥特式人文景观体现出空灵、纤瘦、高耸、尖峭、神秘、哀婉的风格之美；文艺复兴时期的巴洛克人文景观体现出富丽堂皇、高贵、奢华的风格之美；17世纪的法国人文景观体现出宏大、壮丽、规整、秩序、崇高的伟大风格之美；18世纪的洛可可人文景观则体现出柔媚、细腻和纤巧的风格之美等。

第二，人文景观的装饰之美。不同风格、地域和时代的人文景观的装饰千差万别，构建出独特的艺术美。例如，古希腊人文景观以陶立克、爱奥尼克和科林斯柱式作为装饰，分别体现出刚劲雄健、清秀柔和以及华丽的装饰之美；中世纪哥特式人文景观以众多飞券、尖拱和彩色玻璃窗画作为装饰，体现出空灵、虚幻的装饰之美；文艺复兴时期的巴洛克人文景观用繁复、贵重以及精细而刻意的装饰，具有富丽堂皇和新奇欢畅的特点，体现出独特的华丽装饰之美；18世纪的洛可可人文景观以可爱的图形、纤柔的图案、娇嫩的色彩进行装饰，体现出堆砌、柔媚的装饰之美等。

第三，人文景观的造型之美。人文景观大多为建筑或园林，建筑被称为"凝固的音乐"，体现了人类伟大的创造力。人文景观的造型千姿百态，美不胜收，是构建艺术美的重要因素。例如，西方古罗马人文景观建筑中的"穹拱"屋顶造型和古罗马大斗兽场、万神庙等均体现出独特的圆形造型之美。又如，法国人文景观凡尔赛宫及其花园体现出规整、秩序感强的几何造型之美。再如，古希腊人文景观建筑中以独特柱式造型体现出独特的造型之美。除了建筑，西方的桥梁造型也体现出丰富的造型之美。例如，英国伦敦塔桥体现出厚重之美；葡萄牙里斯本"四月二十五号大桥"体现出科技感十足的造型之美；德国克罗姆劳公园拉科茨桥的圆拱体现出造型之美，等等。

（二）人文景观具有体现历史价值美的意义

人文景观大多为人类历史发展中产生的景观，人文景观的内容、形式、结构和格调均反映了人类历史发展中的不同节点，与人类生产、生活和文化艺术活动有关。作为一种独特的历史遗迹，人文景观具有历史价值之美。本节主要以哥特式教堂为例，对人文景观体现的历史价值美的意义进行分析。

哥特式教堂作为中世纪的经典人文景观建筑，体现了中世纪教会在社会中的重要地位，以及当时建筑技术的创新。哥特式教堂的历史价值美首先体现出中世纪浓厚的宗教氛围。中世纪的哥特式建筑大部分为教堂建筑，以尖肋拱顶取代了传统教堂的穹顶，以薄墙取代了传统教堂的厚重墙体，以飞扶壁取代了传统教堂的实心的被屋顶遮盖的扶壁，以整齐而又修长的束柱取代了传统教堂敦实的大圆形柱体。除此之外，以精美的圣经故事浮雕装饰和几乎占满墙面的彩色玻璃窗画等营造了一种圣洁而崇高的宗教氛围。

除了浓厚的宗教氛围，哥特式教堂还体现了中世纪后期市民经济的发展和市民文化的崛起。12至15世纪，哥特式建筑的兴起与发展是当时人们对城市建设和宗教认识的一种反映。中世纪，由于城市手工业的发达和商业行会的崛起，人们的生活水平开始逐渐提高，市民文化复苏，人民逐渐从黑暗的中世纪生活中脱离出来，开始改变对生活持有的悲观绝望的态度，并有意识地追逐世俗生活的乐趣。城市市民对生活的态度与当时天主教所主张的"禁欲主义"相违背。这一时期由于经济发展与商会组织的成熟，城市中开始出现民主政体，人们对城市建设的热情十分高涨。鉴于教会组织在中世纪所处的绝对地位和人们对宗教的崇拜，这一时期，各个城市纷纷以建造教堂建筑来展现城市的独特风格，赞美自己的城市，并吸引众多信徒来自己的城市定居，以促进城市的发展与繁荣。教堂建筑不再是单纯意义上的宗教性建筑物，同时作为市民大会堂、公共礼堂，甚至公共市场和剧场使用，成为城市的重要公共生活中心。人们在教堂中举办婚丧大事，每逢宗教节日，教堂往往成为热闹的赛会场地。教堂建筑使用功能的多样化和多元化体现了中世纪教堂世俗化的特征。

此外，哥特式教堂人文景观还反映了中世纪人们的审美诉求和精神慰藉。中世纪的欧洲教会占有绝对统治地位，人民的国家观念和民族观念较薄弱，哥特式教堂是当时人们的精神慰藉和心灵归依的重要场所，也是人们信仰的殿堂。这一时期，巨大的彩色玻璃窗画和精美的教堂雕塑以及独特的外观体现着当时人们独特的审美诉求。

总而言之，人文景观不仅是标志着某一时代的景观，还蕴含着特定时代中的独特历史价值和审美价值。

（三）人文景观具有创造美的意义

人文景观是人类劳动和创造的结晶，体现了人类在生产、生活和艺术实践中的丰富的创造力。人文景观的创造美意义主要体现在以下三个方面。

其一，人文景观体现了人类的创造力之美。人文景观均建立在一定的环境空间之中，人文景观建设的初衷是满足或适应特定时代人们生活和生产的需要，因此体现出人类在特定环境中的创造力之美。例如，意大利的地形多为丘陵山坡，平原上的建筑风格不能完全适应和满足意大利人的居住和生活要求，因此，意大利建筑师和艺术设计师在河流周边风景秀丽的丘陵山坡上建立了多台层的台地园，满足了人们居住和欣赏风景的需要，体现出高超的创造力之美。又如，法国地处欧洲大陆西部，国土面积相对较大，国内地形以平原为主，气候温和，雨量适中，为植物的生长提供了良好的环境。因此，法国建筑师和园林设计师从法国独特的环境出发，以植物为主要景观要素，建造了各种各样的植物迷宫，体现出人文景观设计的创造力之美。

其二，人文景观体现了人类的个性创造之美。人文景观往往是一个时代独特的标志物，因此体现了特定时代的个性特征。例如，中世纪，欧洲建设了大量教堂建筑，这些教堂建筑既包括传统教堂建筑，又包括哥特式教堂建筑。其中，传统教堂建筑大多吸收了古罗马、古希腊等时期的教堂建筑风格，不能体现鲜明的时代个性；哥特式教堂建筑则对传统教堂建筑的各个方面进行了多种创新，以其独特的个性成为中世纪人文景观建筑的代表。又如，法国的凡尔赛宫一反当时意大利园林风格，以法国独特的政治体制为依托，营造出极具个性的创造之美。再如，文艺复兴时期佛罗伦萨大教堂穹顶作为世界上最大的穹顶，借鉴了古希腊时期的穹顶设计，同时把文艺复兴时期的屋顶方法和哥特式建筑风格完美地结合起来，被认为是意大利文艺复兴式建筑的第一个作品，体现了人类的个性创造之美。

其三，人文景观体现了环境美化之美。虽然人文景观最初是出于某种实用目的而创造的，但是，设计师在设计景观时并没有单纯满足其实用功能，而是在实用功能的基础上追求环境美化功能，因此使人文景观具有了独特的审美价值。例如，哥特式教堂的主要功能为使人们接受宗教信仰，为了达到这一目的，使用了各种建筑方法营造教堂独特的圣洁和崇高的氛围。而且这些建筑手法的使用体现出中世纪人们独特的审美意识和审美观点，使其成为一件珍贵的艺术品。又如，欧洲古典主义时期花园中的喷泉和水池具有储水、灌溉等实用功能，与此同时，喷泉和水池与雕像的结合，使其有了一种独特的艺术美，体现了环境美化功能。

第二节　西方景观设计中的人文元素研究及案例

人文元素是指人类文化中的历史、文化的具体物质和非物质。西方现代景观设计中的人文元素不仅能够体现出独特的人文思想和价值，还能够体现出景观设计中的个性创造美。

一、人文元素类型及特征

凯文·林奇曾指出："人们通常认为美的对象多数是单一意义的，如一幅画、一棵树。通过长期的发展和人类意志的某种影响，在其中有了一种从细部到整个结构的密切的可见的联系。"[①] 良好的景观设计通常离不开特定的文化脉络，景观是一个地区环境的重要组成部分，尤其是人文景观，不仅具有较强的实用功能，还具有良好的文化和美学价值，如果脱离了文化与美学，则会降低景观设计的格调与品位。

（一）人文元素的类别

所谓人文，是一个范畴十分广泛的概念。从宏观角度来看，人文是指人类社会中的各种文化现象；从哲学角度来看，人文是一种特有的思想和观念；从制度角度来看，人文是一种制度和法律。人文思想是人文制度的理论基础，人文制度是人文思想的实现以及制度化和法律化。总体而言，人文是指人的各种传统属性[②]。

人文元素则是指人类自己创造出来的历史、文化的具体物质和非物质表现，人文元素既包括实体事物，也包括非实体事物。人文元素不同于人文景观，然而凡是人文景观均涉及一定的人文元素。从类别来看，人文元素主要可分为以下两种类型。

其一，实体性人文元素。实体性人文元素即具有实体物质形态的人文元素，这类人文元素多为历史遗留下来的文物古迹和现当代具有纪念性的场所等。其具体又可分为古文化遗址、历史遗址和古墓、古建筑、古民居、古园林、古石窟、摩崖石刻、古代文化设施，以及古代经济、文化、科学、军事活动遗物、遗址和纪念物，如古希腊雅典卫城等遗址或遗迹，以及西方各个时期的建筑或雕塑、广场等。西方不同历史时期遗留下来的，带有独特历史性风格或特征的私人或公共园林、宗教建筑与园林等均属于实体性的人文元素。

---

① 沈渝德，刘冬. 现代景观设计 [M]. 重庆：西南师范大学出版社，2009：16.
② 张小溪. 生态景观设计的反思：文化危机与人文重构 [M]. 长春：吉林美术出版社，2019：15.

其二，非实体性人文元素。非实体性人文元素是指地区特殊风俗习惯、民族风俗，特殊的生产、贸易、文化、艺术、体育和节日活动等丰富多彩的风土民情和地方风情。例如，西方各种神话传说和宗教故事即属于非实体性人文元素。非实体性的人文元素还包括西方各个时期具有时代特点的代表性文学作品，如文艺复兴时期皮特拉克的《歌集》、薄伽丘的《十日谈》、拉伯雷的《巨人传》、塞万提斯的《堂吉诃德》，以及莎士比亚的《李尔王》《麦克白》《罗密欧与朱丽叶》《仲夏夜之梦》《雅典的泰门》等均属于非实体性人文元素。又如，古希腊时期的奥林匹克精神也属于一种独特的非实体人文元素。

人文元素中的实体性和非实体性人文元素常常结合在一起。例如，古希腊时期，西方的各种神话传说常体现在这一时期的文学、艺术以及建筑和景观的设计中。无论是实体性人文元素还是非实体性人文元素，都是人类生活和生产中遗留下来的宝贵财富，充分表现出人的丰富情感，是构成人类丰富精神世界的重要因素。

（二）人文元素的特征

人文元素的特征与人文景观的特征具有一定的相似性，包括历史时代性、文化性、传承性和符号性等特征。

其一，人文元素的历史时代性特征。人文元素与人类的活动息息相关，在不同时代，由于科学技术的发展阶段不同、政治背景和经济背景不同、社会的结构不同，因此人文元素的特点也不相同。从人类历史发展的进度来看，人文元素体现了人类文明的发展与进步。以西方园林景观为例，从古埃及时代开始，随着时代的发展，西方园林景观的表现手法越来越丰富，景观创新越来越快，各个时期的景观园林体现出鲜明的时代精神。例如，中世纪，教会势力庞大，无论是园林景观还是建筑景观，均体现出鲜明的宗教色彩。建筑景观主要以教堂和修道园为主，在园林景观中添加了佛龛等元素，包括雕刻的佛龛、室内佛龛和园林中用绿色植物而制作的佛龛等。又如，文艺复兴时期历时较长，随着资本主义的崛起和发展，欧洲各个国家的经济和文化均取得了较快发展，这一时期，相继出现了意大利台地园风格、法国园林风格、巴洛克风格、洛可可风格和英国自然风景园风格等多种艺术风格的园林景观。这些艺术风格的园林景观代表了文艺复兴时期西方景观文化的发展，体现出人文元素较强的历史时代性特点。

其二，人文元素的文化性特征。人文元素即能够体现出人类的丰富情感的元素，无论是实体性人文元素还是非实体性人文元素，均具有较强的文化性特征。文化是指人类社会历史实践过程中所创造的物质财富和精神财富的总和，文化具有历史连续性的特点。世界文化由于不同的自然地理条件、气候以及不同的地域和历史特点，而呈现出不同的特点。西方文化呈现出线性、个体性和机械性的特点，注重分析、演绎以及理性逻辑分析和判断，强调无机理性分解、排列与组合，主张矛盾与对立等特点。西方人文元素所表现出来的文化性特征也具有类似特点。例如，西方从古至今的景观设计中均十分重视线性因素的运用，具体来说，则可分为直线性因素和曲线性因素两种类型，直线性因素被大量运用在各个时期的西方景观设计中。17世纪法国凡尔赛宫花园中的轴线的运用，以及整体景观区域划分和区域内部划分均以直线为特点，建立了由多种几何性元素构成的景观。曲线性因素在西方景观设计中也十分常见，如是18世纪英国自然风景园中的蜿蜒风格和西方现代设计中的曲线线条的应用等。又如，西方景观神话传说中出现的种种矛盾与对立的思想等。除此之外，西方文化中的理性主义则多表现在建筑、文学、艺术、哲学等领域，体现出人文元素中特有的文化性特征。

其三，人文元素的传承性特征。无论是实体性人文元素还是非实体性人文元素，均具有传承性的特征。从历史发展的角度来看，任何事物的发展均具有一定的传承性和延续性特点。例如，古代的文化、艺术、经济、政治、科学等形成的人文元素均为文化的重要载体，起着传承文明的作用。以西方景观艺术为例，古典主义时期的西方景观艺术对之后的西方景观艺术有着十分重要的影响。例如，自古希腊时期形成的公共景观建设中的几何构图、对植物景观和水体景观的重视等影响了西方各个时期的景观艺术的发展，后来西方国家的构图风格、植物和水体元素的运用等均是在继承古典主义时期景观风格的基础上发展起来的。又如，古典主义时期的西方景观艺术中的雕塑、水体景观的设计风格等也对其后的西方景观艺术起着极其重要的作用。古希腊建筑景观中的各种柱式风格对西方文艺复兴时期的巴洛克等景观艺术风格均起着十分重要的作用。非实体性人文元素也具有较强的传承性特征。以西方景观艺术为例，西方古典主义时期的神话传说对西方文化的发展有着十分重要的意义，不但各种文化和艺术以神话传说作为主题，而且西方景观艺术在各个时期的装饰等均体现出较强的神话传说元素。例如，西方喷泉雕塑、建筑雕塑等多以神话人物为主题。

其四，人文元素的符号性特征。符号性特征是人文元素的重要特征，人文元素的符号性特征主要是由人类的主观能动性和主观创造性决定的。人的主观创造力是借助符号来实现的，人类从自然界的事物中获得灵感，从而对自然界的事物进行创造，形成各式各样的符号。人类所创造的文化即由各种各样的符号组成。例如，人类的绘画艺术是使用色彩、线条和明暗度等以艺术手法而创造的文化符号；人类文学则是以文学为载体构建的文化符号；雕塑艺术则是以形体为载体构建的文化符号；景观艺术则是以各种景观要素为载体构建的文化符号等。景观艺术是一种视觉艺术，景观艺术中山、水、绿植等元素均是构建景观符号的载体，通过对这些元素的选择、排列组合，常常能够构建出极其独特的视觉符号。例如，景观艺术中的喷泉雕塑是使用雕塑、喷泉造型和水体所构建的文化符号。现代西方景观设计中常常借助象征、隐喻等手法，通过对各种景观艺术元素的整合与创新，从而创造独具特色的文化符号。例如，后现代主义景观艺术设计常通过西方历史上各个时期具有代表性的景观元素拼合在一起形成各种文化符号，以表达独特的文化理念和精神。又如，丹尼尔·里伯斯金设计的柏林博物馆为了体现犹太人所遭受的苦难，在景观设计上通过使用混乱、反复曲折的色调和肌理，从而呈现出一种残破的视觉符号，营造出独特的痛苦的艺术气氛，其与场馆中的各种展出品和标志性景观共同构成一种极为悲伤和沉重的氛围。

二、人文元素在景观设计中的应用原则

景观艺术既具有实用性功能，又具有较强的艺术功能。景观艺术不仅能够体现出较强的时代性特征，还能够反映出特定时期和特定地域的文化、政治以及经济等特征，凝聚着特定时期人类特有的精神和文化，体现出设计者独特的艺术审美和人文思想。从这一角度来看，景观艺术具有较强的人文性特点，是历史人文精神的重要内容之一。如果景观设计只有技术而没有人文精神，就是一个没有灵魂的景观。景观艺术中常常使用各种人文元素体现出独特的精神审美。具体来说，人文元素在景观设计中的应用原则包括以下三个方面。

其一，注重使用人文元素创造意境原则。景观艺术是通过运用各种景观元素而形成的视觉艺术，不同景观元素的排列和组合不同，则整体景观艺术所体现出来的思想和意境也不相同，带给人们的感受也不相同。古希腊文化作为西方文化的发源地，在西方文化的整体发展进程中起着十分重要的作用。尤其是古希腊文化中的神话传说常常作为素材被应用于各个时期、各种类型的艺术之中，从而营造出丰富的艺术意境。例如，古希腊神话中的奥林匹斯众神都居于奥林匹斯山上，其中阿波罗作为太阳神，寓意着光明和希望，凡尔赛宫花园景观中为了凸显伟大艺术风格，在花园以及建筑的各种布局和雕像的设计上均以古希腊神话为题材，营造出众神拱卫太阳神的独特意境，象征着整个法兰西王朝均环绕在路易十四的统治下。此外，凡尔赛宫花园两大主轴线上的雕像主题均为太阳神阿波罗的童年与成年的神话故事，以表达太阳王的神话主题。

其二，注重人文元素的文脉延续性原则。文脉是指各种元素之间对话的内在联系。引申开来，从景观设计角度来看，文脉是关于人与建筑景观、建筑景观与城市景观、城市景观与历史文化之间的关系，有人称其为"一种景观文化传承的脉络关系"[①]。文脉是人文元素的重要组成部分，体现出人类发展的过程。人文元素的文脉延续性具有两个方面的特点：一方面，人文元素与其特定的地域文化结合在一起，从而形成了具有独特地域性的人文元素，由于同一地域的文化具有传承性强的特点，因此地域性人文元素具有较强的文脉延续性。例如，城市文化作为地域文化的重要组成因素和体现方式，在不同历史时期，由于政治、经济、社会、科技等发展速度和程度不同，则城市文化体现出一定的时代性特点，然而从该城市的发展来看，该城市文化则具有较强的文脉延续性的特点。例如，意大利佛罗伦萨作为文艺复兴时期的艺术和文化中心，创造了极其重要的城市文化，这种城市文化在佛罗伦萨数百年的发展中以各种方式获得了延续，体现出城市文脉的延续性。另一方面，在城市发展的不同时期，随着城市的演化，城市文化体现出阶段性的特点，城市发展的阶段性通常通过各个时期的人文景观和历史印记体现出来，这些不同时期的城市文化叠加在一起，共同形成了城市的

---

① 　郑阳. 城市历史景观文脉的延续 [J]. 文艺研究，2006（10）：157.

独特景观风貌，从而体现出城市的文脉延续性特点。因此，在进行景观设计时，应从特定区域的历史文脉出发，利用各种人文元素构建具有历史文化感的景观。

其三，注重人文元素的秩序性和理性原则。西方文化具有秩序性和理性的特点，这一特点表现在西方文化的各种科学和艺术方面。例如，西方文艺复兴时期的主要思想即为追求个性解放和自由平等，推崇人的感性经验和理性思维。西方绘画艺术早在文艺复兴时期就通过引入几何学、透视法、人体解剖学等创建了独具特色的黄金线条和黄金比例，体现出强烈的秩序性和理性特点。文艺复兴时期，文学艺术创作中的"三一律"的提出也表现出较强的理性精神。西方景观艺术中的秩序性和理性原则主要体现在园林景观中轴线和几何图形的运用上。虽然西方文艺复兴时期的景观艺术随着时代的变化而呈现出多种风格，但是无论哪一种风格，从整体上来看，均体现出较强的秩序性和理性原则。除了整体风格，建筑小品等各种微观角度的景观也体现出较强的秩序性和理性原则。以凡尔赛宫花园为例，从整体上来看，该花园存在纵横两条主要轴线，这两条主要轴线将整个花园划分为四个不同的区域。每个不同的区域又被多条小轴线划分为多个不同的小区域。无论是大区域还是小区域，在整体上均体现出强烈的性序感和理性原则。因此，在景观设计中将人文元素作为重要的景观元素融入景观设计中时，也应注重其秩序性和理性原则。

三、现代景观设计中的人文元素案例研究

德国鲁尔工业区景观设计中人文元素的应用

（一）项目背景

德国鲁尔工业区（见6-1）是现代景观设计中工业用地改造、生态改造和保护文化遗产改造的重要案例，是在景观设计中应用人文元素的西方现代景观设计案例，在世界上极具代表性和典型性。

1.德国鲁尔工业区景观设计中人文元素应用的历史基础

鲁尔工业区是德国乃至欧洲重要的工业区之一，位于德国中西部，该地区集中了莱茵河的三条支流——鲁尔河、埃姆舍河和利帕河，三条河流从南到北依次横穿该区。从欧洲整体布局上来看，鲁尔工业区位于欧洲的中心地带，从意大利北部一直延伸到英国等欧洲工业产业带的中东部地区。从德国行政规划上来看，鲁尔工业区并不是一个独立的行政区划，而是贯穿了4个县区和11个直辖市等61个城市，所涉面积4 434平方千米，在该地区居住的人口达数百万，这一地区也是欧洲人口最密集的地区之一。

图 6-1　鲁尔工业区改造后的景观

　　鲁尔区和附近地区的山谷中蕴藏着丰富的煤炭资源，自 14 世纪开始，德国鲁尔地区所蕴藏的丰富的煤炭资源被发现，并开始被开采出来，当时的开采主要为对露天煤层的开采，所需技术较为简单。当时由于受到技术的限制，煤炭开采主要以人工为主，而且加工厂多为小型作坊。15 世纪，由于露天煤层开采殆尽，煤炭开采朝着垂直方向发展，然而仍然距离地面较近。16 世纪，由于开采技术的改进与发展，德国鲁尔工业区煤炭开采业可以进入较深地区，开采更深处的煤层，然而由于受限于排水技术，生产效率较低。17 世纪，德国鲁尔煤炭开采中开始引用爆破技术，极大地提高了产能。18 世纪晚期，鲁尔地区的第一个煤炭办公室成立，煤炭开采被正式纳入国家管理之中，然而受开采技术的限制，鲁尔地区的煤炭开采量依然十分有限。

　　19 世纪和 20 世纪，伴随着德国重大历史事件，鲁尔工业区开始发展壮大起来。19 世纪初期，德国处于分裂和割据状态。1815 年，德意志邦联成立，境内存在着 38 个邦国，这些邦国各自的政令和法律互不统一，由于关卡林立，极大地限制了德国资本主义的发展，严重影响了商品流通和国内市场的形成，阻碍了德国工商业的整体发展。各个邦国为了促进各自的经济发展，提高经济实力，纷纷寻找关税同盟，以废除关税、允许自由贸易往来的方式，推动邦国内经济的发展。1818 年，德意志的对外贸易统一了税率、货币与度量衡，之后先后与欧洲国家荷兰、英国、比利时、希腊和土耳其等国签订了商约，为德国与各国之间进行平等贸易奠定了基础。这些条约的建立为德国国内市场的统一奠定了基础，为德国经济的发展创造了必要条件。

　　19 世纪，德国开始进行工业革命，受工业革命的影响，德国鲁尔地区的煤矿开始进行大规模的开采。工业革命前期由于受到各种经济或政治的影响，直到 19 世纪后期，随着德意志在普法战争中取得胜利，获得了法国资源丰富的地区和巨额战争赔款，并且实现了德国统一，德国的经济发展才真正扫除了障碍，德国的工业革命随之进入快速发展时期。随着工业革命的推进和德国煤炭开采技术的提高，德国鲁尔地区的煤炭开采获得了较快发展，到19世纪末，鲁尔工业区的煤炭开采量已较19世纪初期发生了巨大变化。

第二次世界大战结束之前，鲁尔区一直被作为普鲁士王国的领地。随着该地煤炭产业的崛起，鲁尔区的规模不断扩大，大量外来移民的进入使得该地新增城镇不断涌现和增多，而鲁尔工业区由于所占面积较为广阔，因此分属两个不同的省份管辖。随着鲁尔工业区经济的繁荣，这一地区的产业发生了变化，使得这一地区的经济结构发生了相应变化，而经济结构的调整和变化又推动着工业产业结构的发展；然而，由于区域所限，这两个地区的发展均面临着复杂行政权限调整带来的麻烦。第二次世界大战后，鲁尔地区被英国占领，并开始在此设立专门的行政机构，将鲁尔区纳入统一的州政府管辖之下，明确了鲁尔地区的行政结构。统一的行政规划促进了鲁尔工业区经济的发展，使得鲁尔工业区进入了高速发展时期。

在煤炭资源开采的同时，鲁尔工业区于19世纪中叶开始迅猛发展，成为德国的能源基地、钢铁基地和重型机械制造基地，促进了以采煤、钢铁业为核心，化学、机械制造、电力等重工业崛起，形成了部门结构齐全、内部联系密切、高度集中的地区工业综合体。作为一个完全以煤炭开采和钢铁制造为核心的资源城市，鲁尔工业区于20世纪50年代末到60年代初爆发了煤业危机，继而又发生了持久的钢铁危机，最终导致鲁尔工业区的经济衰退，而经济的衰退带来了各种经济和社会问题，导致鲁尔区的煤炭企业拆除了许多大型矿井设备，大部分煤矿也彻底被关闭了。

德国鲁尔工业区独特的历史背景为德国鲁尔工业区景观设计中人文元素的应用奠定了历史基础。

2. 德国鲁尔工业区景观设计中人文元素应用的时代基础

工业革命作为人类发展中十分重要的阶段，在人类的历史发展中起着十分关键的推动作用。工业时代不可避免地遗留下来各种工业设备和为工业产业服务的设施，这些设备、设施和各种工业建筑物是工业时代的重要标志物，属于人类工业文化遗产。工业文化遗产与农业文化遗产等均属于重要的人文元素。其中，工业文化遗产包括建筑物，机器设备，车间制造厂和工厂，矿山和处理精炼遗址，仓库和储藏室，能源生产、传送和所有与工业相联系的社会活动场所，以及工业非物质文化遗产，如生产工艺、生产流程、手工技能、企业精神、企业文化等。工业文化遗产的历史、技术、社会、建筑、审美或者是科学上具有价值。

工业文化遗产具有较强的科技价值，是人类进入工业时代的标志物，标志着人类工业文明的进化，能够折射出当时的科学和技术发展状况和水平，是研究人类科学技术发展历史的重要物证。同时，工业文化遗产还具有较高的历史价值，是工业文明和人类文明发展中的必然和高级阶段，而工业时代的遗留物作为这一阶段的例证，从历史时代的角度来看，具有无法再生性和无法重复性，因此工业文化遗产的历史价值较高。除此之外，工业时代的建筑物和机器还是工业文明的重要载体，是工业社会中产生的历史文物，具有重要的文化价值。工业文化遗产中凝聚了大量科学技术信息和知识，记录了人类某一个历史时期的发展，具有较强的教育意义。

鲁尔工业区作为德国曾经的重工业生产基地，为了推动该地区的煤炭开采和钢铁、化学等行业的发展，建设了一系列工业建筑设施，包括大量重工业生产设施，以及为了实现煤炭和钢铁运输而建立的独具特色的工业铁路等，这些具有时代感的工业建筑物成为记录一个时代城市发展的主要遗迹，成为鲁尔工业区独特的人文元素。

鲁尔工业区的时代特色为德国鲁尔工业区景观设计中人文元素的应用奠定了时代基础。

3. 德国鲁尔工业区景观设计中人文元素应用的学科基础

在人类社会进入工业发展时期之际，西方生态学取得了较快发展与进步。西方生态学的发展大致经历了三个阶段，即萌芽阶段、形成阶段和发展阶段。早在古希腊时期，亚里士多德就曾对动植物的栖息地进行了粗略描述。除了亚里士多德，其学生提奥夫拉斯图斯在其所著的有关植物地理学的著作中提出了类似今日植物群落的概念。除了这两位学者，古罗马时期还出现了专门介绍农、牧、渔、猎知识的专著，表达了朴素的生态学观点，可视其为人类生态学的萌芽阶段。

自15世纪到20世纪40年代，生态学进入了形成时期，尤其是18世纪后，一批昆虫学家和动植物学家相继出现，发表了一系列研究成果，极大地推动了生态学的发展，使得现代生态学的轮廓开始形成。19世纪，由于农牧业的发展以及《人口论》《物种起源》等一系列书籍的出版，人们逐渐认识到人与环境之间的关系，促进了生态学的发展。19世纪中叶到20世纪初，农业、渔猎的发展推动了农业生态学、野生动物种群生态学和媒介昆虫传病行为的研究，促进了生态学的发展。到了20世纪三四十年代，生态学的基本概念（如食物链、生态位、生物量、生态系统等）均已形成。

20世纪50年代后，生态学进入了快速发展时期。一方面，随着生态学吸收数学、物理、化学工程技术科学的研究成果，生态学朝着更加精确定量的方向发展，并且形成了独立的理论体系。另一方面，随着工业经济的发展，自然资源、人口、粮食和环境等的问题日益突出，为了寻找生态环境发展的重要途径、依据和有效措施，国际生物科学联合会（IUBS）制定了"国际生物计划"（IBP），对陆地和水域生物群系进行了生态学研究。这一研究计划有效地推动了生态学的发展。生态学的发展为德国鲁尔工业区景观设计中人文元素的应用奠定了学科基础。

（二）项目亮点

鲁尔工业区的自然生态环境在工业革命时期遭遇了极大破坏，工业生产造成了大量环境问题，为了对当地的生态环境进行修复，鲁尔工业区在煤炭和钢铁经济衰落后开始进行生态治理和景观建设，使这一地区成为著名的工业旅游地。德国鲁尔工业区景观设计中人文元素的应用亮点主要体现在以下两个方面。

1. 景观设计与生态修复系统相结合

由于鲁尔工业区曾经的工业辉煌，遗留下来大量的工业文化遗址，这些工业文化遗址所占的地域远远超出了其他城市公园的面积。为了对这一地区的生态进行修复，德国的国际建筑展组织规划实施的"埃姆瑟公园"将鲁尔工业区埃姆瑟河河谷两岸的20个城市的工业废弃地区进行了统一规划，使其成为一个景观设计与生态修复系统相结合的景观地区，具体表现在以下三个方面。

其一，整个公园分为不同的园区，充分发挥了不同地区的生态功能。由于原来的鲁尔工业区所占面积较大，各个城区之间相距较远，其间以山水、田园和森林分隔开来，并且建立了科学园区、发展园区、服务园区、生活园区等多个小区。通过这样的分区建设，一方面将生活区与各种工厂园区分离开来，从而避免生活区受到工厂的污染，同时有利于避免生活区所产生的垃圾对其他地区生态环境造成的污染。1989年，杜伊兹堡的科学园成为鲁尔工业区转型的先锋，科学园原为精钢生产基地，之后被改建为高科技专业研发中心，并且建立了新产业培育中心。这种分片区工业景观的建设不仅最大限度地保留了工业时代的遗迹，还在恢复生态环境的基础上，通过空间的再分配和再整合，重新挖掘了该工业区除工业生产之外的新的社会需求，有效地将设计、艺术、文化和科学等集中起来，使该片区重新焕发出新的活力，从而使该地区成为20世纪末最独特的文化生活景观。另一方面，大量森林、绿色植物和田园等形成的绿色景观有利于重建当地被破坏的生态环境。另外，分区建设还有利于提高土地资源的利用效率，避免由于采矿原因而对城市的地形、地貌、植被和大气环境造成严重破坏。

其二，制定严格而完备的生态修复法律或管理标准，对地区的生态环境进行修复。在鲁尔工业园中仍然存在一部分煤炭企业等，在景观建设中，为了进一步减少这些重工业企业对生态环境的影响，采用了严格的环保措施，推广使用太阳能和风能等新型生态能源，并且制定了严格的汽车尾气排放标准。在景观设计中并没有完全摈弃工业文化，而是充分将政府和民间力量结合起来，通过适当保留工厂的方法，将现实中经过升级改造的工业与工业遗迹结合起来，采用循序渐进的方式进行工业景区改革。

其三，利用原有工厂设施进行景观设计，构建污水处理和雨水收集系统，营造典型的工业时代景象。埃姆舍河是鲁尔工业区中的三条主要河流之一，工业生产时期，该河流被倾注了许多工业废料，因此在对该地区进行景观改造时，设计师需要对该地的污水进行处理，然而设计师却拒绝重新对原工业区的工业用河渠进行设计，而是在保留原有工业区河渠的基础上，让污水从地下管道流过，同时修复老河床，构建雨水收集系统，将雨水和工业污水流入工厂中原有的冷却槽和沉淀池，经过澄清过滤后，流进埃姆舍河。由于经过处理和净化的污水还能够用于花园灌溉，因此形成了长条形水池等景观，以确保干净的水被循环利用。这种水景设计保留了工业文化元素，因此成为极具工业时代特点的生态景观。

2. 保留原有工厂设备，并将其改造成为工业时代的活的博物馆

鲁尔工业区埃森市的德国煤炭业联盟煤厂的采矿设备十分完善。在进行景观设计时，设计师并没有将这些工业设备拆除，而是将其改造成为供游客参观的体现工业时代尖端技术与生产管理的庞大展馆。这类展馆以"太阳、月亮、星星"为名，隐含着太阳为能源的源头，展览的内容则以能源和工业时代文化为主，包括与能源有关的文化、历史、神话以及环境与自然，同时隐含着将过去的重工业生产基地改建为新的能源基地的新规划。而在参观的过程中，也处处保留了原有的重工业生产设备。例如，原有的煤炭输送带被改造成游客参观时乘坐的工具，游客乘坐煤炭输送带即可进入隧道空间展馆。又如，当乘客乘坐摩天轮时，可进入炼焦烤炉的内部进行参观，使游客能够充分体会到工业时代的工业机器威力。除此之外，原工业时代高耸的烟囱被设计成为供游客观看杂技表演的重要平台；由工厂厂房改建而成的博物馆在冬天则成为供人们驰骋的溜冰场；工厂原有的职工浴室则被改建为埃森市舞蹈中心成为练习舞蹈的人和表演者聚会碰面的场所。而且其他空置的工厂作坊等也被改建成为设计感和创意感浓厚的创意场地、艺术场地甚至餐厅等，这些场地中均保留了具有时代特色的景观，成为极具人文元素的工业式景观。

第三节 西方景观设计中的文化遗产保护观念、文化景观概念及案例

自20世纪后期以来，西方社会发起了世界遗产保护运动，并建立了完善的文化遗产保护法。本节主要对西方景观设计中的文化遗产保护理念进行详细阐释，并结合实例分析西方景观设计中的文化遗产保护方法。

一、西方文化遗产保护观念的萌芽及发展

文化遗产是人类历史文明的结晶，属于不可再生资源，具有重要的历史价值和审美价值。"文化遗产应被定义为物质符号的整体。它既包括艺术品，又包括传递文化信息的象征符号。文化遗产是构成人类文化身份的载体，它赋予了每个特别的场所可识别的特征，储存了人类的历史经验。保护和保存过去的文化遗产应是所有文化政策的基石。"[1] 此外，文化遗产还是一种特殊的景观，在景观设计中需要特殊对待。

---

[1] JOKILEHTO J.A history of architectural conservation[M].Oxford：Butterworth-Heinemann，2002.

（一）西方文化遗产保护观念的萌芽

西方文化遗产保护理念的萌芽较早，早在古罗马帝国时期，政府就曾做出明确规定，新建筑必须与现存文脉相协调。继古罗马帝国之后，东哥特王国的国王狄奥多里克大帝继承了古罗马帝国的文化遗产保护精神，设置了雕塑看护官和公共建筑师的岗位，其中雕塑看护官专门照看帝国时期遗留的雕塑；公共建筑师负责管理其他的古代遗迹。在对文化遗产进行管理和照看的同时，狄奥多里克大帝还积极组织有关人员对古罗马帝国时期的输水道、角斗场、圣天使堡等古迹进行修复，而且狄奥多里克大帝对古罗马帝国文化古迹的保护是具有选择性的，在修复一些古迹的同时，还将古罗马帝国遗留下来的一些宫殿柱子或片段用于装饰自己的宫殿。由此可见，这一时期的文化遗产保护并没有统一的规则，而是源于统治者个人的意愿，保护与破坏同时存在。

除了历史文化遗产，西方社会还十分注重各种圣迹的保护。西方社会在人类社会的早期发展中产生了各种自然崇拜与神话传说，在神话传说中，涉及神灵所在的地方，自然界的山、石、树、水等均被神圣化。对于这种在历史特定时期产生的圣迹，西方社会十分看重，并有意对其采取保护措施。例如，英国索尔兹伯里附近的巨石阵被有关学者认定为史前祭祀遗迹，作为一处独特的圣迹被保存至今。除了神话传说外，西方社会还十分注重宗教圣迹的保护。例如，作为基督教最高宗教经典的《圣经》中提到的场所，后人通过建立纪念碑、柱子和庙宇等形式对其进行保护。

从景观学的角度来看，文化遗产保护原则一直被视为设计理念的重要组成部分。在 16 世纪英国的乡村庭院设计中，即存在一种"夹杂着废墟的风景"的审美趣味，具体则是将历史遗存的残垣断壁作为景观设计的要素进行陈列。例如，16 世纪，英国著名景观设计师布朗在进行景观设计时，即以地域文化和自然特征为依据。18 世纪，欧洲现代考古学的先驱德国人温克尔曼出版了《古代艺术史》一书，在此书中提出了一套古代艺术品系统研究方法，而且书中表现的古典主义美学思想对包括景观艺术在内的艺术理论审美产生了深远影响。在这本书中，温克尔曼提出了现代古迹修复的基本原则，指出："修复艺术品要受到严格的约束：事先研究风格，准确推定日期。"[①] 温克尔曼对古代艺术品的态度和理论为景观设计中的文化遗产保护提供了启发。

（二）现代文化遗产保护运动的兴起

1789 年，法国大革命爆发，这是一场资产阶级革命，这次革命彻底地摧毁了法国封建制度，同时沉重打击了教会。18 世纪 90 年代，处于革命风暴中的法国政府没收了教会、皇家和封建贵族的财产，其中包括许多私人花园或教会花园，并将这些园林景观改建为公共散步区。例如，杜伊勒里公园、皇宫公园等为不同阶层的民众提供了自由观赏和游览民族文化遗产的机会。这一时期，随着城市建设的发展，许多国家开

① 蔡晴. 基于地域的文化景观保护研究 [M]. 南京：东南大学出版社，2016：5.

始陆续开放历史园林作为公园，以推动国家的城市建设。例如，维也纳普拉特园、英国肯辛顿公园、圣詹姆斯公园、海德公园等纷纷从贵族私人园林改建为供大众参观的乐园。这一时期，欧洲著名园林理论家希斯菲尔德提出了"国民庭院"的概念，将文化因素融入自然景观建设中，以新的视觉方式表达对新民主国家的礼赞。欧洲各国在这一时期对园林的开放被视为一种对历史遗产的保护。国际保护宪章中指出，遗产属于全人类及其所在地人民，遗产保护的终极理想即免费向公众开放所有伟大的古代遗迹。

1830 年，法国成立了历史建筑总检察院，这是欧洲较早成立的、专门的官方古迹保护机构，历史建筑总检察院的第一任负责人梅里美在任职期间借助个人声望极大地推动了古迹保护与修复事业的发展。然而，这一时期的文化遗产保护仍处于一种主观评价和浪漫情感阶段，没有形成完善的保护体系。19 世纪下半叶，现代考古学的兴起和发展进一步促进了中产阶级对文化古迹的修复。这一时期的文化遗产修复以风格的纯净作为修复的最终目标，允许设计师在古迹的修复中根据个人理解对古迹进行完善，直至达到理想状态。例如，法国著名建筑师维奥莱特·勒·杜克创立的"风格修复"即属于这种修复方法。

19 世纪后期，随着科学技术和实证主义的发展，人们对历史的复杂性和客观性产生了新的理解，"风格修复"方法遭到越来越多学者和艺术家的批评，并在社会上形成了"反修复运动"。英国艺术评论家拉斯金和莫里斯指出："鉴于古代与当代在社会、经济和文化上的巨大差异，'修复到伟大的古代'的做法是不真实的、自欺欺人的行为，要想获得和古代同样的意义，就得改变社会条件。"[①]这一理念的提出使文化遗产修复以真实作为基础，推动了现代遗产保护运动的兴起。

从欧洲启蒙运动开始，西方社会的现代意识开始形成，并对上帝、理性、自然和人等观念进行了重新阐释，人们逐渐认识到任何一个时期的地域文化都有其不同的价值，并对文化和习俗的多样性、观念和价值差异性有了新的认识，对文化遗产的定义有了新的认识，对文化遗产定义的认识过程即属于"现代保护运动"。

18 世纪末期，绘画和雕塑领域掀起了文化遗产的"原真与拷贝"界定，文化遗产保护领域中的"原真性"概念因此产生，成为一种明确的定义。原真性概念是现代文化遗产保护中的重要概念，也是指导现代文化遗产保护的重要原则。1960 年，"原真性"的概念被正式引入文物建筑保护的学术领域。1964 年，《威尼斯宪章》出台，该文件是历史遗产保护领域的权威性文件，该文件对"原真性"概念进行了强调，其中指出："我们必须一点不走样地把它们的全部信息传递下去……（在使用文化遗产时），绝不可以变动它的平面布局或装饰……（在修复历史遗产时），目的不是追求风格的统一……（在对历史遗产进行补充时），而是保持整体的和谐一致，但又必须使补足的部分跟原来部分又明显的区别，防止补足部分使原有的艺术和历史见证失去真实

---

① 　J. 诸葛力多，于丽新 . 关于国际文化遗产保护的一些见解 [J]. 世界建筑，1986（3）：11.

性。"① 之后，"原真性"概念逐渐扩展到文化遗产保护的所有领域，成为遗产保护领域中的核心概念。

除了"原真性"概念，价值概念是现代文化遗产保护运动中的另一个重要概念。这两个概念的界定成为历史古迹作为国家遗产概念的基础，逐步发展出一种由国家控制并以法律为保障的遗产管理办法。

（三）世界文化遗产保护法律法规的形成与完善

20世纪30年代，雅典先后颁布了两部宪章，分别为1931年历史古迹建筑师及技师国际会议上通过的《关于历史性纪念物修复的雅典宪章》，即《第一雅典宪章》；以及1933年国际建筑会议（CIAM）雅典第四次大会上起草，1943年正式出台的《雅典宪章》，即《第二雅典宪章》。这两部宪章成为世界建筑和城市的发展领域影响深远的宪章，成为后世一系列关于保护历史建筑、城镇和街区的国际文件的先驱和源泉，以及《威尼斯宪章》的基础。这两部雅典宪章制定的出发点和目的有着较大差别，《第一雅典宪章》中制定者的关注点和落脚点为历史古迹的保护，属于对过去景观的保护；《第二雅典宪章》中制定者的关注点和落脚点为未来城市的发展及其面貌，属于对未来景观的规划。然而，这两部雅典宪章制定的保护原则却具有一致性，其所制定的文化遗产保护原则成为历史遗产保护的核心思想。《第一雅典宪章》出台后，立刻引发了意大利等欧洲国家对本国历史古迹保护条例的制定和修订，开启了国家立法进行遗产保护的时代。

20世纪60年代，联合国教科文组织（UNESCO）正式成立，并于1964年召开了历史古迹建筑师及技师国际会议第二次会议，会议上通过了著名的《威尼斯宪章》。1965年，国际古迹遗址理事会（ICOMOS）成立，这是一个国际性非政府组织，由致力于保护古迹遗址的专业人士组成。国际古迹遗址理事会提出了一系列国际古迹修复和保护的指导性文件，成为现代保护理论基本框架的指导文件。1972年，联合国教科文组织通过的《保护世界文化和自然遗产公约》成为国际公认的立法标准，多个国家先后以该公约为标准制定或修订了本国的遗产保护和登录制度及相关法律。同年，联合国教科文组织通过了《文化遗产及自然遗产保护的国际建议》（1972年11月联合国教科文组织大会第17届会议上通过），同时成立了世界遗产委员会，对具有突出价值的人类遗产进行登录保护，并列入《世界遗产名录》。1976年，联合国教科文组织提出《关于历史地区的保护及其当代作用的建议》，其中提出了在历史保护过程中注意保护生活的连续性的重要思想。1977年，国际建筑师及城市规划师会议提出了《马丘比丘宪章》，指出文化遗产保护和修复应与城市建设结合起来，使其重新焕发新的生命活力。1982年和1987年，国际古迹遗址理事会分别发布了《佛罗伦萨宪章》和《华

---

① 米歇尔·佩赛特，歌德·马德尔.古迹维护原则与实务[M].孙全文，张彩欣，译.武汉：华中科技大学出版社，2015：476.

盛顿宪章》，并对历史园林景观和城市中历史街区的特征和保护方式进行了探讨。进
入 20 世纪 90 年代后，国际古迹遗址理事会又相继颁布了《考古遗产的保护和管理宪
章》《水下文化遗产保护与管理宪章》（1990 年 10 月在瑞士洛桑召开的国际古迹遗址
理事会全体大会第九届会议上通过）等。这些国际宪章的颁布和实施对国际历史保护
事业具有重要的指导作用。

　　20 世纪末期，随着国际社会对遗产概念的认识进一步提升，联合国教科文组织于
1999 年 11 月提出"人类口头和非物质遗产代表作名录"计划，并于 2001 年公布了第
一批"人类口头和非物质遗产代表作名录"。2003 年，联合国教科文组织通过了《保
护非物质文化遗产公约》，提出了非物质文化遗产的保护原则，这一原则得到了世界
上大部分国家的认同，并以此为依据制定了本国的非物质文化遗产的保护法律和法规。
2006 年，保护非物质文化遗产政府间委员会成立，同时文化遗产的范围包含有形的物
质文化遗产与无形的非物质文化遗产成为国际共识。2008 年，国际古迹遗址理事会通
过了《关于场所精神保存的魁北克宣言》，该宣言强调场所精神包括有形和无形两种
元素，在场所的保护中既要考虑古迹、场地、景观、路线与文物的保存和维修计划，
又要保存和传播赋予场所的灵魂记忆、口头叙述、书面文件、仪式、庆典、传统知识、
价值、气味等无形元素①。

　　综上所述，历史遗产保护理念经过数十年的发展，已经初步形成了国际保护法律
法规体系，以及相对完善的文化遗产的保护理念，这些法律体系和保护理论在西方乃
至世界文化遗产的保护以及景观设计中起着十分重要的指导作用。

二、文化景观概念的形成与发展

　　1984 年，世界遗产委员会第八届大会提出，世界上完全不受人类影响的纯粹的自
然区域十分稀少，在人类与土地共存的前提下，具有普遍价值的自然地域大量存在。
1992 年，世界遗产委员会第十六届大会提出了"文化景观"的概念，并将其列入遗产
范畴。文化景观是指"自然与人类的共同作品"，属于第四种类型的世界遗产，其与
文化遗产、自然遗产以及自然和文化双遗产之间存在着一定的区别。

　　联合国世界遗产中心对"文化景观"的阐述如下："文化景观代表了《保护世界文
化和自然遗产公约》第 1 款中的人与自然共同的作品。它们解释了人类社会和人居环
境在物质条件的限制和自然环境提供的机会的影响下，在来自外部和内部的持续的社
会、经济和文化因素作用下持续的进化。文化景观应在如此的基础上选出具备突出的
普遍价值，能够代表一个清晰定义的文化地理区域，并因此具备解释该区域的本质和
独特的文化要素的能力。文化景观这个词解释了人与自然环境间相互作用的多样性。
文化景观经常反映了对土地的可持续利用的特定技术，这关系到它们所处的自然环境
的特征和限制，以及与自然的特定的精神联系。保护文化景观有助于可持续利用土地

---

① 蔡晴.基于地域的文化景观保护研究 [M].南京：东南大学出版社，2016：16.

的现代技术，能够维持和提升景观中的自然价值。传统的土地使用方式的持续存在保护了世界上许多区域的生物多样性。因此，保护传统的文化景观有助于维持生物多样性。"①

文化景观概念的提出和形成对推动文化遗产的保护奠定了重要基础。在现实社会中，不应该单独对文化景观的保护进行阐释，而应当将其置于自然遗产和文化遗产保护的共同发展视角来看。文化景观包含了人类与自然的相互作用，既反映出人与土地之间存在特有的精神联系，也反映了文化与自然交融的状态。文化遗产保护区的区域范围与人类对文化景观的理解之间存在着重要的相关关系，随着人们对文化景观的认识程度越来越高，文化遗产保护区的范围也在逐渐增加。即使是在纯粹的自然保护状态下看，也存在相应的文化景观，反映了人类从古至今利用土地的方式、方法和纪念性的场所保护观念的确立等，有利于人类对自然和文化遗产的保护。

根据美国国家公园管理局对文化景观类型的划分，文化景观可划分为历史场所、历史景观、历史乡土景观和文化人类学景观四种类型。对文化景观的保护涉及多个行业，包括景观建筑学、历史、环境考古、农业、林业、园艺、规划、建筑、工程、生态、野生动植物、人类学、古迹修复、文化地理、景观维护和管理等诸多领域。对文化景观的保护不仅应当注重对文化景观自身的保护，还应注重对文化景观所在地的保护，建立保护传统人、地关系的观念，以便在此基础上从宏观角度推动人类文化遗产保护理念的发展。

三、西方景观艺术设计中的文化遗产保护案例

希腊奥林匹亚遗址公园文化遗产保护案例

（一）项目背景

古希腊文明是欧洲文明的发源地，西方文明多自古希腊文明而来，因此西方文明有着"言必称希腊"之说。希腊文明之所以有着独特的魅力，与其所处的地理位置相关。

1. 辉煌灿烂的古希腊文明

古希腊不是一个国家，而是一个区域，位于欧洲东南部、地中海东北部，包括希腊半岛、土耳其西南沿岸、意大利东部和西西里岛东部沿岸地区。这里的海岸线十分狭长，境内多河流山川、少平原。早在古希腊文明兴起之前，这里曾经孕育了灿烂的克里特文明和迈锡尼文明。古希腊文明起源于公元前800年，直至公元前146年，整个希腊文明历时650多年，创造了辉煌灿烂的文明。

---

① 蔡晴.基于地域的文化景观保护研究 [M].南京：东南大学出版社，2016：83.

图6-2　奥林匹亚遗址公园一角

古希腊哲学是古希腊文明的重要组成部分，出现了苏格拉底、柏拉图、亚里士多德等一批在西方哲学领域极具代表性的哲学家。其中，苏格拉底开创了伦理哲学，推动了哲学从单纯对自然的研究开始朝着人本身的方向发展。柏拉图作为苏格拉底的学生，继承了苏格拉底的哲学观，其著作《理想国》《律法》，以及柏拉图与苏格拉底的对话录等成为西方哲学发展中的重要因素。亚里士多德则推动了形而上学、伦理学等哲学的发展。除了哲学，亚里士多德还在物理学、诗歌、生物学、动物学、逻辑学、政治等多个领域发表了多部著作或论文，这些著作为西方各个相关领域的发展奠定了极其重要的基础。

古希腊文学是古希腊文明的重要组成部分，流传于西方的神话大多发源于古希腊时期，这一时期的文学代表作《荷马史诗》被誉为西方文学史上最早的文学作品。除此之外，古希腊文学中的抒情诗和《伊索寓言》等被誉为全世界的经典文学。古希腊时期的雅典还诞生了三位喜剧诗人和三位悲剧大师，其中喜剧诗人包括克拉提诺斯、欧波利斯和阿里斯托芬，三位悲剧大师则为欧里庇得斯、埃斯库罗斯和索福克勒斯。在这三位悲剧大师的推动下，古希腊戏剧创造了极高的文学成就，对西方文化，尤其是文艺复兴时期的文学和戏剧产生了极其深远的影响。

除了文学与哲学，古希腊的数学也极其发达，诞生了丢番图、阿波罗尼奥斯、欧几里得、毕达哥拉斯、阿基米德等众多优秀的数学家，他们所发现的圆锥曲线、无理数和勾股定理以及穷举法、几何等成为人类数学的基础。

古希腊建筑是古希腊文明的重要组成部分，古希腊建筑大多为公共活动建筑，种类丰富多样，包括神庙、剧场、竞技场等，古希腊建筑为后世西方建筑艺术提供了许多灵感，对西欧建筑产生了深远影响。例如，古希腊的四种柱式（陶立克柱式、爱奥尼克柱式、科林斯式柱式、女郎雕像柱式），以及古希腊建筑上生机勃勃的浮雕等为西方各个时期的建筑提供了灵感。比如，文艺复兴时期、巴洛克时期、洛可可时期、集体主义时期均曾吸纳古希腊建筑文化而创造出独具特色的建筑风格和文化。

古希腊人十分喜爱运动，早在公元前8世纪前，古希腊就开展了奥运会比赛项目，古希腊这种独特的体育文明为后世风靡全球的奥林匹克运动的诞生奠定了基础。现存的希腊奥林匹亚村是在古希腊的古奥运会遗址上建立的。

2. 希腊文化遗产保护体系

虽然古希腊文明已成过去，但却遗留下了丰富的文化遗产，其中包括德尔菲遗址、迈锡尼古遗址、埃匹道鲁斯古剧场、雅典卫城、雅典国家考古博物馆等。数千年来，古希腊的文化遗产受风霜侵袭，大多已湮没在风尘中。为了对古希腊文化遗产进行有效保护，希腊制定了完善的文化遗产保护体系。其具体包括以下四个方面。

其一，建立完善的法律法规。为了保护古代文化遗产，希腊一方面参考了欧洲其他国家的文化遗产保护方案，另一方面结合其自身的历史文化特点和国情，颁布了一系列文化遗产保护法律和法规，主要包括古物保护、古物进出口、古物收藏、考古发掘、古物交易、古物经营等方面。除了国家颁布的法律和法规，希腊地方行政部门还以行政命令等方式颁布了多条政令，对文化遗产保护的细则进行了详细规定。这些地方政令与国家法律法规一起构成了完整的历史文化遗产保护法律法规制度体系，为希腊文化遗产的保护奠定了制度基础。

其二，保护第一，利用第二。由于历史文化遗产具有不可再生性，一旦遭到破坏或损毁，就无法再复原，而历史文化遗产损坏后所造成的损失是难以估量的，因此希腊政府和民众达成一种共识，即破坏文化遗产就是丢弃历史。出于对文化遗产的保护，希腊成立了专门的文化遗产管理部门。希腊在对文化遗产进行保护的同时，为了让后人了解希腊灿烂的文化，还成立了专门的旅游部门，以加强对文化遗产的利用，发展希腊旅游业。在发展旅游业的同时，仍然将文化遗产保护放置于第一位，通过实行多种票价、轮流开放、预约制和人数控制等措施，减少旅游业对文化遗产所带来的伤害，从而极大地保护了希腊的文化遗产。

其三，将对文化遗产的保护拓展至对整个遗产环境的保护。文化遗产作为文化实体，并不是凭空出现的，而是存在于一定的时空环境中。为了保持文化遗产与其所处环境的一致性，希腊在对文化遗产本身进行保护的同时，还十分注重对文化遗产的周围环境进行保护。希腊对文化遗产进行保护对十分注重真实性原则，禁止做任何添加和重建，从而最大限度地保持文化遗产的真实性和历史完整性。另外，希腊在对文化遗产进行保护时，为了保护整个遗产环境，设置了200米至5 000米的文化遗产缓冲区。在文化遗产的缓冲区中，不允许拆除任何古老建筑，也不允许建立任何新建筑，同时禁止进行考古挖掘。这种严格的制度为希腊文化遗产保护提供了良好的环境。

其四，引进国际保护组织，共同对文化遗产进行保护。对文化遗产的保护是全世界共同面临的问题，需要大量的技术、金钱、专业人才队伍作为支撑。在古希腊璀璨的文明留下了数不清的文物和文化遗产，这些文化遗产不仅是希腊人的文化遗产，还是全人类共同的文化遗产。为了充分对这些文化遗产进行保护，希腊不仅注重调动和发挥本国专家和政府、民众的力量，还十分注重引进国际先进技术和经验，同时邀请国际文物保护专家与学者充分参与到希腊文化遗产的保护与研究中。例如，西方国家中的英国、法国、德国、美国等均在希腊设立了雅典研究院，在对古希腊文化进行研究的同时，加强对希腊文化遗产的保护。

（二）项目亮点

希腊奥林匹亚遗址公园得名于希腊传说中诸神聚会的奥林波斯山，其中的奥林匹亚圣地建筑建设于公元前 2000 年至前 1600 年，这里是古希腊时期宗教祭祀和体育竞技中心之一，也是奥林匹克运动会的发源地。西方社会中关于奥运会的起源说法不一，然而以体育竞技比赛为主的古代奥运会确实存在。根据历史记载，自公元前 776 年至 393 年，古代奥运会共历时 1000 余年，而且从没有中断。公元 6 世纪，河水泛滥和大地震摧毁了矗立的宏伟的宙斯神庙、赫拉神庙等建筑，只留下少数石柱、台阶和遍地的建筑部件，形成了希腊奥林匹亚遗址公园。自 18 世纪以来，经过西方考古专家的发掘，发现了位于此地的宙斯神庙（见图 6-3）等建筑，引发了全世界轰动。为了对希腊奥林匹亚遗址公园进行保护，希腊出台了多项政策，使得希腊奥林匹亚遗址公园作为一处文化遗产景观呈现出独特的亮点。

1. 坚持真实性原则

真实性是世界人文遗产保护的重要原则，也是希腊文化遗产保护重要的准则。希腊奥林匹亚遗址公园作为希腊最重要的文化遗产之一，也以真实性作为文化遗产保护的第一原则。由于希腊奥林匹亚圣地建筑毁于地震，出于真实性的目的，这里的一切均没有经过现代化的整理和美化，而是让其保留了被地震损毁时的真实状态。因此，遍地落满了各种古建筑的残缺零件，到处是残垣断壁，这些残存的建筑零件与广场上矗立的孤零零的石柱，以及周围青草稀疏、土石裸露的荒山共同形成了一种令人震撼的残缺之美。这种满目疮痍的残缺之美为人类带来了独特的景观体验，呈现出一种原汁原味的古朴景观。当人们处于这一空间之中时，常常会涌上极其复杂的情绪。

为了更加真实地展现希腊奥林匹亚圣地的状态，希腊奥林匹亚遗址公园在真实地展现被损毁时各种破碎的、倒地的建筑时，还将原有建筑的图像印在牌子上，并且附加了遗址的详细介绍，这种真实的与曾经的历史图像的对比更能够引发人们的唏嘘和感慨，使得希腊奥林匹亚遗址公园体现出独特的魅力。

图 6-3　奥林匹亚遗址公园宙斯神殿

　　为了遵循真实性的保护原则，希腊政府对遗址周围的环境进行了保护；为了使遗址所在的雅典卫城整体的环境风貌更加具有历史气息，希腊政府拆除了遗址周围三层以上的所有建筑，并且不允许在其周边建设任何建筑项目。除此之外，在对遗址进行修复时，坚持真实性原则，将散落的柱子等构件找回，并按原貌摆放；遵循"修旧如旧"的原则，不添加任何材料，同时也不减少任何材料，营造了一种浓厚的历史气息。在对奥林匹亚遗址公园进行修复时，根据不同的材质，采取不同的技术处理方法，使用新材料对原有建筑进行修复，保留了原有建筑的缺憾之处。

2. 坚持人文精神

　　古希腊文明作为西方文明的发源地，承载着西方人对历史的崇敬之情。希腊在进行文化遗产保护时十分注重人文精神。希腊境内各种文化遗产十分丰富，这些文化遗产具有极强的人文特性，蕴含着十分丰富的文化意义。希腊奥林匹亚遗址公园不仅是古希腊奥林匹亚圣地所在地，还是古希腊神话传说中重要的圣地，是众神聚会之所，也是古希腊举行大型祭祀和祈祷的场所，以及古代运动员比赛和颁奖的地方，具有多重人文意义，体现了多种文化精神。受大洪水和大地震的影响，希腊奥林匹亚遗址公园充斥着各种文化遗迹。在进行景观展现和保护时，希腊并没有出于商业目的或经济效益对文物古迹进行包装，而是杜绝一切现代建筑的延展，坚持做小做强的原则，不在遗址中设立过多的现代因素，坚持人文精神，充分维护遗址的历史感。希腊奥林匹亚遗址公园被誉为世界七大奇迹之一，然而整个遗址所在地到奥林匹亚城只有一条商业街，这种减少商业氛围、增加人性的方法使得整个希腊奥林匹亚遗址公园景观呈现出一种特有的、浓厚的历史氛围。

3. 构建村落特色保护原则

对希腊奥林匹亚遗址公园景观的保护中还体现出特有的村落特色保护的原则。希腊奥林匹亚遗址公园位于奥林匹亚城附近，当地村民被组织起来，对希腊奥林匹亚遗址公园进行充分保护。希腊奥林匹亚遗址公园景观的这种村落特色保护原则与希腊当地的文物法律和法规有关。希腊文物法律规定，古物属于所有市民共有。因此，所有新发现的古代文物或历史遗迹等都须通过电视、报纸等各种传播渠道告知社会，不得隐瞒。除此之外，希腊为了对境内的文化遗产进行充分保护，从小抓起，通过学校教育使每个希腊人均对希腊古典主义文化进行学习，从小培养希腊人对本国文化和艺术的珍视心理，并且通过历史学习等培养希腊人的历史意识，以达到尊重遗产、维护遗产的连续和传承性等目的。这些措施使得希腊人担负着保护文化遗产的责任。

希腊奥林匹亚遗址公园景观的村落特色保护原则主要体现在以下四个方面。

其一，将历史凭吊与旅游分开。希腊奥林匹亚遗址公园景观作为古希腊最富特色的景观和世界七大奇迹之一，吸引了大量世界各地前来参观和旅游的人，为了充分保护奥林匹亚遗址公园景观，该遗址公园中并没有设立报纸亭和小卖部等任何具有商业行为的店铺，以此杜绝游人将其视为旅游地，只供游客前来此地凭吊历史，从而营造了一种特有的历史的静谧之感。除此之外，遗址公园内的各种破损建筑碎块看似随意摆设，实则具有一定的章法，一旦游客进入非规定的路线，立刻会有村民上前阻拦。在遗址公园外距离不远的地方则设立了多种旅游设施，以为游客服务，旅游地和遗址公园的分开构建了静谧和喧闹两个完全隔绝的空间。

其二，文物与遗址景观分开呈现。希腊奥林匹亚遗址公园作为世界上最重要的文化遗产之一，在保留遗址原貌的前提下，为该遗址发掘出来的各种文物建立了专门的历史博物馆进行展出。历史博物馆并没有建设在遗址公园内，而是分而设之，这样既有利于对遗址公园景观的保护，又能够实现文物保护的目的，还可满足旅游的需要。

其三，严格控制村落规模与建筑的高度和密度。希腊奥林匹亚遗址公园位于希腊奥林匹亚村落，这个村落十分小，只有1 000多人，每年接待来自世界各地的游客数十万人，然而为了保护希腊奥林匹亚遗址公园的景观，该村落并没有扩大规模，而是在村落中设立了一条道路，保留着数百年前的村落面貌。这种极具历史感的小村落与希腊奥林匹亚遗址公园的历史与静谧如出一辙，构建了极具特色的文化遗产村落。

其四，在希腊奥林匹亚遗址公园景观内部开展生态建设。希腊奥林匹亚遗址公园十分注重周围的绿色生态建设，在遗址内部的宙斯神庙、赫拉神庙和训练场、竞技场形成了郁郁葱葱的森林和橄榄树林，使得废墟中的断壁残垣掩映在重重绿荫之后，营造了一种独具特色的历史感。此外，遗址内部还设有大片草坪，形成了既有历史沧桑感，又具有整洁性的景观。2007年，希腊境内森林火灾烧毁了奥林匹亚遗址公园周围的林地后，为了营造良好的遗址环境，希腊政府对废墟进行清理后，又重新种植了大片树木。

第七章 西方现代景观设计的新趋势

第一节 西方现代景观设计的生态化发展新趋势

自19世纪以来，随着工业经济的持续发展，自然生态环境遭到了较大破坏，环境问题引发了全世界的关注，并成为人类未来发展的核心问题之一。西方现代景观设计为了维护人与自然的和谐发展，避免对自然生态环境造成破坏等，在未来发展中必然要顺应自然生态化发展的趋势。

一、西方现代景观设计的自然生态化趋势

西方现代景观设计的自然生态化趋势是由未来城市的发展趋势和生态化社会思潮等决定的。

（一）未来城市的发展趋势

城市是人类文明的重要体现，能够给人类带来高效化和现代化的生活，然而城市文明并不是一个独立并且自我维持性较高的系统，而是必须依赖其周边的地区，才能获得足够城市发展需要的食物、空气和水，以及城市建设中所必需的各种资源。与此同时，城市在发展的过程中还会产生大量的垃圾，对其自身和城市周围的环境造成极大的污染。与乡村相比，城市对自然环境的影响具有十分重要的作用，城市的蔓延与扩张不断吞噬着其周边的土地、水和能源，而现代城市居住模式使人们在生活和工作中对汽车等交通工具过分依赖。除此之外，城市作为人类物质文明和物质财富的聚集地，集中了人类生活和发展所需要的各种资源，因此吸引了大量人群的入驻。城市中的人口众多，城市建筑的高耗能，以及生活污染和现代工业污染等造成了严重的环境问题。这些环境问题对城市的自然系统产生了毁灭性的影响。

纵观西方城市景观设计的发展历程，自然生态理念在其中起着十分重要的作用。早在原始社会时期，人类经过长期的摸索形成了一种朴素的生态思想，在靠近河流、湖泊等地建立了城市聚落。在人类文明的发展过程中，人类从城市发展的环境因素入手，对城市的形态、布局和选址等进行研究，体现出了因地制宜、结合自然的城市建设思想，并且从地形、道路、朝向、阳光、风向、雨水、污染等角度对城市建设进行

分析，提出了多种城市发展模型。中世纪，城市多选择在资源丰富、地势险要、气候宜人的地区进行建设与发展，体现出较强的尊重自然的思想。文艺复兴时期，随着市民阶级的需要，在城市建设中加大了公共建筑和广场的建设，在城市的空间布局上体现出一定的生态思想，注重协调城市与自然的关系。

随着18世纪中叶西方工业革命的兴起，极大地提高了社会生产力，随着社会生产力的提高，人类改造自然的能力也得以提升。人类对自然的依赖逐渐下降，从自然的适应者和服务者逐渐变成自然的领导者和征服者。可以说，工业化极大地改变了城市与自然的关系。19世纪以来，随着西方工业化的发展，城市的迅速扩张，开始体现出对自然的严重破坏。对此，一些有识之士意识到了城市发展对环境所造成的破坏，因此开始提出城市建设中的自然保护问题。

20世纪上半叶，现代城市开始进入蓬勃发展时期，钢的大量生产、电的普及和石油进入能源领域等极大地推动了城市的发展，导致城市规模迅速扩张。为了解决城市发展过程中出现的种种问题，许多城市通过加大对城市的剥削程度，而集中更多优势资源进行城市发展。

城市作为人类文明的产物，其受人类活动的影响较为深刻。在城市中，由于人类居住和办公的需要，大量土地被人类居住区、工厂、各种设备和设施以及建筑物所覆盖，自然界中的野生动植物的栖息地逐渐减少，极大地影响了本地生物多样性的发展，容易造成本地生物种类减少，与此同时，外来物种的引进较少，从整体上不利于生物多样性的发展。另外，城市的水体不同于自然界中水资源的自然河道等，而是多为人工建设的河道、水渠、管道等，且大量的水体位于地下，流经于各种管道之中，这使得自然界中的水体生态系统遭到了较大破坏，导致城市中的湿地减少或消失，城市热岛现象突出，空气污染十分严重。此外，人类出于交通便捷、减少尘土等需要，对城市中的路面大多进行了硬化处理，这不但使大量植物或动物难以在城市路面上生长或生活，而且由于路面缺少足够的渗透能力，导致雨水或雪水不能够在极短的时间内渗入地下，从而造成城市下游出现洪涝灾害。同样，由于自然界的河流具有相通性，因此城市中受到污染的水体排放到自然界的河流中后会对自然界的水体造成较大污染。自然界水体污染不仅不利于自然界中生物多样化系统的形成，还会对人类生存所必需的水源进行污染，不利于人类的身体健康。

城市集中了大量人口，这些人口对城市中的各种资源产生了大量消耗，如立体化的城市交通设计对能源的损耗，城市建筑对能源的损耗等。城市能源的大量损耗不利于城市的可持续发展。城市的可持续发展表现在生态方面，即建设良好的城市生态环境。自20世纪初期以来，随着《进化中的城市——城市规划与城市研究导论》《拥挤无益》等一系列书籍的出版，西方学者用可贵的探索精神不断寻求城市与自然和谐发展的方法。第二次世界大战后，随着西方各国经济的复苏，各国经济进入飞速发展期，尤其是城市工业获得了较大发展。随着20世纪能源危机的爆发，引发了西方学者对城市能源问题的思考，使西方的城市发展观念进一步转变，开始朝着可持续的方向发展。

进入 21 世纪以后，西方城市生态系统更加完善，在城市建设中更加注重人与自然的和谐，而这种未来城市的发展趋势决定了西方现代景观设计的自然生态化趋势。

（二）生态化社会思潮

20 世纪 60 年代，由于工业化发展过程中产生了大量环境污染和生态破坏问题，导致自然生态环境遭到了较大破坏，对此，1968 年，美国加利福尼亚大学的学生发起了生态运动。生态运动作为一种社会思潮，迅速向欧洲和西方各国蔓延。之后，随着 20 世纪七八十年代社会上的反战运动、反核运动等的兴起，世界各地成立了多种组织，对人类所生存和发展的社会环境进行关注。例如，西欧保护生态青年组织联合组成西欧保护生态青年。伴随着生态学的发展和各种生态技术的突破，生态运动朝着更加深化的方向发展。与此同时，由于各个学科对城市生态学的关注，城市生态学开始朝着细化的方向发展，呈现出多元发展趋势。城市生态学是生态学的一个细分学科，是用生态学的原理来自觉地规划、建设和管理城市，建设生态城市。在城市生态学的影响下，20 世纪城市景观设计的发展开始从唯美主义朝着自然主义的方向发展，从形态设计向生态设计转变，从而兴起了城市自然保护的潮流。在这一景观设计理念的影响下，澳大利亚、英国、美国、德国等国家的景观设计均展现出较强的自然生态化的特点。

进入 21 世纪后，自然生态思潮仍然是指导城市设计和自然设计的最为重要的社会思潮之一，也是西方景观设计思想最重要的趋势之一。

二、西方现代景观设计的自然生态化发展趋势着眼点

西方现代景观设计的自然生态化发展趋势着眼点主要表现在自然生态景观设计中的动力系统、自然生态景观设计中的材料选择和自然生态景观设计中的生物特征三个方面。

（一）自然生态景观设计中的动力系统

所谓动力系统，是指能够在特定的环境中产生动力的元素，既包括煤炭、石油等传统动力资源所构建的动力系统，传统动力资源具有污染性强、对自然生态系统的破坏性大等特点；又包括风能、水能、太阳能等新型洁净能源所构建的新型动力系统，新型动力系统具有污染性小、对自然生态系统的破坏性较小的特点。

自然生态景观设计中的动力系统主要是指新型动力系统，即取自大自然的风、水、云、雨、雷、电等各种自然现象，依靠新型动力系统所构建的景观具有对环境无害或危害性小的特点，是构建自然生态景观的理想动力系统[①]。其中，太阳能是指太阳光的辐射能量，通过对太阳能的被动或主动的转换可以为人类提供热动力和光伏电能。

---

① 王坤岩，杜凤霞. 城市公共基础设施效益三维度评价研究 [M]. 北京：企业管理出版社，2017：157.

利用太阳能发电具有安全可靠、无噪声、无污染、制约少、故障率低和维护简便等优点。例如，美国哈佛大学设计学研究院为罗德岛普罗维登斯菲尔德角设计的光导纤维湿地系统就是利用太阳能发电技术所获得的太阳能在污染严重的湿地岸边建立的鳗草湿地生态系统。由于该湿地水中生长的大量藻类严重阻止了太阳紫外线的穿透，而导致重要的附生植物、微生物和鳗草将无法生存，因此当地湿地中野生动植物所必需的食物链遭到了破坏，使得该地的野生动植物大量消失。利用太阳能发电技术建立的鳗草湿地生态系统有利于该地食物链的修复，从而促进了当地野生动植物的繁殖，重新建立了生态系统。

风能是指地球表面大量空气流动所产生的动能。风是由于太阳辐照后的气温变化不同，空气中的水蒸气的含量不同，因此引发不同区域气压的差异，导致水平方向的高压空气向低压地区流动。风能资源具有清洁度高、安全和动力强的特点。在西方现代景观设计中常常作为重要的动力系统而构建景观。例如，在德国慕尼黑建筑部行政大楼的庭院设计中，即安置了一个将无形无影的自然界的风集中起来，为庭院提供动力的系统。在这一设计中，设计师将建筑塔顶墙体保护设施内的叶轮作为风力能源的重要装置，同时建立了一个连接着风力装置和旋转台的设备，这二者结合起来共同为社会建筑提供了足够的动力支持。从外观上来看，该风能动力系统与绿色的草坪和圆形的转台连成一体，与周围的道路、树木，甚至建筑相结合，构成了一种极具魅力的景观。该景观乍看与普通景观并没有鲜明的区别，然而，身处其中就能够感受到该景观处于缓慢的旋转之中。又如，瑞士温特图尔建筑在其中一个建筑立面上安装了80 000个风力板，这些风力板装在具有摩擦性的铰链上，空气中的风能可以推动风力板铰链运动，从而产生一定的动力。从外面看，该建筑是由风力板组成的立面，能够反射阳光，在风力的作用下形成了一种极具特色的、动态的、无形的、不同于普通建筑坚实不动的立面，从而成为一种极具液体风格的建筑墙面。

水体是西方现代景观设计中应用较多的元素，同时水体产生的能源属于新型能源，具有清洁度高、污染性小的特点。城市水体建设一直是西方城市景观建设的重点和热点。除了城市景观建设，水体作为重要的新型能源，以其为核心设计的防洪发电设施也是一种独特的景观。为了将水资源转化为动力，人们发明了大坝。例如，荷兰三角洲挡潮闸工程被誉为"世界第八大奇迹"，这一水利工程系统一方面是为了防止荷兰受到风暴和巨浪的袭击，另一方面是为了改善当地的水平衡，促进水电能源的利用，因此在莱茵河、马斯河和斯海尔德河的入海口修筑了一个由堤防闸坝组成的庞大防潮抗洪系统。鹿特丹新水道挡潮闸是其中最受瞩目的工程景观。

鹿特丹新水道挡潮闸位于鹿特丹新水道河口，从外观上来看，由两个高大的支臂组成，支臂顶端各装有一扇弧形闸门，当这两个庞大的支臂在河中心合拢时，即可起到封闭河道的作用。当开闸时，可以先将闸体内的水排出，使其浮起，然后随着其支臂的移动再将其浮移回原停靠位置。鹿特丹新水道挡潮闸既具有较强的生态保护功能，又可以保证人们的生命财产安全，有利于该地区自然生态环境的可持续性发展。

除了鹿特丹新水道挡潮闸等调洪排涝、水力发电景观，水能的利用还可改变局部区域的小气候。例如，德国斯图加特自治中心建筑的屋顶安装了人工造雨系统，借助电脑的操作和控制即可短暂降雨，从而对当地的局部湿度进行调整。在人工降雨时，还可通过电脑程序的编排，对降雨量和雨的形态、声音效果进行设计，从而实现自然生态保护功能。除了生态功能，从外观上来看，该支臂利用灯光、反射和水体共同组成了极具特色的景观，呈现出较强的艺术功能。

（二）自然生态景观设计中的材料选择

所谓材料，是指经过某种加工，具有一定结构、组分和性能，并可应用于一定用途的物质①。在景观设计中，按照材料的用途可以划分为结构材料和功能材料两种类型，其中结构材料侧重对材料强度、韧性、力学及热力学等性质的运用；功能材料则是指材料的声、光、电、磁、热等性能。建立景观时所应用的材料既包括植物、水、山、石等自然界中可以获得的材料，又包括传统的金属材料、有机高分子材料、无机非金属材料及复合材料，还包括高性能结构材料、新型建筑材料、先进陶瓷材料、新型功能材料、复合材料、纳米材料、智能材料、电子信息材料、新能源材料、生态环境材料等新型材料。无论是哪一种材料，均在现代景观设计中起着极其重要的作用。

从材料的质地看，景观材料可以划分为软质景观材料和硬质景观材料。硬质景观材料这一概念最初是由英国学者盖奇和凡登堡在其著作《城市硬质景观设计》中提出的，这本书认为的硬质景观包括道路环境、活动场所和以景观设施为主的景观。与硬质材料相对的软质材料则为植物、水体和人体可以充分感知的风、雨、阳光和天空等。在现代景观设计中，硬质景观材料和软质景观材料通常按照优势互补的原则进行设计，通常将两者充分结合起来而发挥景观的实用功能和艺术功能。无论是硬质材料还是软质材料，在未来景观设计的使用中应先遵循生态化的原则，减少对生态的破坏。与此同时，为了适应未来景观设计的需求，景观材料还应朝着高性能化、复合化和智能化的方向发展。其中，景观材料的高性能化是通过新工艺、新技术和新设备生产，不断提升景观材料的强度、刚度、韧性、耐高温、耐腐蚀、高弹、高阻尼等功能，同时降低成本和对资源以及能源的损耗，发挥材料的多种功能。

复合化景观材料是从材料本身的功能角度出发进行的优化，单一材料在具有某种优势的同时，也有着各自的缺点，这些缺点在一定程度上制约着材料的使用。复合化的景观材料是通过将两种或两种以上不同的物质以多种方式组合成的一种全新的复合材料，这种材料通常具有重量轻、强度高、加工成型方便、弹性优良、耐化学腐蚀和耐候性好等优点，在景观设计中，逐渐取代了传统景观材料中的木材或金属材料，被广泛应用于各种景观建筑中。

智能化景观材料是指能够有效地利用感知功能获取损伤信息而在最佳条件下有意

① 王吉会，郑俊萍，刘家臣登. 材料力学性能原理与实验教程 [M]. 天津：天津大学出版社，2018: 2.

识地调节、修饰和修复的材料①。智能化景观材料通常通过内置传感器等方式，使其具有较强的敏感性，随着外部环境的改变而产生一定的变化，从而达到理想的景观设计效果。

（三）自然生态景观设计中的生物特征

自然生态景观设计中的生物性特征是指随着生物技术的发展和环境科学技术的发展，越来越多的西方景观设计师开始探索生物技术在环境保护方面的效果。其中，一些学者注意到了生物技术在环境中的作用，开始推动环境生物技术的发展。近年来，在生物技术、工程学、环境学和生态学多种学科的发展中，逐渐形成了一门跨四个学科的交叉学科，即环境生物技术学。环境生物技术即利用微生物在自然界生态系统中所起的重要作用，对受到污染的生态环境进行修复的同时，对生态环境进行保护。环境生物技术具有速度快、消耗低、效率高、成本低、反应条件温和以及无污染等优点，在进行环境修复和环境保护中具有十分重要的作用。

环境生物技术近年来多应用于基因工程微生物、优选微生物菌株和生物传感技术等领域。近年来，一些景观设计师创造性地将环境生物技术应用到景观设计中，对受污染的生态环境进行修复。具体来说，环境生物技术在生态景观中的应用主要表现在以下三个方面。

其一，净化污水系统。现代工业社会在进行重工业生产和化学品生产的过程中，由于各种酚类、重金属、有机磷、有机汞、有机酸、氰化物、醛、醇及蛋白质等有毒物质的渗入，水体遭受了较为严重的污染。在对此类有毒污水的处理过程中，一些传统的污水处理方式无法对此类污水进行有效处理。然而，生物技术却可以通过微生物的活动，将污水中的有毒物质转化为有益的无毒物质，从而达到较好的污水净化效果。生物技术主要依靠固定化酶和固定化细胞技术对污水进行生物净化，"固定化酶又称水不溶性酶，是通过物理吸附法或化学键合法使水溶性酶和固态的不溶性载体相结合，将酶变成不溶于水但仍保留催化活性的衍生物，微生物细胞是一个天然的固定化酶反应器，用制备固定化酶的方法直接将微生物细胞固定，就是可催化一系列生化反应的固定化细胞"②。固定化酶和固定化细胞技术均属于酶工程技术。

其二，修复受污染的土壤。现代工业社会对土壤的污染十分严重，主要的土壤污染物为重金属污染和废弃材料污染。重金属污染的土壤不易修复，导致这些被污染区域只能被废弃，然而如果使用生物修复，则可以充分借用微生物和植物的作用减少土壤中的重金属含量，以达到土壤净化的重要目标。生物修复土壤可以通过微生物和植物的吸收和代谢，从而起到对重金属的削减、净化与固定作用。除现代工业社会对土壤的污染外，现代农业中大量使用不可降解的塑料和农用地膜，这些材料残存在土壤

① 张小溪.生态景观设计的反思文化危机与人文重构 [M].长春：吉林美术出版社，2019：117.
② 任刚.景观生态设计的技术解析 [D].哈尔滨：哈尔滨工业大学，2010：78.

中，常常会引发环境破坏，从而导致农作物减产。除此之外，由于大量化学用品的残留，农业土壤中容易残存着大量的有毒物质，导致土壤受到污染。为了对这些受到污染的土壤进行修复，可以采用生物工程技术，在使用微生物对塑料和农用地膜进行分离和降解的同时，又可以通过分离克隆降解基因将该基因导入某一土壤微生物中，如此双管齐下，即可实现塑料和农用地膜迅速降解。除了对受污染的土壤进行修复，使用生物技术还可以充分激发微生物的活性，固定土壤，防止水土流失，最终起到改善土壤生态结构的作用。

其三，消除化学污染。化学污染是指在工业生产或现代农业生产中使用大量的化学药品，从而造成的污染，化学药品对土壤进行污染后，有毒物质会长期残存于土壤中，对土壤进行持续危害[①]。此类化学药品能够对生态系统产生滞留毒害作用，导致粮食减产，甚至有毒物品会对生长在该土地上的农作物产生极大的危害，导致农作物中的农药残留超标，对食用该农作物的人群造成伤害。使用微生物技术生产的农药是在化学农药上的升级，该药品主要由微生物或植物等的代谢产物组成，不但具有较强的防止病虫害和除杂草等功能，而且受到污染的土壤能够通过生化反应改变其中的有毒物质的化学分子结构，从而达到较好的降解、除毒效果。

自20世纪以来，随着生物技术的发展，西方一些景观设计师已通过在景观设计中引入生物技术而对受到污染的土地进行生态修复，并且取得了较好的生态效果。例如，澳大利亚悉尼市的英国石油公园原为20世纪初期的巨大储油基地，该地区为了适应储油基地的发展，破坏了原生林地和原有地基，当地的土壤还受到了严重污染。在建设景观公园时，为了彻底修复受污染土壤，当地景观设计人员和施工人员并没有将被污染土壤全部挖掘并且填埋处理，而是使用生物工程将受污染地区的土壤表层剥除，并且将这些表层土壤堆积在土地上，在其中加入含有微生物的有机质，之后进行多次翻转，以便该土壤中的有机质充分渗入。数月之后，经检测，这些土壤中的有毒物质含量极大减少，符合要求后，在其上种植了近万株树木。之后经过数十年的发展，该地原有的被污染土地获得了修复，原有的储油基地上的残留物全部消失不见，成为一个树木遍布、花木繁盛、草坪遍布的休闲环保公园。在对土壤进行修复的同时，该公园中的景观还保留了一定的工业时代的景观，给人以生态与文脉相结合的独特印象。

综上所述，未来社会为了实现景观设计的发展，在设计理念不断更新和设计技术不断发展的同时，景观设计的材料也正处于不断的更新换代中，因此景观材料的发展和改革也是未来西方现代景观设计的重要趋势之一。

---

① 李士青，张祥永，于鲸.生态视角下景观规划设计研究[M].青岛：中国海洋大学出版社，2019：124.

第二节　西方现代景观设计的技术化发展新趋势

西方现代景观设计经过 20 世纪的多种变革与创新探索，无论在景观设计理念上，还是景观设计技术上，均体现出全新的发展趋势。

一、景观技术的概念及其发展

景观艺术的建设只有依赖一定的技术才能呈现出来，因此景观技术的革新与发展在西方现代景观设计中起着十分重要的作用。纵观西方景观设计的发展，呈现出由简单到复杂、由易到难的发展特点，而在这一发展特点背后，则源于景观技术的支持。

例如，早在 17 世纪，西方一些景观艺术家即开始借助现代技术手段进行景观设计。在凡尔赛宫花园的建设中，设计师安德烈·勒·诺特使用了当时十分先进的测量术和水利工程技术设计喷泉，这在当时的景观设计中还较为罕见，甚至引发了当时的法兰西国王路易十四的极大关注。随着 19 世纪尤其是 20 世纪各项新技术的发明和各项景观设计新思潮的此起彼伏，西方景观艺术对新技术的应用也越来越广泛。西方一些学者注意到了技术在景观艺术设计中的作用，并从不同角度对景观技术进行了阐述和总结。例如，西方学者罗伯特·霍尔登在其所著的《新景观设计》一书中，在对西方场地艺术、极简主义、后工业化景观和生态多样性景观实例进行分析与研究后，对景观设计的技术进行了较为系统的研究。

现代西方景观技术的发展和革新与现代社会科学技术的迅猛发展息息相关。西方景观技术自工业革命以来取得了较大发展，18 世纪，随着工业革命在西方的崛起，现代科学技术取得了一系列成果，对人类的生产和生活方式以及生存观念与意识产生了较大的影响，改变了人类的生存与发展理念，同时为现代景观技术的发展奠定了良好的基础。19 世纪，随着西方工业革命的迅速发展，西方现代环境科学、材料技术、加工工艺和现代建筑技术均取得了较快发展，反映在现代景观设计领域中，对现代景观设计的观念产生了影响的同时，也对西方景观技术的发展起到了良好的推动作用。进入 20 世纪后，生态理念和生态技术的创新和发展，地理信息技术的发展以及信息技术、环境测评与保护技术、3S 技术和 VR 虚拟现实技术等技术的发展与进步，为现代西方景观技术的发展与革新奠定了良好的基础。除此之外，随着施工技术、新材料研发、材料加工技术与施工工艺的不断更新，西方现代景观设计技术也取得了长足的发展。

二、西方现代景观技术革新

西方现代景观技术革新体现在多个方面，本节主要对棕地景观技术革新、商业景观技术革新和城市景观技术革新的趋势进行详细分析。

（一）西方棕地景观技术革新趋势

所谓棕地，是指工业废弃地，这些废弃地由于受到工业时代的种种污染，生态环境较差，然而却具有较强的再利用和再开发的价值。自19世纪以来，随着西方工业经济的发展，西方各国的生态意识逐渐增强。进入20世纪后，西方各国逐渐开始对工业废弃地进行各种利用，建设了多样化的工业文化景观，并对工业废弃地的生态环境进行了修复。尤其是德国鲁尔工业区、美国西雅图煤气厂公园、法国拉·维莱特公园、北杜伊斯堡景观公园、美国纽约高线公园、德国沃尔夫斯堡市大众汽车城主题公园、意大利都灵工业遗址公园等一系列西方现代工业景观的建立，极大地推动了棕地景观设计的发展。

一方面，棕地景观设计对受到污染的土地进行重新再利用，使得这些土地重新焕发出新的生机，节约了土地资源，而且棕地景观设计通常还与生态恢复联系在一起，取得了较强的生态效果，符合当前世界自然保护观念和节约资源的总体趋势。另一方面，棕地景观设计还具有较强的人文特色，通常是在对当地旧有设备和设施进行再利用的基础上，建设具有工业时代文化特色的景观，体现出人类独特的工业文化之美，因此也符合当前世界文化遗产保护趋势。鉴于以上两个原因，西方棕地景观设计呈现出良好的发展态势。

由于棕地景观设计具有一定的生态功能、文化功能，同时具有较强的现代城市公园功能，因此棕地景观的设计与其他类型的景观设计相比具有独特的特点，尤其是在景观设计上体现出较强的技术革新趋势。具体看，主要表现在棕地景观设计的生态技术革新方面。

其一，植物景观技术革新。在棕地景观设计中生态技术的革新与恢复方面，植物景观发挥着极其重要的作用。植物是大自然中的氧气制造机，同时还具有保持土壤的稳定性和减少水土流失等功能。由于棕地的生态环境多受到较大破坏，因此在对棕地景观进行设计时，需要通过对棕地的现有植被进行保护，同时结合人工技术种植新的人工植被，以达到修复或重建被破坏的自然生态系统的目的，以便最大程度地恢复原有的生态系统。植物景观在自然生态系统中所发挥的作用与植物景观技术的革新息息相关。在棕地景观设计中，由于土地受到的污染程度较深，地表被各种工业设备所破坏，在其上进行植物景观恢复所面临的难度较大，因此对植物景观技术的革新依赖程度较高。例如，盐碱地上植物景观的建设和植物配置技术等均是未来景观设计中技术革新的重点，表现出鲜明的技术革新趋势。

其二，土壤利用和改造技术革新。由于棕地土壤所受到的污染较深，土壤的生态恢复能力较差，因此在进行棕地景观建设中，需加强土壤改造技术的革新。所谓土壤改造技术，就是对生产能力低甚至缺失的土壤进行生态恢复，使其具有生产能力或生态功能的技术。具体来说，即充分利用现代生物技术和植物修复技术，经过多种物理和化学方法的处理，使土壤中所含有的大量有害物质得以去除，以便对土壤的质量进行改善与提高。近年来，随着世界各国对环境问题的日益重视，世界各国均十分重视土壤利用和改造技术的革新，而在现代景观设计中，尤其是棕地景观设计，更是对土壤利用和改造技术十分依赖，因此表现出较强的技术革新趋势。

其三，水域综合治理技术的革新。棕地生态环境的破坏主要表现在当地生态系统的破坏方面，这一方面是由于当地土壤机能的退化与丧失，另一方面则是由于当地的水域污染。因此，在棕地景观设计中，设计师普遍十分重视水域治理，水域治理主要表现在水体治理和水域周围生态系统的修复等方面。对被污染的水体进行治理需要借助水体净化设备，而水域治理则需要借助生物浮床技术、人工湿地技术和生态护坡技术等。这些技术的革新能够提升水域综合治理效率和水平。

综上所述，棕地景观设计的技术革新主要体现在景观设计的生态技术革新等方面，具体则包括植物修复、土壤修复以及水域修复和综合治理方面的技术革新。由于工业经济的发展在世界各国均对环境产生了较大影响，而且在世界各国均存在较多的棕地地块，因此棕地景观设计是未来西方景观设计的重点之一，棕地景观设计的技术革新趋势在整个西方景观技术的革新中起着十分重要的作用。

（二）西方现代景观设计商业景观技术革新

商业景观是指购物广场内外空间的景观设计[①]。随着现代景观设计的发展，现代景观设计的范畴越来越广泛，商业景观设计也成为西方现代景观设计的重要内容。由于商业景观体现出商业特点，因此商业景观通常具有较强的休息、等待、观看表演、活动的功能。为了发挥这些功能，在商业景观的设计中需要借助各种技术，如声音技术、灯光技术等。

现代景观艺术不仅是一种视觉形象艺术，同时还能够对人体各个器官进行刺激，从而使景观艺术成为一种立体的艺术。在景观设计中，尤其是商业景观设计中，声音具有引人注意的作用，可以营造出独特的商业氛围。声音的效果受到声音的音调、频率、音色等的影响。在商业景观设计中，只有合理利用各种声音要素，才能够对景观起到一定的辅助作用。为了发挥某种商业功能，设计师会在商业景观中加入各种各样的声音。例如，潺潺的流水声可以营造幽静的效果，与商业场所中的喧闹的声音所区别，以体现出商业景观独有的魅力；又如，音乐喷泉被应用到商业景观中时，通过音乐与水体以及与灯光等元素的结合，可以为商业景观带来独特的效果，成为商业景观中备受人们关注的焦点，以达到吸引游客、为游客提供休息与娱乐场所等种种目的。除此之外，商业景观中声音与灯光的结合还可创造出丰富多彩的夜景等，这些商业景观效果的实现均有赖声音技术的革新。

除了声音技术，商业景观设计中还十分依赖灯光技术。灯光与商业景观具有一种较为密切的联系，景观作为一种视觉艺术，能够通过刺激人类的视觉器官而对景观产

①　童家林.景观实录商业环境景观设计[M].李婵，译.沈阳：辽宁科学技术出版社，2014：119.

生影响，灯光通过对光的颜色、光的色温、光的色调和光的显色性等进行调整，能够对人体的视觉器官产生不同的刺激，呈现出不同的视觉效果。灯光的颜色不同，对人类所产生的刺激和影响不同，所产生的效果也不尽相同。例如，白色的灯光是最常见的灯光，能够带给人们宁静的感觉，在黑暗中常常带给人较强的安全感；黄色的灯光由于较为刺眼和晃眼，能够产生华丽和璀璨的效果，然而大面积使用常常会对人的视觉产生不良影响；橙色的灯光与黄色的灯光正好相反，较为暗淡，却能够营造出较强的温馨和舒适的氛围；红色的灯光则能够营造出热闹和欢快的节日氛围；绿色的灯光显得较为阴冷和孤寂，然而却能够营造出安静和放松的氛围；蓝色的灯光属于冷色光，也显得较为孤寂，能够营造出和谐、宁静的氛围；紫色的灯光常常能够产生一定的距离感，能够营造出高雅、脱俗的氛围。除了灯光的色彩，灯光的色温不同，其照射在物体上时呈现出来的色彩也不尽相同，甚至能造成一定的失真，而这种失真在特定的空间中却可以营造出与众不同的独特景观。

在商业景观中，由于各种商业功能的需要，通常需要在道路和景观小品上增加各种灯光效果，甚至需要将灯光效果与声音效果相联系，从而营造出独特的景观。这种商业景观通常依赖灯光技术的革新。例如，如何利用灯光技术使景观展现出多层次化的效果。灯光具有刺激人的视觉器官的特点，如果长时间观看，会引发视觉疲劳，而通过灯光技术的革新，则可以有效避免炫光的出现，从而在一定程度上减少灯光对人体视觉器官产生的不良刺激，营造出令人舒适的氛围。除此之外，由于灯光照明需要耗费一定的能量，而能量的耗费必然引发资源的耗费，出于环保和节能的目的，需要对景观的灯光技术进行革新，研发风能灯、沼气灯和太阳灯等，以便减少对石油、煤炭等不可再生资源的消耗。

综上所述，视觉和听觉是人在日常生活和活动中，直接接收信息量最快、内容较多的两个感觉神经，而在商业景观的设计中，为了达到较为理想的商业效果，需要对商业景观中的声音技术和灯光技术进行革新。随着现代商业的发展，商业景观的设计呈现出旺盛的生命力，因此商业景观技术革新在整个西方景观技术的革新中起着十分重要的作用。

（三）西方现代景观设计城市景观技术革新

城市景观是西方现代景观设计中的重要组成部分，城市景观可细分为城市商业景观、城市绿地景观、城市居住环境景观、城市建筑景观、城市生态景观等。本节主要对城市景观中的道路、雨水景观技术革新进行探析。

城市道路建设是城市景观建设中的重要组成部分。随着现代经济的发展，现代城市人口呈现出持续增长的趋势，随着人口的增加、城市规模的扩大和城市人群人均汽车保有量的增加，城市道路建设在城市建设中所起的作用越来越重要。城市道路景观建设是城市的骨架，起着连接城市各个区域脉络的重要作用。由于城市道路景观建设是为人类的发展而服务的，因此应该从人性化的视角出发对其进行设计。一方面，鉴于城市环境的污染程度较高，城市景观需要具有较强的生态功能，通过对道路的整体设计和道路两旁植物、草坪的种植，发挥道路的生态功能，达到较为理想的生态效果，同时充分利用植物形体和季节变化性等特点，营造独特的道路景观。由此可见，城市道路建设对生态技术具有较强的依赖性。

除此之外，由于城市所在的地域地形、地貌和地质条件不同，因此在进行道路建设时，需根据具体的地形、地貌和地质条件等对道路进行设计。例如，露天城市道路、涵洞、桥梁、坡道等均可在城市道路中体现出来。这些类型的道路设计有赖于涵洞技术、桥梁技术和坡道技术等。在一些城市以及超大城市中，为了构建立体交通系统，除了平地上的道路建设，还需建设立交桥、地铁等各种城市道路系统，这些城市道路系统的建设依赖各种技术。由此可见城市道路景观建设对技术革新的依赖。

无论是位于哪一个区域，城市的景观设计均受到较大的气候影响。水是生命之源，城市建设中的水景观由于具有独特的流动性和动态性特点，因此是城市景观设计中的重点之一。雨水资源作为城市景观设计中的重要水资源，正在受到西方景观设计师的重视。西方许多景观设计师出于生态目标，十分重视雨水资源的利用，通过雨水收集和净化等达到缓解城市水系污染、雨洪灾害、地下水枯竭等城市问题的目的。

从城市景观设计角度来看，西方景观设计师在雨水景观设计的探索中已经取得了一定成就，其中包括雨水花园、绿色屋顶、人工湿地、绿色街道、生态水渠、地下储水池等。这些雨水景观艺术实现有赖一定的雨水收集和处理技术。例如，雨水花园是当代西方较为流行的一种雨水景观，通过雨水收集系统，将雨水引进预先铺设好的排水沟和排水管道中，再将这些雨水输送到需要灌溉的花园中，以达到减少对地下水资源消耗的同时补充地下水资源的作用。这种雨水花园的设计需要借助专门的雨水景观技术。绿色屋顶是指在各个建筑物的屋顶或桥梁顶端种植各种花草树木，在增加城市绿地建设面积的同时，达到较好的隔热效果。绿色屋顶的建设需要依赖雨水收集技术和排水技术。人工湿地通常能够满足城市人群休憩、游玩以及控制城市污染物、储蓄水源的需要。作为重要的城市生态景观，城市人工湿地对城市雨水景观技术的要求较高。除此之外，绿色街道、生态水渠、地下储水池等均对雨水景观技术要求较高。由于现阶段城市经济的发展趋势不可阻挡，因此大城市和超大城市的相继出现对城市景观设计产生了深刻影响。

综上所述，城市景观设计呈现出多样化发展的特点，这使得城市景观设计需要依赖各种各样的景观技术，尤其是城市道路景观和城市雨水景观设计对专门技术的要求较高，为了达到更为理想的景观功能和作用，在城市景观设计中应对城市景观技术进行多样化的探索。因此，城市景观技术革新在整个西方景观技术的革新中起着十分重要的作用。

第三节 西方现代景观设计的信息化发展新趋势

20世纪以来，以计算机、通信技术为核心的技术发展对社会各个领域产生了较大影响，引发了西方社会乃至全球的信息化革命。信息化革命所带来的信息技术的发展为西方现代景观设计提供了更多的景观表现形式，成为未来西方现代景观设计的发展趋势之一。

一、信息化影响下的西方景观设计新理论

信息化技术主要包括传感技术、计算机技术和通信技术，并且是在传感技术、计算机技术和通信技术等基础上发展起来的。信息化技术以计算机技术作为基础。与传统景观设计相比，信息化发展所带来的各种信息技术创新能够对景观设计的外观、功能等产生影响，构建独具特色的景观，同时通过将先进的信息技术融入景观设计的理念中，实现人与景观空间的结合，从而获得良好的互动效果。

在信息化的影响下，西方景观设计师在遵从信息化发展的基础上，提出了多种现代景观设计的新理论，其中比特城市、赛博空间和信息园林三个理论最具代表性。

（一）比特城市

比特城市这一概念是由西方学者威廉·J. 米切尔在其编著的《比特城市》一书中最先提出的，该书从建筑和城市规划学科的角度出发，在对信息化对城市文化和社会生活的影响进行了深入分析后，提出了网络人、软城市和比特圈等概念。比特圈这一概念应用到城市建设和规划中即为比特城市。

纵观人类的发展，历经农业社会、工业社会和信息社会三个阶段，无论是哪一个社会发展阶段，均以一定的前提条件作为基础。在农业社会中，人们对自然条件的依赖性较高，并将自然条件作为选择聚居地的基础；随着工业革命的到来、生产力的提高，使人们具有较强的改造自然的能力，人类对自然条件的依赖性越来越低，对能源和交通的依赖性越来越高，因此将能源和交通作为城市选择的先决条件；进入信息时代后，由于信息化革命改变了人类传统的学习、工作和生活模式，使人们对能源和交通的依赖性相对降低，而对信息处理能力的依赖性大幅度提升，使信息处理能力上升为城市选择的主要指标，由此在自然界的生物圈、水圈、大气圈外，人类所赖以生存的环境又多了一个重要的比特圈。威廉·J. 米切尔对比特圈的发展进行了展望，认为比特圈将对城市的发展产生重要影响，具体到景观设计方面，米切尔指出："对于设计师和规划师来说，21世纪最重要的任务就是把比特圈建成一个全世界范围的、以电子媒介传递的环境，在它之中，网络将无处不在，绝大多数设施将具备远程通信的功能和智能。它将最终覆盖和超越人类社会长久以来一直以之居住的、以农业和工业生产

为基础的地面景观。"① 除此之外，米切尔继《比特城市》之后又出版了《伊托邦：数字时代的城市生活》一书，并在这本书中对信息化时代下城市的形态进行了全新研究，其中指出信息化时代的各种新技术的发展最终会对人类的生活和工作，以及住宅、社区等景观产生颠覆性的影响。比特城市理论反映在现代景观设计方面，成为指导现代景观设计革命的重要理论。

（二）赛博空间

赛博空间出现于 20 世纪 80 年代西方小说家威廉·吉布森的科幻小说《新浪漫者》中，作者在这部小说中描绘了一幅未来社会的远景，在这幅远景中，现实中的物理空间社会并不存在，被没有物理物质实体的虚拟空间所取代，小说家威廉·吉布森将其命名为赛博空间。现阶段，随着互联网信息技术的发展，原本存在于科幻小说中的虚拟空间成为活生生的现实，赛博空间真实存在于现实社会中。

与现实社会中的物理物质空间不同，赛博空间并不是天然就存在于世界上的，而是随着互联网信息技术的发展，由人工创造而成的世界，在这一虚拟空间中，信息以数据的形式而存在，并且可以被人们自由利用，具有多媒体性、超链接性、虚拟性、互动性等特点。赛博空间不同于传统实体物理空间，具有不可触摸性、不可视性，然而其却是真实存在的，而且能够被人们感受到。赛博空间的基质为比特，赛博空间的三维矢量的单位长度和方向以及系统时间和颜色配置等都是随着自己心理的缩放比例而变换的。由于赛博空间具有人人参与性特点，因此任何个人均可构建属于自己的独立赛博空间，而且该空间具有一定的美感和可感性，并且可以将其分享给其他用户，使其他用户感受到该空间的美感。

虽然赛博空间是一种虚拟空间，但是其在现代景观设计中却具有较强的影响性。在传统的景观设计中，设计师常常借助具体的景观元素将空间划分为多个小型空间，并且赋予不同的空间以独具特色的功能性。由于真实的景观不可避免地受到社会经济、政治和文化的影响，因此所受的限制较多。与实体性的物质空间不同，赛博空间不依赖真实世界中的有形物质，也不受具体设备和材料的限制，因此在该空间的构建中所受的限制较小。景观设计师可以在赛博空间不受现实条件的束缚，构建各种风格的景观，并且将赛博空间景观纳入景观设计中，从而为身处其中的人带来全新的景观空间体验。因此，赛博空间理论反映在现代景观设计方面，成为指导现代景观设计革命的重要理论。

（三）信息园林

虽然信息园林这一概念并非由西方学者提出，但是这一概念却对西方景观设计理念产生了一定影响。信息园林是针对校园环境建设而提出的，传统的校园环境建设已

---

① 张利.信息时代的建筑与建筑设计 [M].南京：东南大学出版社，2002：262.

经逐渐瓦解，全新的校园环境建设正在形成。随着信息技术的发展，人类在校园中的学习状态正在发生较大变化，为了适应这一变化，校园环境也发生了一定的变化，将信息技术与传统的校园环境相结合，可以营造出既具有传统文化氛围，又富有时代气息的人类学居环境。

信息园林这一理论包括四重含义：第一重含义即注重对校园进行分区，结合现实空间中的景观与虚拟世界中的景观，重新构建无界域学习空间；信息园林的第二重含义即随着信息技术的发展以及教育手段和教育内容的更新，校园中各个场所的功能发生了较大变化，出现了空间多种功能一体化的现象，在建设校园空间时，必须具备一定的通用性和可变性，以促进校园空间的可持续发展；信息园林的第三种重含义则是倡导共享交流体系的建立；信息园林的第四重含义即从生态观、文化观和价值观入手，强调校园生态环境的塑造，打造具有高度生态化和人文化的信息园林。

以上三种信息时代的景观设计理论进一步拓展和深化了 20 世纪中期和末期提出的大地园林化理论和城乡一体化理论，在坚持生态理念的基础上，借助信息技术的发展，为人类营造适合居住的景观空间。

二、信息化对现代景观设计的影响

随着各种信息技术的发展，信息化时代对传统景观设计产生了较大影响。具体看，信息化对现代景观设计的影响主要表现在以下三个方面。

（一）信息化对现代景观设计的形体的影响

不同时代具有不同的景观元素。例如，农业社会时代，水车、田园、水渠等共同构成了这一时代独具特色的景观；工业社会时代，高大的熔炉、庞大的钢铁支架和贯通的工业铁路等共同构成了工业时代独特的景观；信息时代，依靠卫星等设备对信息进行传输，构成了信息时代独特的景观。

近年来，随着信息技术的成熟，西方景观设计师在进行景观设计时通过引入信息化时代独特的景观元素和信息化技术，从而对现代景观设计的外在形体产生较大影响。

例如，西方的景观设计师马克·里奥斯和科琳·卡皮奥在对高科技碟形卫星天线供应商——休斯通信股份有限公司的办公大楼前的庭院进行重新设计时，借用了信息时代的景观元素碟形卫星天线，并以电缆塔、无线电塔和金属碟形卫星天线作为庭院景观设计的重要元素，摒弃了传统庭院设计中的绿植、水体、山石等元素，使用 12 个碟形卫星天线构建了极具雕塑感的实体景观。在该庭园中，这 12 个碟形卫星天线均匀地分布在一个长方形的格子里，每个碟形卫星天线均固定在一个方形水泥底座上，整个场地周围则使用银白色不锈钢网状栅栏围成一个大圆圈，该圆圈的外在形体既与西方古罗方万神庙的平面构图具有一定的相似性，又与碟形卫星天线的外观具有一定的相似性。这 12 个碟形卫星天线共同构成了极具醒目性的景观。除此之外，在该庭院中的空地上，还设置了多个块状的水泥底座，以供人们进行休憩，庭院中的花坛则固定在方形底座上，在方形底座之上的花盆是一个个形似碟形卫星天线的白色圆坛，与碟形卫星天线互相映衬，体现出风格的一致性。在花坛周围则布满了绿色的草坪，以供人们进行休息。

又如，西方一些现代景观设计师通过充分利用多媒体技术和计算机技术，对景观元素中的雕塑进行逼真创作，从而使景观呈现出独特的信息化时代特色。例如，德国波恩某个公园中设立的贝多芬的雕塑就借助了信息化技术，雕塑的形象和外观与贝多芬的油画极度相似，同时通过信息化技术的处理，使贝多芬的面部和头发呈现出一定的动态性特征，从而展现出独具特色的信息化时代景观。

再如，西方一些现代景观设计师通过对未来的城市家具进行想象，从而创造了以"城市家具"为名的独特庭院景观。该庭院景观中的主要景观是几把极具现代感的座椅，该桌椅使用信息技术制作而成，具有强烈的超现实的特点，几把椅子的中间放置着一大一小两个白色的圆球，使整个景观呈现出一种强烈的荒诞之感。由此可见信息化对现代景观设计的外在形象的改变。

（二）信息化对现代景观设计的设计手法的影响

信息化时代，现代景观设计的手法受信息技术的影响，呈现出新的特点。信息化时代，在进行形象塑造时，可以借助虚拟的数字化技术、仿真技术，借助计算机辅助软件，充分利用多媒体技术设计出形象逼真的景观形态。具体来说，在使用信息设备进行动态景观设计时，主要可从以下两个方面入手：一方面，通过借助信息网络技术，充分运用计算机调用已有的设计资料为特定的设计服务，从而实现景观设计的动态化操作；另一方面，借助网络虚拟技术和仿真技术对虚拟形象或虚拟空间进行设计，创造出跨时空、跨地域或跨文化的虚拟空间，以便使人产生身临其境的感觉。

例如，在城市公园中引入信息化技术，将其与喷泉等水景结合起来，即可制作成独具特色的音乐喷泉。又如，在商业广场中将信息化技术与楼梯等景观结合起来，即可设计出钢琴走廊或钢琴阶梯等景观。除此之外，将信息化技术与商业大厦结合起来时，还可通过投屏而在商业楼体上制作出内容丰富多样的商业画面，甚至还可以通过在空中显示图像的方式，创造出虚实结合的多样化景观。再如，某些西方现代景观设计师将 LED 作为建筑的主要景观，整个建筑的外观可以通过信息化技术控制手段而呈现出一定的色彩或形状，从而对整个建筑的形象产生决定性的影响。

（三）信息化对现代景观设计的效果的影响

1. 信息化对多重感官体验的影响

信息化在为现代景观设计服务时，能够通过对人体的听觉、视觉和触觉等多种感觉器官的刺激，为人们带来多重感官体验。例如，信息化技术中的数字多媒体技术能够通过改变景观的外观形态、色彩等，对人们的视觉器官产生强烈刺激，让人们产生传统景观设计中无法获得的感官体验。比如，音乐喷泉早在文艺复兴时期就已经在西方园林景观设计中出现，然而这一时期的音乐喷泉中的音乐与喷泉只是从形态上结合在一起，两者之间仍然具有较大的差异性。随着信息化技术的发展，音乐与喷泉的结合越来越能够发挥出二者的优势，随着音乐旋律的流淌，喷泉的水流或大或小，或急或缓，与音乐结合得十分紧密。除此之外，音乐喷泉还可与身处其中的人进行互动，通过感应喷泉边的人们的动作或声音所产生的节拍与旋律，对水流进行调整。

又如，西方建筑师及艺术家乌斯曼·哈克在约克大教堂设计的景观作品"唤起"就是通过声音与影像的结合，创造出与众不同的景观。约克大教堂又称圣彼得大教堂，是现存的最为著名的中世纪教堂之一，也是欧洲现存的面积最大的中世纪教堂。乌斯曼·哈克在该大教堂中设置了多种信息化装置，这些信息化装置可以根据教堂的需要而营造出如同烟雾一样的飘动和水流一样婉转流淌的景象，这些景象斑斓多彩，并不固定出现在教堂固定的位置，而是充满了随机性，从而为人们带来全新的景观体验。

再如，美国德克萨斯州的野马雕塑是世界上最大的奔马群雕塑之一，马群的形体高大，形态各异，马群的脚下是一条溪水，通过马踏溪水并在水中奔腾而过，表现出美国德克萨斯州人强烈的追求自由的精神。其就是通过引入信息化技术制造出水花四溅的效果，体现出逼真的形态。

2. 信息化所创造的互动参与体验的效果

借助信息化手段，景观不再是一种静止不变的风景，也不再自成一体，人们对景观的欣赏不仅局限于对景观的静态的欣赏，还可以通过与景观的互动，为人们带来全新的体验。例如，西方景观设计师通过在乐器景观中引进信息化技术，从而使乐器不仅是静态的景观，还能随着人的动作传出美妙的琴声。

又如，西方景观设计师所设计的音乐秋千通过信息化技术赋予每一个秋千一种独特的音调，当人们使用秋千进行娱乐时，其会发出特定的音调，当多架秋千一起动起来时，就会弹奏出各种悦耳的音乐，这些音乐与秋千底部的灯光相结合，创造出一种极具奇幻色彩的视觉效果，从而为身处其中的人们带来奇妙的互动体验。还有些西方景观设计师利用信息化技术创造出"会发光的 IT 树"，即将许多合成材料制作成树干的形状，这些树干的顶端安装有能检测人体移动的超声波近距离传感器，当无人经过时，整个景观处于沉默状态，看起来毫无特色；然而当有人走近时，传感器接收到信号后，将在瞬时点燃整片树林，使其呈现出梦幻般的色彩，给人们带来独特的体验。

再如，德国斯图加特市的沙恩豪塞公园的互动水墙装置在水墙上的喷嘴上装有感应系统，当人们走近该水墙装置时，传感器将接收到的信息转换成数字信号发送给喷嘴系统，然后喷嘴系统会自动控制水流与形状，开启水门，人们可以自由地从水门通过，而不必担心雨水会打湿衣服，这种独具特色的雨水装置为人们带来了全新的互动体验。

3. 信息化所创造的虚拟空间体验

信息化能够创造出虚拟的空间，这种虚拟的空间既可以出现在景观的实体空间之中，也可以出现在地面上或天空中，从而创造出独特的空间景观。例如，圣塔莫尼卡海滩曾设计了一个夜间海市蜃楼般的数字多媒体装置。这一景观借助了户外水幕系统和雾气保护系统，这两个系统与传感器装置相互配合，利用海滩上游客的声音和音乐，搭配一定的色彩，从而创造出独具特色的景观。由于音乐旋律不同，游客的声音大小和旋律不一，因此所创造出来的景观千变万化，十分梦幻，带给游客别样的空间体验。

又如，加泰罗尼亚艺术家约姆·普朗萨在美国芝加哥千禧年公园广场设计的"皇冠喷泉"（见 7-1）通过将一块巨大的 LED 屏与喷泉相结合，拍下了 1 000 位该城市中市民的脸，将这些图像投射到 LED 屏上，并且做出各种表情，最后喷泉从市民的嘴中流出，形成了独具创意的、具有信息化时代特色的喷泉景观。

图 7-1　皇冠喷泉

再如，巴塞罗那当代艺术家和雕塑家乔玛·帕兰萨曾使用透明结构雕刻成各式各样的雕塑，这些雕塑由于外表呈现出镂空状态，因此可以与周围的事物融为一体。这些雕塑从外表看是一个个雕塑，然而设计师却在雕塑内部引入信息化技术，结合声、光和文字，从而赋予雕塑内部独特的空间特点，能够带给身处其中的人独特的体验。

综上所述，随着信息化技术的发展，西方现代景观设计的设计理念、设计手法等均发生了一定改变。将信息化技术应用到景观设计中，可以创造出丰富多彩的景观与空间。从这一角度来看，信息化对现代景观设计产生了十分重要的影响。

参考文献

[1]   徐志华 . 居住区景观规划设计 [M]. 北京：中国商业出版社，2020.

[2]   徐志华 . 环境艺术价值观 [M]. 南京：河海大学出版社，2020.

[3]   王受之 . 世界现代设计史 [M]. 北京：中国青年出版社，2015.

[4]   廖启鹏，曾征，胡晶，等 . 景观设计概论 [M]. 武汉：武汉大学出版社，2016.

[5]   赵娟，郑铭磊 . 文化交融背景下的设计创新 [M]. 长春：东北师范大学出版社，2018.

[6]   吴泽民 . 欧美经典园林景观艺术近现代史纲 [M]. 合肥：安徽科学技术出版社，2015.

[7]   孙惠柱 . 戏剧的结构与解构 [M]. 上海：上海人民出版社，2016.

[8]   张健健 .20 世纪西方艺术对景观设计的影响 [M]. 南京：东南大学出版社，2014.

[9]   吴忠 . 景观设计 [M]. 武汉：武汉大学出版社，2017.

[10]   何昕 . 景观规划设计中的艺术手法 [M]. 北京：北京理工大学出版社，2017.

[11]   凌继尧 . 美学十五讲 [M]. 北京：北京大学出版社，2003.

[12]   沈语冰 .20 世纪艺术批评 [M]. 杭州：中国美术学院出版社，2003.

[13]   王其全 . 景观人文概论 [M]. 北京：中国建筑工业出版社，2002.

[14]   弗·卡特，汤姆·戴尔 . 表土与人类文明 [M]. 庄峻，鱼姗玲，译 . 北京：中国环境科学
       出版社，1987.

[15]   沈渝德，刘冬 . 现代景观设计 [M]. 重庆：西南师范大学出版社，2009.

[16]   蔡晴 . 基于地域的文化景观保护研究 [M]. 南京：东南大学出版社，2016.

[17]   米歇尔·佩赛特，歌德·马德尔 . 世界城镇化建设理论与技术译丛古迹维护原则与实务
       [M]. 孙全文，张采欣，译 . 武汉：华中科技大学出版社，2015.

[18]   张松 . 历史城市保护学导论 [M]. 上海：上海科学技术出版社，2001.

[19]   武星宽，武静，裴磊 . 环境艺术设计学小城镇特色创新研究 [M]. 武汉：武汉理工大学出
       版社，2005.

[20]   刘波，史青，刘瑞洋，等 . 城市广场与环境设施设计标书制作 [M]. 北京：中国建材工业
       出版社，2016.

[21]   李士青，张祥永，于鲸 . 生态视角下景观规划设计研究 [M]. 青岛：中国海洋大学出版社，
       2019.

[22]   尼古拉斯·费恩 . 尼采的锤子哲学大师的 25 种思维工具 [M]. 黄惟郁，译 . 北京：新华

出版社，2019.

[23] 林玉莲，胡正凡．环境心理学 [M].北京：中国建筑工业出版社，2000.

[24] 徐清．城乡景观规划理论与应用 [M].上海：同济大学出版社，2017.

[25] 孙青丽，李抒音．景观设计概论 [M].天津：南开大学出版社，2016.

[26] 国家民委经济发展司．中国少数民族特色村寨保护与发展经验研究 [M].北京：民族出版社，2014.

[27] 徐再荣．20 世纪美国环保运动与环境政策研究 [M].北京：中国社会科学出版社，2013.

[28] 陈晓彤．传承·整合与嬗变——美国景观设计发展研究 [M].南京：东南大学出版社，2005.

[29] 成玉宁．现代景观设计理论与方法 [M].南京：东南大学出版社，2010.

[30] 顾梅珑．现代西方审美主义思潮与文学 [M].北京：中国社会科学出版社，2018.

[31] 张利．从 CAAD 到 Cyberspace 信息时代的建筑与建筑设计 [M].南京：东南大学出版社，2002.

[32] 曾伟．西方艺术视角下的当代景观设计 [M].南京：东南大学出版社，2014.

[33] 王向荣，林箐．西方现代景观设计的理论与实践图集 [M].北京：中国建筑工业出版社，2002.

[34] 王向荣，晋石．布雷·马克思 [M].南京：东南大学出版社，2004.

[35] 王向荣，张红卫．哈格里夫斯 [M].南京：东南大学出版社，2004.

[36] 邬峻著．第三自然景观化城市设计理论与方法 [M].南京：东南大学出版社，2015.

[37] 陈新，赵岩．美国风景园林 [M].上海：上海科学技术出版社，2012.

[38] 彭军，高颖，张品，等．欧洲景观艺术 [M].天津：天津大学出版社，2015.

[39] 马蒂亚斯·芬克．景观实录文化景观设计 [M].李婵，译．沈阳：辽宁科学技术出版社，2016.

[40] 张小溪．生态景观设计的反思文化危机与人文重构 [M].长春：吉林美术出版社，2019.

[41] 王向荣，林箐．欧洲新景观 [M].南京：东南大学出版社，2003.

[42] 维勒格．德国景观设计 [M].苏柳梅、邓品，译．沈阳：辽宁科学技术出版社，2001.

[43] 威廉·P.坎宁安．美国环境百科全书 [M].张坤民，译．长沙：湖南科学技术出版社，2003.

[44] 陈超萃．风格与创造力设计——认知理论 [M].天津：天津大学出版社，2016.

[45] 沈守云．现代景观设计思潮 [M].武汉：华中科技大学出版社，2009.

[46] 王林．西方宗教文化视角下的19世纪美国浪漫主义思潮 [M].北京：中央民族大学出版社，2010.

[47] 岛子．后现代主义艺术谱系 [M].重庆：重庆出版社，2001.

[48] 冯契．哲学大辞典 [M].上海：上海辞书出版社，2001.

[49] 朱光潜．西方美学史 [M].北京：人民文学出版社，2011.

[50] 杨帆 . 景观的概念与效应 [J]. 中南林业调查规划，2000（2）：40–43.

[51] 刘筱韵 . 景观——政治空间载体的具体体现 [J]. 文艺生活（文艺理论），2014（8）：47.

[52] 顾军，苑利 . 美国文化及自然遗产保护的历史与经验 [J]. 西北民族研究，2005（3）：167–176.

[53] 肖竞，李和平，曹珂 . 文化景观、历史景观与城市遗产保护——来自美国的经验启示 [J]. 上海城市管理，2018（1）：73–79.

[54] 吕晓峰 . 环境心理学：内涵、理论范式与范畴述评 [J]. 福建师范大学学报（哲学社会科学版），2011（3）：141–148.

[55] 郑阳 . 城市历史景观文脉的延续 [J]. 文艺研究，2006（10）：157–158.

[56] 卢永毅，杨燕 . 化腐朽为神奇——德国鲁尔区产业遗产的保护与利用 [J]. 时代建筑，2006（2）：36–39.

[57] 张晋石 . 荷兰现代景观设计概览 [J]. 中国园林，2003（12）：4–10.

[58] 朱建宁 . 法国著名城市景观设计师亚历山大·谢梅道夫及其作品 [J]. 中国园林，2001，17（1）：25–29.

[59] 李开然 . 纪念性景观的涵义 [J]. 风景园林，2008（4）：46–51.

[60] 夏婷 . 回归着前进——20 世纪下半叶西方艺术观景观设计 [J]. 艺术科技，2019，32（10）：191–192.

[61] 王琳，苌柳凤 .20 世纪上半叶西方现代艺术思潮在景观设计界的作用 [J]. 城市建设理论研究（电子版），2014（36）：2631–2632.

[62] 谢舒 .20 世纪下半叶西方现代艺术对景观设计的影响 [J]. 城市建设理论研究（电子版），2014（1）：1–8.

[63] 张瑞利 . 西方现代植物景观设计初探 [D]. 北京：北京林业大学，2007.

[64] 侯欣 . 解读塞尚——论塞尚绘画世界的理性构建 [D]. 青岛：青岛科技大学，2012.

[65] 常兵 . 当代西方景观审美范式研究 [D]. 哈尔滨：哈尔滨工业大学，2013.

[66] 吕晓峰 . 环境心理学的理论审视 [D]. 长春：吉林大学，2013.

[67] 叶红 . 美国国家公园体系研究（1933—1940）[D]. 哈尔滨：黑龙江大学，2019.

[68] 张宏亮 .20 世纪 70—90 年代美国黄石国家公园改革研究 [D]. 石家庄：河北师范大学，2010.

[69] 陈涛 . 德国鲁尔工业区衰退与转型研究 [D]. 长春：吉林大学，2009.

[70] 石晓梅 . 数字多媒体技术影响下的城市景观设计研究 [D]. 重庆：重庆大学，2012.

[71] 齐同军 . 城市规划信息化研究与实践 [D]. 杭州：浙江大学，2003.

[72] 郭其轶 . 信息技术影响下的景观设计 [D]. 武汉：华中科技大学，2007.

[73] 任刚 . 景观生态设计的技术解析 [D]. 哈尔滨：哈尔滨工业大学，2010.

[74] 毛连杰 . 彼得·沃克极简主义设计美学思想研究及其实践应用 [D]. 扬州：扬州大学，

2018.

[75] 王佩环. 景观概念设计中审美重构研究 [D]. 武汉：武汉理工大学，2010.

[76] 舒婷婷. 瑞士现代景观发展概述 [D]. 北京：北京林业大学，2009.

[77] 邢佳林. 现代景观高技术发展趋势初探 [D]. 南京：东南大学，2004.

[78] 庞大清. 技术与艺术结合的理性景观设计研究 [D]. 西安：西安建筑科技大学，2016.

[79] 邱天怡. 审美体验下的当代西方景观叙事研究 [D]. 哈尔滨：哈尔滨工业大学，2014.

[80] 马婧. 现代农业景观的审美性研究 [D]. 咸阳：西北农林科技大学，2011.

[81] 曹磊. 当代大众文化影响下的艺术观念与景观设计 [D]. 天津：天津大学，2008.

[82] 肖遥. 大地艺术景观审美思想研究 [D]. 长沙：中南林业科技大学，2013.

[83] 张惠青. 可持续能源景观审美创作范式研究 [D]. 天津：天津大学，2014.

[84] 陈希. 美国现代主义景观设计思潮 [D]. 天津：天津大学，2003.

[85] 寇鹏程. 作为审美范式的古典、浪漫与现代的概念 [D]. 上海：复旦大学，2004.

[86] 王彬. 后现代主义设计思潮对当代景观设计的影响研究 [D]. 大连：大连工业大学，2014.

[87] 廖秋林. 后现代主义符号学景观设计理论研究 [D]. 长沙：中南林业科技大学，2005.

[88] 徐梦竹. 当代景观的非理性化设计思潮研究 [D]. 南京：南京林业大学，2018.

[89] 高黑. 20 世纪 60 年代以来的西方景观设计思潮及其对中国的影响 [D]. 杭州：浙江大学，2006.

[90] 王苏君. 走向审美体验 [D]. 杭州：浙江大学，2004.

[91] PALOMAR J，EGUIARTE G，SIZA A，etal.The life and work of luis barragan[M].New York：Rizzoli Internationai Publications，1997.

[92] WALKER P，LEVY L. Minimalist gardens[M]. Washington：Spacemaker，1997.

[93] WALKER P，LEVY L. Peter Walker：minimalist gardens[M]. Washington：Spacemaker，1997.

[94] ACADEMY R. Something or nothing——minimalism in art and architecture[M].London：Architecture Design，1998.

[95] GUTHRIE H. Mining：the Lothians[M]. London：Stenlake Publishing，1998.

[96] ROEMARY V. The garden in winter[M].London：Frances Lincoln Limited，1988.

[97] WOLFGANG O. Bold romantic gardens[M].Washington：Spacemaker Press，1988.

[98] CZERNIAK J.Case-Downsmew Park Toronto[M].Munich Prestel VerIagl：Harvard Design School，2001.

[99] HUNT J D，CONAN M.Tradition and innovation in French garden art：chapters of a new history[M].Philadelphia：University of Pennsylvania Press，2002.

[100] JOKILEHTO J. A history of architectural conservation[M].Oxford：Butterworth-Heinemann，2002.

参考文献

[101] BERNARD T. Giovanni damiani[M].London：Thames & Hudson，2003.

[102] MILES K O. Scottish collieries：an inventory of scot-land's coal industry in the nationalized era[M]. Edinburgh：Royal Commission on the Ancient & Historical Monuments of Scotland，2006.

[103] ENRICH P. Blueprints for a history of environmental psychology from first birth to american transition[M].Medio ambientey comportamiento humano，2006，7（2）：95-113.

[104] Cook R E. Do landscapes learn? ecology's new paradigm in michel conan[J].Dumbarton oaks research library and collection，2000（16）：126-132.

[105] FORMAN R. Some general principles of landscapeand regional ecology[J]. Landscape ecology，1995（13）：133-142.

[106] MARGARET F. National mining museum：fossilmonuments and future leaders[J]. Journal of China university of mining & technology（social sciences），2012（4）：75-80.

[107] STEINITZ C. A framework for theory applicable to the education of landscape architects（and other design professionals）[J].Landscape journal，1990，9（2）：136-143.

[108] ERWIN T L. An evolutionary basis for conservation strategies[J]. Science，1991（253）：750-752.

[109] STEINITZ C. GIS：A personal historical perspective[J]. GIS Europe，1993（6）：19-22.

[110] TREIB M. Must landscape mean：approaches to significance in recentlandscape architecture[J]. Landscape journal，1995，14（1）：46-62.

[111] YU K. Security patterns in landscape planning：With a case in south china[D].Cambrige：Harvard University，1995.

[112] Yu K. Security patterns and surface model in landscape planning[J]. Landscape and Urban Planning，1996，36（53）：1-17.

[113] YE Y. Narrative design in museum spaces[J]. Theo-retic observation，2016（7）：138-139.

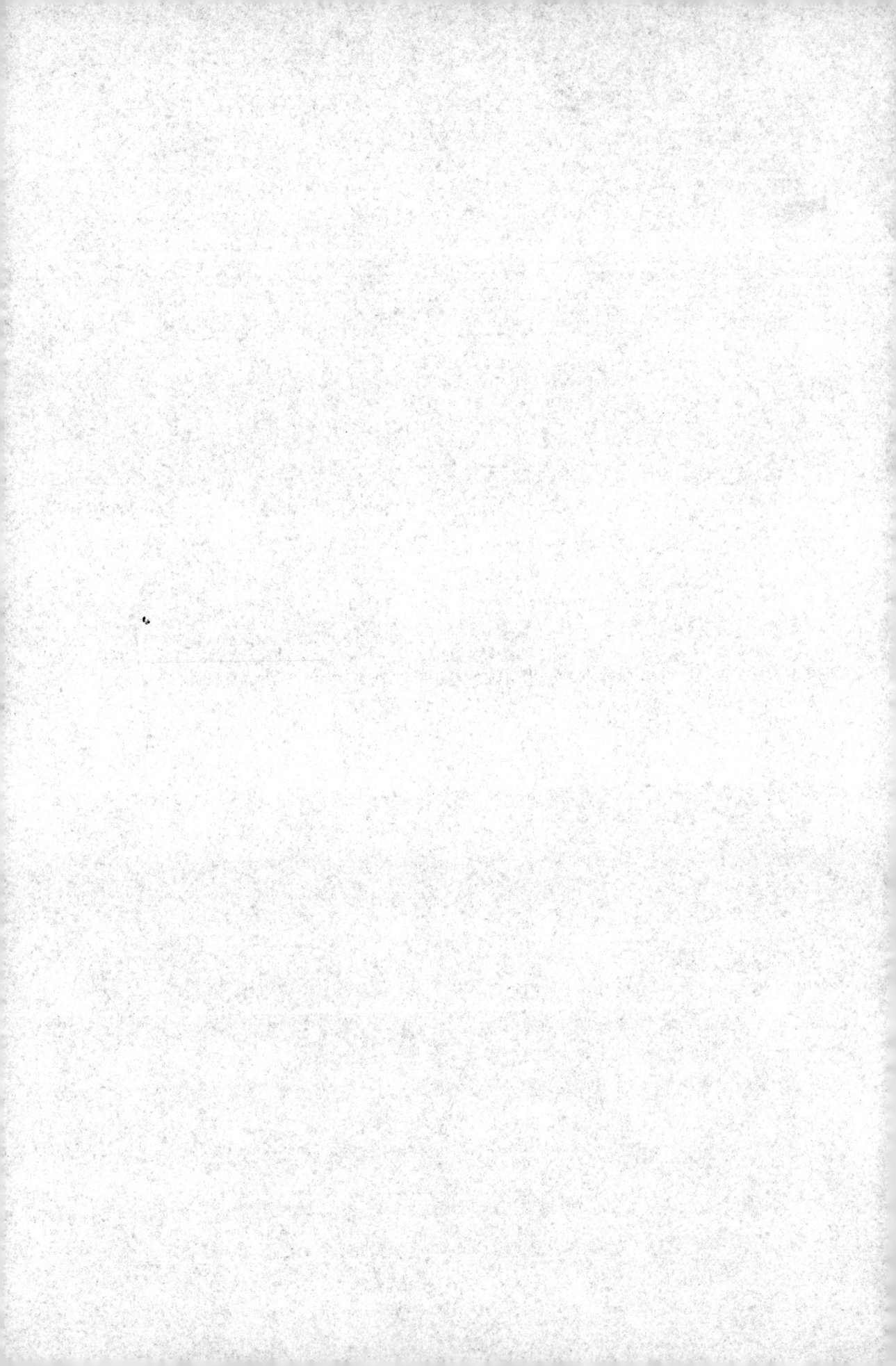